普通高等教育"十一五"国家级规划教材

热动力装置的排气污染与噪声

（第二版）

赵坚行　王锁芳　刘　勇　编著

科学出版社

北　京

内 容 简 介

本书是在第一版(1995年)基础上修改增删而成的,全书共分为7章,系统地阐述了大气污染物与燃烧污染物生成反应动力学;锅炉、内燃机、航空发动机等热动力装置燃烧污染的生成机理及其控制技术;低污染燃烧装置的工作原理及污染物排放特性;排气污染标准与排放控制试验规范;噪声污染及其控制;数值模拟实际燃烧过程中污染物的生成及污染特性计算。重点介绍了近十几年来国内外有关方面新的研究成果以及低污染燃烧技术的新发展。

本书可作为热能工程、航空航天、工程热物理、化工、冶金、交通运输等有关专业的研究生和高年级本科生的教材或学习参考书,也可供上述技术领域的科技工作人员和高等院校教师参考。

图书在版编目(CIP)数据

热动力装置的排气污染与噪声/赵坚行,王锁芳,刘勇编著.—2版.—北京:科学出版社,2009

普通高等教育"十一五"国家级规划教材

ISBN 978-7-03-023249-6

Ⅰ.热… Ⅱ.①赵… ②王… ③刘… Ⅲ.①动力装置-排气-空气污染控制-高等学校-教材 ②动力装置-噪声控制-高等学校-教材 Ⅳ.X511 TB533

中国版本图书馆 CIP 数据核字(2008)第 165162 号

责任编辑:巴建芬 潘继敏 / 责任校对:朱光光
责任印制:徐晓晨 / 封面设计:耕者设计工作室

科 学 出 版 社 出版

北京东黄城根北街 16 号
邮政编码:100717
http://www.sciencep.com

北京九州迅驰传媒文化有限公司 印刷

科学出版社发行 各地新华书店经销

*

2009 年 1 月第 二 版 开本:B5(720×1000)
2017 年 8 月第五次印刷 印张:18 1/4
字数:348 000

定价:48.00 元

(如有印装质量问题,我社负责调换)

前　言

　　本书经教育部审定为普通高等教育"十一五"国家级规划教材。本书第一版自1995年发行以来,深受国内广大读者欢迎,不少学校将其作为教材和学习用书。到目前为止,该教材使用已有十几年,在此期间低污染燃烧与降噪技术飞速发展,有不少新的研究成果和国内外最新成就需要补充到教材中去,为此,根据学科的发展和社会对人才培养以及读者的需要,有必要对此教材进行修订。

　　随着能源消耗的迅速增加,燃烧对大气产生的污染与噪声构成的公害日益严重,排放大量温室气体对全球气候变化的影响更为突出,严重地破坏了生态平衡,危及人类的生存与健康。为此,发展低污染燃烧与降噪技术已成为当前世界各国燃烧科学与技术研究人员的重要研究领域。燃烧污染与噪声是一门新兴的交叉学科,近几年发展很快,并取得了许多突破性进展。为了适应我国低污染燃烧与降噪技术广阔的工程应用前景与发展需求,本书(第二版)将为读者以及有关技术领域的科技人员提供一本有价值的教材和参考书,便于读者更深入地了解与其有关的基本知识与理论,有助于开展触及本学科前沿问题的研究。

　　本书在第一版基础上进行了必要的充实与完善,删去了一部分应用较少的内容,增加了近十几年来国内外有关方面新的研究成果以及低污染燃烧技术的新发展。全面地阐述了各种热动力装置与燃烧污染有关的重要问题,包括大气污染,气体、液体、固体燃料燃烧污染物的生成机理及其防治方法,锅炉、内燃机、燃气涡轮发动机排气污染形成的基本过程及控制技术,以及噪声理论分析与降噪措施。在编写中力图将污染物生成的理论分析、计算机模拟方法与工程最新研究成果三者相结合,降低污染物的生成和防治与低污染燃烧技术相结合,污染物生成反应动力学与紊流流动研究相结合。本书内容新颖,深入浅出,重点突出,系统性强,便于读者自学。

　　全书共分7章,前两章阐述排气污染物的生成机理与控制理论分析,包括空气污染化学及光化学烟雾特性、各种污染物的生成与分解动力学以及污染物测量;第3~5章分别介绍了燃气轮机、内燃机、锅炉以及工业用炉等热动力装置的排气污染物形成机理及其影响因素,先进低污染燃烧装置的工作原理和新低污染燃烧技术与最新发展,以及排气污染的标准与排放控制的试验规范;第6章叙述了噪声污染及其控制,包括燃烧噪声的机制和预测方法,空气动力噪声产生的原因与防治措施,以及降噪的新技术;第 7 章扼要介绍了燃烧过程中污染物排放特性的数值模拟,着重阐述污染物生成的数学模型及其浓度分布的计算方法。

　　本书由赵坚行(第 4、5 及 7 章)、王锁芳(第 1 和 3 章)与刘勇(第 2 和 6 章)编写,全书由赵坚行进行初校和统编。

　　由于编者水平有限,书中错误和不足之处在所难免,敬请读者批评指正。

编　者

2008 年 7 月于南京航空航天大学

主要符号表

拉丁字母符号

A	面积，吸光度	M	分子量，马赫数
A_0	前置因子	Ma	马赫数
B	焦炭中含 N 量	NR	基元反应个数
C	声速，浓度	NS	化学反应中组分数目
C_P	定压比热，静压系数	m	质量，质量分数，质量流量
$C_\mu, C_1,$	双方程的紊流模型系数	P, p	压力，声压，概率，产生项
C_2, C_D		Pr	Prandtl 数
C_K	Kolmogorov 常数	q_d	淬熄层厚度
C_R	EBU 模型中系数	Q	低热值
C_S	Smagorinsky 常数	R	通用气体常数，化学反应速率
$C_{\varepsilon1}$ 和 $C_{\varepsilon2}$	ε 方程的模型系数	R_{fu}	燃料反应速率
C_{g1} 和 C_{g2}	g 方程的模型系数	S, s	表面积，源项，化学当量比，火焰速度
D	直径	S_{ij}	应变率张量
D_m	组分 m 分子扩散系数	SN	发烟指数
E	活化能，混合气体燃烧前后膨胀比	Sc	Schmidt 数
E/R	活化温度	St	Strouhal 数
F	油气比，推力，作用力，燃油质量分数	T	温度
F_N	推力	T_u	混合速率参数
f	频率，组分，混合分数，修正系数	U	速度
g	标量脉动均方值，燃油浓度脉动均方值，吉布斯能量	v_ℓ	层流火焰速度
		V	体积，燃烧室容积
G_k, G	紊流动能产生项，滤波函数	V_r	采样体积
h	焓，普朗克常量，高度	W_a	空气流量
H	总焓	W_f	燃油流量
I	声强	w	紊流燃烧速率
K	导热系数	W	声功率
k	紊流动能，化学反应速度常数	Y	组分质量分数

希腊字母符号

ρ	密度,浓度	φ	紊流瞬时量,变量,化学当量比
α	空燃比,组分,过量空气系数,余气系数,化学当量比,过剩空气系数	π_∞	压比
		Ω	气动载荷参数,旋度张量
β	化学恰当比	λ	导热系数,波长
Γ	输运系数	μ	粘性系数,层流粘性
η	燃烧效率,Kolmogorov 尺度,焦炭燃尽速度	μ_t	紊流粘性系数
		ν	光的频率
η_c	焦炭燃尽率	ω	化学反应速率
η_N	焦炭中 N 的释放率,燃料 N 的转换率	ν_t	亚网格涡旋粘性
Λ	氧-燃料当量比	ε	紊流动能消耗率
θ	角度	τ_{ij}^{sgs}	亚网格应力张量
ϕ	燃料与空气的当量比	τ_{ij}	亚网格雷诺应力

下　角　标

A	空气	i,j,k	坐标
α	组分	ox	氧
r	参考条件,额定状态	pr	燃气
e	有效	qc	淬熄
ev	蒸发	rms	均方根值
f	正向反应,燃料	s	组分
b	逆向反应	∞	无穷远,海平面静止状态
p	峰值	T,t	紊流
F,fu	燃料	L	层流

上角标及上标

—	雷诺时间平均,滤波	$''$	密度加权平均中脉动量
$\sim$	密度加权平均,Favre 滤波	sgs	亚网格
$'$	雷诺时间平均中脉动量		

目　　录

第1章 空气污染

1.1 空气污染物的组成及其危害

1.1.1 空气及空气污染

随着现代工业和交通运输业的迅速发展以及石化燃料(煤和石油)的大量使用,各种热动力装置排气中许多有害物质(如烟尘、二氧化碳、氮氧化物、一氧化碳、碳氢化合物和硫化物等)排入到大气中[1],使局部地区大气中这些物质的含量增加,超出了环境标准的限值,就会破坏生态系统的自然平衡和人类正常生活条件,从而对人和物造成危害。

按国际标准化组织的定义,大气污染通常是指由于人类活动和自然过程引起的某种物质进入到大气中,呈现出足够的浓度、达到足够的时间,并因此危害了人体的舒适、健康和福利或环境的现象。对人体的舒适、健康的危害,包括对人体正常生理机能的影响,引起急性病、慢性病以至死亡等[2];而福利,则包括与人类协调并共存的生物、自然资源以及财产、器物等。自然过程包括火山活动、山林火灾、海啸、土壤岩石风化及大气圈的空气活动等。

一般用两种方法表示空气污染物的浓度[3]。第一种方法是以气体污染物占体积的百万分之一(体积比$\times 10^6$)来表示,缩写为 ppm。例如,空气中 N_2 占体积的78.084%,则其浓度为780840ppm。与此相对应的气态空气污染物的一般浓度是体积的0.0001%或1ppm。第二种常用的浓度测量单位是根据单位体积空气中颗粒物的质量来表示,由于空气体积受温度、压力的影响很大,为了便于相互比较,往往采用标准状态下的空气体积,污染物颗粒物的浓度单位为 mg/m^3,有时也采用 $\mu g/m^3$,有时也用于气体。ppm 和 $\mu g/m^3$ 之间的换算依赖于分子量和一个摩尔物质所占的体积,在标准温度(25℃)和压力为 1atm 时,换算关系为

$$1\mu g/m^3 = \frac{\text{分子量} \times 10^3}{24.45}\text{ppm} \tag{1-1}$$

在污染物测定时,一般还规定含氧量的条件,对于不同基准含氧量的 NO_x 值换算公式如下:

$$(NO_x)_{\text{待换值}} = (NO_x)_{\text{测量值}} \frac{20.9 - (O_2\%)_{\text{待换值}}}{20.9 - (O_2\%)_{\text{测量值}}} \tag{1-2}$$

例如,在含氧量为4%的烟气中,测得的 NO_x 为250ppm,换算到6%含氧量为

基准的值为

$$NO_x = 250 \times \frac{20.9-6}{20.9-4} = 220.41(ppm) \tag{1-3}$$

1.1.2　空气污染物的组成

随着经济的发展,排入大气中的污染物种类越来越多[4]。迄今为止,从环境大气中已识别出的人为空气污染物超过了两千种。在环境科学中,通常按照两种不同的原则对空气污染物进行分类。

1. 按形成过程分类

空气污染物按其形成过程的不同,可分为原始污染物和次生污染物;依照与污染源的关系可分为一次污染物和二次污染物。

(1) 原始污染物:原始污染物又称为一次污染物,它是从污染源直接排出的原始物质,进入大气后其性态没有发生变化。最常见的有 SO_2、CO、NO_x 和颗粒物。

(2) 次生污染物:次生污染物又称为二次污染物,是指进入大气中原始污染物之间相互作用,或它们与大气中正常组分发生一系列化学反应或光化学反应后生成的新污染物。最常见的有臭氧、醛类、过氧乙酰硝酸酯、硫酸烟雾和硝酸烟雾。

2. 按存在状态分类

1) 气体状态污染物

气体状态污染物是以分子状态存在的污染物,简称气态污染物。气态污染物按其对大气环境的危害大小可分为:以 SO_3 为主的含硫化合物,以 NO 和 NO_2 为主的含氮化合物、碳的氧化物、碳氢化合物及卤素化合物等 5 类。

(1) 含硫化合物:含硫的气态污染物主要是二氧化硫和硫化氢,两者是目前世界范围内大气污染的主要气态污染物,是衡量大气污染程度的重要指标之一[5]。

(2) 含氮化合物:主要有 NO、NO_2、N_2O 等氮氧化物以及 NH_3 等。

(3) 碳的氧化物:CO 和 CO_2 是各种大气污染物中发生量最大的一类污染物,主要来自燃料燃烧和机动车排气。

(4) 碳氢化合物:又称为烃,是有机废气。

(5) 卤素化合物:在卤素化合物中,氟化氢和氯化氢等是主要污染大气的物质,它们都有较强的刺激性、很大的毒性和腐蚀性。

此外,其他的大气污染物还有铅及其化合物、臭氧、二噁英和氟化物等[6]。

铅及其化合物主要来源于汽车排放的废气、铅锌冶炼厂。铅钻入人体,大部分蓄积在人的骨骼中,损坏骨骼造血系统和神经系统。臭氧主要是由从汽车和工厂释放出的氮氧化物在太阳光照射下与氧气反应生成。臭氧虽然在高空中有过滤太阳紫外线的作用,但在大气层的低处,臭氧却十分有害。二噁英是氯代三环芳烃类化学物,约有 200 多种化学物,其中以 2,3,7,8-四氯二苯-p-二噁英(TCDD)的毒性最大[7],毒性略高于战争毒剂沙林。1997 年国际癌症研究中心报告确认 TCDD 为人类致癌物。它在极低的浓度下就能使动物发生畸变甚至死亡,对人类有强致癌作用。氟化物是指以气态或颗粒态存在的无机氟化物。主要来源于含氟产品的生产,以及磷肥厂、钢铁厂、铝冶炼厂等的工业生产过程。氟化物对眼睛及呼吸器官有强烈刺激,吸入高浓度氟化物气体时,可引起肺水肿和支气管炎。长期吸入低浓度的氟化物气体,会引起慢性中毒和氟骨症,使骨骼中的钙质减少,导致骨质硬化和骨质疏松。

2) 颗粒状污染物

颗粒状污染物是指除了纯水以外的任何一种在正常状态下以液态或固态形式存在于大气中的物质。固体粒子、液体粒子或它们在气体介质中的悬浮体统称为气溶胶,所以颗粒状污染物也可称为气溶胶状污染物。根据气溶胶的来源和物理性质可分为以下几种:

(1) 粉尘是指悬浮于气体介质中的微小固体颗粒,受重力作用能发生沉降,但在某一段时间内能保持悬浮状态。其粒径范围一般为 $1 \sim 200 \mu m$。

(2) 烟一般是指燃料不完全燃烧或在冶金过程中产生的固体粒子的气溶胶。烟的粒径很小,一般在 $0.01 \sim 1 \mu m$ 的范围内。

(3) 飞灰是指由燃料燃烧所产生的烟气中分散的非常细微的灰分。

(4) 黑烟一般是指燃料燃烧产生的能见气溶胶,是燃料不完全燃烧的灰粒。黑烟的粒径一般在 $0.5 \mu m$ 左右。

(5) 雾是气体中液滴悬浮体的总称。在气象中指能见度小于 1km 的小水滴悬浮体。

1.1.3 空气污染的影响

空气污染的影响范围极广,而且情况复杂。空气污染的主要影响有:污染的空气直接对人类、动物、植物、建筑物等产生危害;空气中的污染物通过干、湿沉降或水面和地面吸收,进而污染土壤和水体,产生间接的危害;空气污染影响大气性质、改变气候、降低能见度和减少太阳辐射等,产生间接的危害。

1. 对器物的危害

空气污染可以使纺织衣物、皮革、金属制品、建筑物和文化艺术品等变脏,还可以使某些物质发生化学变化而产生质的变化,所以空气污染对器物的危害分为玷污型损害和化学性损害[8]。某些大气污染物对物品的危害列于表 1-1。

表 1-1　某些大气污染物对物品的危害

物品	SO₂,SO₃	H₂S	臭氧(氧化剂类)	粒状物
金属	铁腐蚀,铜腐蚀,镍表面腐蚀,一般的污染程度铝不腐蚀	银、铜腐蚀,并在表面生成金属硫化物		在酸性污染气体存在时腐蚀严重或粒状物自身吸附腐蚀性物质时所生成的腐蚀也是严重的
皮革	对其有强亲和性,使皮革强度下降			
纸	非常容易变脆			
布	强度下降		染料褪色,强度下降	污损
涂料		使含铅涂料变色		污损
橡胶类			脆裂、弹性下降	
建筑材料	使 CaCO₃ 类材料损坏			污损

2. 对植物的危害

随着工农业生产的不断发展,排放到环境中的污染物日益增加,大大超过了生态系统自然净化的能力,造成环境污染,给农业生产造成巨大的损失。大气中的污染物能否危害植物,取决于多种因素,其中主要是气体的浓度和延续时间。对植物有害的污染物主要有以下几种:

1) 二氧化硫

二氧化硫对植物的危害都发生在生理功能旺盛的成熟叶片上,而未成熟的幼叶和生理功能活动衰老的老叶则不易受害。这是因为生理活动旺盛的成熟叶片气孔开得最大,而二氧化硫主要是通过气孔侵入的缘故。

植物受害程度与二氧化硫的浓度和作用时间有关,二氧化硫的浓度越高,作用时间越长,对植物的危害越大。白天光照强、温度高会使植物受害重,空气湿度也是一个影响因素,空气湿度越大受害也越重。植物的光合作用因光照强、温度高、空气湿度大而变得活跃,随之使气孔充分开放,SO_2 进入植物的概率增大,对植物的受害也会加重。

2) 二氧化氮

空气中的 NO_2 浓度达到 $2\sim3mg/L$ 时,就会损伤植物,使其叶片开始褪色。高浓度的 NO_2 可以使植物产生急性危害。NO_2 的伤害与光照有关,晴天所造成的伤害是阴天的一半。

3) 氟化物

氟化物对植物的危害也很大,其中氟化氢(HF)最明显。十亿分之几的氟化氢就可使某些植物受到危害。HF 对植物的危害主要是当植物处在幼芽或幼苗的阶段。它进入植物有两种方式,主要是通过气孔,另外一种是由水进入[9]。

氟化氢的危害程度与二氧化硫不同,它与浓度无关,而只与时间长短有关,即使在氟化氢浓度不是很高的情况下,长时间的作用于植物,危害程度也很高。

4) 光化学烟雾

在光化学烟雾中对植物产生危害的主要有臭氧、氮氧化物和过氧乙酰硝酸酯(PAN)等。臭氧对植物的危害方式主要是通过叶背气孔进入,进入后会对叶片组织产生危害,会使机能衰退,生长受阻。臭氧的危害范围很大,会波及城市以外数十千米。过氧乙酰硝酸酯是光化学烟雾的剧毒成分,它对植物的危害也与光照有关,在中午强光照射下反应强烈,在夜间则相反。

3. 对人类健康的影响

空气污染物通过以下三种途径进入人体产生危害:直接吸入被污染的空气,食用含有污染物的水、食物,以及接触刺激皮肤。其中第一条途径危害最大,所以空气污染物对人体健康的危害主要表现为呼吸道系统疾病。

1) 硫氧化物

二氧化硫(SO_2)是一种无色的中强度刺激性气体,而且是极易溶解的。空气中二氧化硫的危害主要是刺激和腐蚀呼吸道黏膜,引起炎症和气道阻力增加,继续不断作用会导致慢性鼻咽炎、慢性气管炎等。低浓度二氧化硫会造成呼吸道管腔缩小,呼吸加快,呼吸量减少。浓度较高时,就会造成支气管炎、哮喘、肺气肿甚至死亡。另外,二氧化硫还会刺激眼部。

硫氧化物中对人体影响最大的是硫酸和硫酸盐,空气中的二氧化硫可被氧化成硫酸雾,随飘尘直接进入肺泡,它的危害作用要比单一的二氧化硫气体强 10 倍。目前由二氧化硫排放引起的酸雨污染范围在不断扩大。

2) 氮氧化物

造成大气污染的氮氧化物主要是一氧化氮(NO)和二氧化氮(NO_2),其中一氧化氮占 95%。一氧化氮是一种无色无臭、不活泼的气体,在空气中一氧化氮浓度增加,毒性也随之增加,它很容易和人体或动物血液中的血色素结合,造成血液缺氧而引起中枢神经麻痹[10]。二氧化氮则是一种红褐色有窒息性臭味的气体,它的毒性更大,约为一氧化氮的 5 倍。其危害表现为对呼吸器官黏膜有强烈的刺激作用,能引起急性哮喘病、肺气肿和肺癌。

3) 一氧化碳

一氧化碳(CO)可以影响到人全身的各个器官,它是由不完全燃烧产生的,是一种窒息性气体,妨碍血红蛋白吸收氧气,恶化心血管疾病,影响神经导致心绞痛。

一氧化碳与血液中输送氧气的血红蛋白的结合力极强,是氧和血红蛋白结合力的 200 倍以上,人一旦吸入一氧化碳,它就会和血红蛋白结合起来,形成碳氧血红蛋白,使血液载氧的能力降低,引起头晕、头痛、恶心、气喘、疲劳等氧气不足的症状,高浓度的碳氧血红蛋白则可能造成死亡。

4) 光化学氧化物

光化学烟雾是城市污染的新问题。光化学氧化物包括过氧乙酰硝酸酯、丙烯醛、过氧苯甲酰硝酸盐(PBzN)、醛、氮氧化物以及主要的氧化物臭氧。空气中的光化学氧化物主要是臭氧和过氧乙酰硝酸酯。臭氧常用作表示氧化物总量的指标。

5) 含氟化合物

氟化物对眼睛和呼吸器官有强烈刺激,吸入高浓度氟化物气体,可引起肺水肿和支气管炎。氟能与人体骨骼和血液中的钙结合,从而导致氟骨病。氟化氢有强烈的刺激和腐蚀作用,可通过呼吸道黏膜、皮肤和肠道吸收,对人体全身产生危害。

6) 粉尘

粉尘的危害,不仅取决于它的暴露程度,还在很多程度上取决于它的组成成分、理化性质、粒径等。粉尘的理化性质是危害人体的主要因素。有毒金属粉尘和非金属粉尘如铬、锰、铅、汞等进入人体后,会引起中毒以及死亡。

7) 铅和其他有毒金属

微量金属多以颗粒物的形态存在,如铅、镉、铍、锑、镍、镉、锰、砷等。这些微量金属来自黑色和有色金属的冶炼及加工、电池制造、焚烧垃圾、机动车辆、水泥和肥料生产以及化石燃料的燃烧。它们虽然浓度很低,但可在体内蓄积。

目前已知的砷和镍都是致癌物质。金属能够损害心血管循环系统和肺部系统,引起皮肤病,影响中枢神经系统。例如,砷能够引起肺癌和皮肤紊乱疾病;铍能够导致皮炎和溃疡;镉对肾有害;镍能够诱发呼吸系统疾病、生育缺陷和鼻癌及肺癌;铅对人体的影响是全身性的、多系统的,对神经、血液和造血、消化、泌尿、生殖、心血管等系统以及儿童的身体发育均有毒性作用。

8) 有机化合物

城市空气中含有很多的有机化合物可能是三致物质(即致癌、致畸、致突变),包括卤代烃、芳香烃等,特别是多环芳烃 PAH 类物质。这类物质大多数有致癌作用,其中苯并(a)芘是国际上公认的致癌能力很强的物质,并作为计量大气受 PAH 污染的依据。

作为纯的二噁英是无色、无味、脂溶性的,几乎不溶于水[11]。二噁英可通过消化道、呼吸道和皮肤吸收进入人体。一般认为二噁英不是天然存在的[12],它的来源主要有:①农药、除草剂、杀虫剂、脱叶剂等含氯化学物质;②垃圾焚烧尤其是不完全燃烧时产物、工业废弃物;③环境污染,经过生物链的富集作用,可在动物性食品中达到较高的浓度。

它对人体健康的危害[13]如下:

（1）对全身的作用：可引起肝脏类疾病，降低人体免疫力，泌尿、呼吸、神经系统的紊乱，引发生殖发育毒性。

（2）对皮肤：可致氯痤疮，表皮角化病，色素沉着。

（3）致癌：暴露于高浓度二噁英环境的人，癌症死亡率比普通人高 60％[14]。

4. 对空气能见度的危害

空气污染会造成空气能见度的下降，因此可能导致安全事故的发生。所谓能见度，是指在某一指定方向刚刚可以看见或辨认下列目标物的最大距离：①在白天为一个明显的深色目标物；②在夜间为一个不聚焦中等强度的光源，四周水平范围内至少有一半达到或超过这一距离，但不一定是连续的水平区域。

能见度下降主要是由颗粒污染物和气体分子对光的吸收和散射两种效应造成的。能见度变差通常是指颗粒物对光线产生了散射作用。颗粒物对光线的吸收或散射作用的程度主要取决于颗粒物粒径和光的波长比例。如果颗粒物粒径比光的波长大很多，颗粒物的反射性很好，那么光线会被吸收或反射；反之，如果颗粒物粒径比光的波长小很多，光线不会被吸收也不会被反射，而是被透射而过[15]。当颗粒物的粒径与光线波长相当时，会出现很强的散射现象。研究表明空气中由散射引起的光衰减是造成空气能见度下降的重要原因。

1.1.4　大气环境质量标准

为了控制和改善大气质量，为人类生活和生产创造清洁适宜的环境，防止生态破坏，保护人体健康，促进经济发展，各国都以法律形式作了一些规定。环境标准是控制污染、保护环境的各种标准的总称。环境标准既是评价环境状况和环境保护工作的法定依据，也是推动环境科技进步的动力。

1996 年，我国制定的环境质量标准 GB 3095—1996 代替了环境空气质量标准 GB 3095—82，规定了环境空气质量功能划分、标准分级、主要污染物项目和这些污染物在各个级别下的浓度限值等。

环境空气质量功能划分为三级：一级标准，为保护自然生态和人群健康，在长期接触情况下，不发生任何危害影响的空气质量要求；二级标准，为保护人群健康和城市、乡村的动、植物，在长期和短期接触情况下，不发生伤害的空气质量要求；三级标准，为保护人群不发生急性或慢性中毒以及城市一般动、植物（敏感者除外）能正常生长的空气质量要求。

根据地区的地理、气候、生态、政治、经济和大气污染程度又划分为三类地区：一类区，自然保护区、风景名胜区和其他需要特殊保护的地区；二类区，城镇规划区中确定的居住区、商业交通居民混合区、文化区、一般工业区和农村地区；三类区，特点为工业区以及城市交通枢纽、干线等。

　　环境空气质量标准也分为三级：一类区执行一级标准，二类区执行二级标准，三类区执行三级标准。

　　2000 年 1 月 6 日我国发布了 GB 3095—1996 的修改单[16]，并从即日起实施。表 1-2 列出各种污染物的浓度限值（环境空气质量标准 GB 3095—1996）[17]。

表 1-2　　各种污染物的浓度限值

污染物名称	取值时间	浓度限值			浓度单位
		一级标准	二级标准	三级标准	
二氧化硫（SO_2）	年平均	0.02	0.06	0.10	mg/m³（标准状态）
	日平均	0.05	0.15	0.25	
	1 小时平均	0.15	0.50	0.70	
总悬浮颗粒物（TSP）	年平均	0.08	0.20	0.30	
	日平均	0.12	0.30	0.50	
可吸入颗粒物（PM_{10}）	年平均	0.04	0.10	0.15	
	日平均	0.05	0.15	0.25	
二氧化氮（NO_2）	年平均	0.04	0.08	0.08	
	日平均	0.08	0.12	0.12	
	1 小时平均	0.12	0.24	0.24	
一氧化碳（CO）	日平均	4.00	4.00	6.00	
	1 小时平均	10.00	10.00	20.00	
臭氧（O_3）	1 小时平均	0.16	0.20	0.20	
铅（Pb）	季平均	1.50			μg/m³（标准状态）
	年平均	1.00			
苯并[a]（B[a]P）	日平均	0.01			
氟化物	日平均	7①			μg/(dm²·d)
	1 小时平均	20①			
	月平均	1.8②		3.0③	
	植物生长季平均	1.2②		2.0③	

　　注：① 适用于城市地区。

　　　　② 适用于牧业地区和以牧业为主的半农半牧区、蚕桑区。

　　　　③ 适用于农业和林业区。

　　另外，年平均是指任何一年的日平均浓度的算术均值；季平均是指任何一季的日平均浓度的算术均值；月平均是指任何一月的日平均浓度的算术均值；日平均是指任何一日的平均浓度；一小时平均是指任何一小时的平均浓度；植物生长季平均是指任何一个植物生长季月平均浓度的算术均值。

　　世界卫生组织（WHO）[18]于 1987 年公布了欧洲空气质量指导值，目的是为欧洲和其他地区的国家做决策和规划[19]。美国于 1971 年 4 月首次颁布了全国统一的环境质量标准[20]。欧洲共同体从 1980 年起逐步颁布了一些污染物浓度的限制值和建议值指标[21]。日本正在使用的空气质量标准是 1991 年提出的。加拿大于 1980 年制定了国家环境空气质量目标。澳大利亚国家健康及医学研究理事会于 1985 年提出了其推荐的空气质量目标。挪威于 1977 年颁布了空气质量指标[22]。

　　总体上来讲，我国的环境质量标准，除了氟化物，表 1-2 中列出的其他污染物的浓度限值同上述国家和地区的同类标准相比是较严格的标准，目前氟化物浓度限值在国外环境空气质量标准中尚无同类标准[23]。

1.2 空气污染化学

最为有害和具有刺激性的空气污染物不仅有原始污染物,而且还有次生污染物。其中,次生污染物的危害更大。因此,为了控制和消除大气污染,了解污染物在大气中发生的化学过程以及次生污染物的形成过程是很重要的。

1.2.1 大气中的光化学反应

所谓光化学反应,就是只有在光的作用下才能进行的化学反应[24],所以光化学反应一般是指原子、分子、自由基或离子由于吸收光子而引起的反应。光化学反应的主要步骤可表示为

$$A + h\nu \longrightarrow A^*   \tag{1-4}$$

式中,A 为基态分子,A^* 为 A 的激发态,h 为普朗克常量,ν 为光的频率,$h\nu$ 表示一个光子的能量。激发态分子 A^* 极不稳定,可发生以下反应:

分解 $\qquad A^* \xrightarrow{1} B_1 + B_2 + \cdots$ $\qquad$ (1-5)

直接反应 $\qquad A^* + B \xrightarrow{2} C_1 + C_2 + \cdots$ $\qquad$ (1-6)

荧光 $\qquad A^* \xrightarrow{3} A + h\nu$ $\qquad$ (1-7)

碰撞失去活性 $\qquad A^* + M \xrightarrow{4} A + M$ $\qquad$ (1-8)

式中,B_1、B_2、C_1、C_2 为反应产物;M 为任何第三种物质,作用是吸收 A^* 多余的能量。在大气中,M 可以是 O_2 或 N_2,因这两种物质在大气中含量最高。前两个式子是由于吸收光子而引起的光化学反应,后两个式子使分子恢复到原来初始状态。

光化学反应在大气污染中所以重要,在于它所形成的产物中,有些是很活泼的物质(如自由基),它们能引起一系列的反应,使原始污染物转化为毒性更大的次生污染物。由于光的波长与其频率成反比,短波长的光子比长波长的光子具有较大的能量。只有超过一般化学键能的高能光子才能被分子吸收,破坏化学键,引起化学反应。因此,许多光化学反应都是由紫外线或可见光短波部分光子引起的。不同物质由于分子结构不同,其吸收特性也不相同,只有在吸收某一波长范围光子后才能进行光化学反应。

1.2.2 城市大气中的氮氧化物的反应

已知的氮氧化物种类很多,但在燃烧过程中生成的氮氧化物几乎全部是 NO 和 NO_2[25],在空气污染中氮氧化物 NO 和 NO_2 起着重要作用。在燃烧中生成的

氮氧化物多数是 NO,在热燃气中,部分 NO 进一步氧化生成了 NO_2:

$$2NO + O_2 \longrightarrow 2NO_2 \tag{1-9}$$

这样在包含大量 NO 的城市大气中常常存在少量的 NO_2。在阳光照射下,含有 NO_2 和 NO 的空气中三个最重要的反应是

$$NO_2 + h\nu \xrightarrow{\ 1\ } NO + O \tag{1-10}$$

$$O + O_2 + M \xrightarrow{\ 2\ } O_3 + M \tag{1-11}$$

$$O_3 + NO \xrightarrow{\ 3\ } NO_2 + O_2 \tag{1-12}$$

第三个反应使 NO 迅速氧化成 NO_2,而第一个反应限制 NO 转化为 NO_2。在阳光作用下,NO_2 发生光解反应生成 NO,NO 到 NO_2 的转化也可通过与一些自由基(OH·,HO_2·,RO_2· 等)的反应进行,这些自由基是日照下光化学反应的产物,例如,NO 与过氧自由基的反应为

$$RO_2 \cdot + NO \longrightarrow RO \cdot + NO_2 \tag{1-13}$$

此外,大气中 CO 和氢氧自由基反应对 NO 转化为 NO_2 也有促进作用,其反应过程如下:

$$OH \cdot + CO \longrightarrow CO_2 + H \cdot \tag{1-14}$$

$$H \cdot + O_2 \longrightarrow HO_2 \cdot \tag{1-15}$$

$$HO_2 \cdot + NO \longrightarrow NO_2 + OH \cdot \tag{1-16}$$

大气中,NO_2 的消除可以通过硝酸(HNO_3)和过氧硝酸(HO_2NO_2)的形成来实现。白天,大气中的 NO_2 与氢氧自由基作用,可以转化为 $HONO_2$(硝酸):

$$NO_2 + OH \cdot + M \longrightarrow HONO_2 + M \tag{1-17}$$

这个反应的反应速度与光化学反应产生的氢氧自由基浓度有关。不同地区,在不同时间里,氢氧自由基的浓度有很大差异。例如,在中纬度地区的夏季,NO_2 的寿命大约是一天。大气中的 NO_2 转化为 HNO_3 也可通过以下反应完成:

$$NO_2 + O_3 \longrightarrow NO_3 + O_2 \tag{1-18}$$

最初生成的 NO_3 在下面可逆反应中形成 N_2O_5:

$$NO_3 + NO_2 + M \rightleftharpoons N_2O_5 \tag{1-19}$$

N_2O_5 再与液态水发生反应,生成硝酸

$$N_2O_5 + H_2O \longrightarrow 2HONO_2 \tag{1-20}$$

但有时候,以上反应的反应速度可能因 NO_3 与 NO 反应生成 NO_2,或 NO_3 发

生光解反应,生成 NO 或 NO_2 而被降低

$$NO_3 + NO \longrightarrow 2NO_2 \tag{1-21}$$

$$NO_3 + h\nu \longrightarrow NO + O_2 \tag{1-22}$$

$$NO_3 + h\nu \longrightarrow NO_2 + O \tag{1-23}$$

大气中 NO_2 消除的重要途径之一是,NO_2 与过氧自由基(如 $CH_3\overset{O}{\overset{\|}{C}}OO\cdot$ 和 $HO_2\cdot$)反应,形成过氧酰基硝酸酯和过氧硝酸(HO_2NO_2):

$$CH_2\overset{O}{\overset{\|}{C}}OO\cdot + NO_2 + M \Longleftrightarrow CH_3\overset{O}{\overset{\|}{C}}OONO_2 + M \tag{1-24}$$
$$(PAN)$$

$$HO_2\cdot + NO_2 \Longleftrightarrow HO_2NO_2 \tag{1-25}$$

以上两个反应均是可逆反应,它们对 NO_2 的转化程度取决于其生成物的热稳定性程度及其反应的速度。在低层大气中,因为 HO_2NO_2 易发生热分解反应(半衰期约为 10s),所以它很不稳定,因此形成 HO_2NO_2 的概率很小;而 PAN 相对稳定些(半衰期约为 1h),因而在 NO_2 的转化过程中 PAN 是重要的次生污染物。

1.2.3　城市大气碳氢化合物的反应

在燃烧过程中,部分未燃的碳氢化合物以气态形式存在于烟气中,经过脱氢、分链、叠合、环化和凝聚等复杂的化学和物理过程,形成了多种多环芳香烃和其他有机物[26]。

1. 大气污染中烃的氧化机制

汽车、化学工厂等经常排放的碳氢化合物及其衍生物进入大气之后,发生一系列的化学变化。这些反应物的浓度都很低,反应速度又快,初级氧化产物的浓度也很低,寿命又短,所以给实验和研究带来了不少困难。在这里,我们讨论常见的两种烃(烷烃和烯烃)与 O、OH· 和 O_3 的反应。

1) 氧原子的氧化反应

氧原子是由 NO_2 光解生成的,氧原子与烷烃作用,能引起脱氢反应,形成一个烷基自由基和一个氢氧自由基,即

$$RH + O \longrightarrow R\cdot + OH\cdot \tag{1-26}$$

氧原子与烯烃反应,形成一个激发态的环氧化合物,然后分解为烷基自由基和酰基自由基

$$O + \begin{matrix} R_1 \\ \\ R_2 \end{matrix} C = C \begin{matrix} R_3 \\ \\ R_4 \end{matrix} \longrightarrow \begin{matrix} R_1 \\ \\ R_2 \end{matrix} C \underset{O}{-} C \begin{matrix} R_3 \\ \\ R_4 \end{matrix} \longrightarrow R_1 - \underset{R_3}{\overset{R_2}{C}} \cdot + R_4 - \underset{O}{C} \cdot \quad (1\text{-}27)$$

或者 $R_1 - \underset{C}{C} \cdot + R_2 - \underset{R_4}{\overset{R_3}{C}} \cdot$ 等。

2）氢氧自由基的氧化反应

氢氧自由基是作为 HNO_3 光解反应和自由基分解反应的产物而进入大气的。OH 与烃的反应极相似于原子氧，但有两点不同：①OH· 与烃反应比原子氧快得多；②脱氢反应时，氢氧自由基变成水。

氢氧自由基与烷烃反应会引起脱氢，形成一个烷基自由基和水：

$$RH + OH \cdot \longrightarrow R \cdot + H_2O \quad (1\text{-}28)$$

氢氧自由基与烯烃反应是加在双键上，例如，OH 与 C_2H_4 和 C_2H_6 的反应中可观测到 OH 直接加在烯烃上：

$$OH \cdot + CH_3CH = CH_2 \longrightarrow CH_3CHCH_2OH \text{ 或 } CH_3\underset{OH}{CHCH_2} \quad (1\text{-}29)$$

3）臭氧的氧化反应

在大气中当 NO_2 浓度达到 NO 的 25 倍时，臭氧开始大量形成，臭氧远没有氧原子或氢氧自由基那样强的氧化能力，然而在污染的大气中，臭氧的浓度在 0.25ppm 以上时，臭氧和烯烃以明显的速度进行反应。一般认为，液态下烯烃和臭氧的反应机制是臭氧加到烯烃的双键上生成分子臭氧化合物中间体，分子臭氧化物随后分解，产生醛和双自由基。例如，对丙烯，这个反应是

$$C_3H_6 + O_3 \longrightarrow CH_3CH \overset{}{\underset{O-O}{-}} CH_2 \longrightarrow \begin{cases} HCHO + CH_3CH \\ \qquad\qquad\quad OO \cdot \\ CH_3CHO + H_2COO \cdot \end{cases} \quad (1\text{-}30)$$

气态烯烃与臭氧反应的机制可能与液态烯烃历程相似，通过下列反应，生成类似分解产物

$$C_3H_6 + O_3 \longrightarrow CH_3CH \underset{O-O-O}{-} CH_2 \longrightarrow \begin{cases} HCHO + CH_3CH \\ \qquad\qquad\quad OO \cdot \\ CH_3CHO + H_2COO \cdot \end{cases} \quad (1\text{-}31)$$

2. 大气污染中含氧碳氢化合物的氧化机制

大气中含氧碳氢化合物的主要来源是大气中烃的氧化,其中醛比酮更易于形成。

1) 光解

在波长大于 300nm 的阳光辐射下,醛以连锁反应方式发生光解

$$RCHO + h\nu \longrightarrow R\cdot + HCCO \qquad (1\text{-}32)$$

对于甲醛可能存在另一种初始光解

$$HCHO + h\nu \longrightarrow H_2 + CO \qquad (1\text{-}33)$$

2) 氧原子的氧化反应

一般情况下,氧原子与醛反应的速度常数介于氧原子与烯烃反应的速度常数和氧原子与烷烃反应的速度常数之间,反应方程式为

$$O + RCHO \longrightarrow \underset{\overset{\|}{O}}{R}C\cdot + OH\cdot \qquad (1\text{-}34)$$

形成一个酰基自由基和一个氢氧自由基。

3) 氢氧自由基的氧化反应

氢氧自由基与醛反应,从醛上脱除一个氢原子,形成酰基和水,即

$$OH\cdot + RCHO \longrightarrow \underset{\overset{\|}{O}}{R}C\cdot + H_2O \qquad (1\text{-}35)$$

其反应速度同氢氧自由基与丙烯反应速度差不多一样快,氢氧自由基与甲醛、乙醛反应速度均为 23000/(ppm·min),与丙烯反应的速度常数为 25000/(ppm·min)。可见,把醛从大气中除去的过程中,氢氧自由基与醛的反应可能是一个重要途径。

在燃烧温度低于 450℃ 的均相燃烧过程中,汽油中的简单碳氢化合物,先有少数 RH,如甲基 CH_3—、乙基 C_2H_5—、丙基 C_3H_7—等烷烃自由基,与氧分子反应生成自由基,之后发生连锁反应[27]。

汽油在大于 450℃ 不完全燃烧的过程中,有一部分碳氢化合物,在热力作用下,氢原子脱离碳原子而被分离出来。碳与碳之间的化学键断开,裂化成较小的不稳定的自由基团。这些自由基团又在热力作用下合成为较大的相当稳定的烟。它们多为多环芳香族和稠环烷烃。

1.2.4　城市大气中的硫氧化物的反应

硫氧化物特别是 SO_3,一直是大气污染化学研究的重要课题之一。虽然做了很多研究,但对大气中硫氧化物的了解还很不完善。许多研究结果指出,大气中

SO_2 最终是氧化成硫酸盐。目前一般认为,SO_2 转化为硫酸盐有两种途径:催化氧化和光化学氧化。在一般大气环境中,这两种途径不是截然分开的,SO_2 转化为硫酸盐是这两种途径共同作用的结果。但在不同情况下,这两种途径是有主次之分的。

1. SO_2 的催化氧化

在清洁干燥的大气中,通过均相反应,SO_2 氧化为 SO_3 的速度是很缓慢的。然而,在电厂烟气中 SO_2 的氧化速度却比其在清洁干燥大气中氧化速度高出 $10\sim100$ 倍。这样一种快速氧化和 SO_2 在水溶液中有催化剂存在条件下的氧化速度相似。

SO_2 易溶于水滴,并且在有色金属盐(如铁盐和锰盐)存在时能很快地被溶解氧化成硫酸,其化学反应可表示为

$$2SO_2 + 2H_2O + O_2 \xrightarrow[\text{(金属盐)}]{\text{催化剂}} 2H_2SO_4 \qquad (1-36)$$

在上述反应中,作为催化剂的铁盐、锰盐等常以颗粒物形式悬浮于大气中。当大气湿度很高时,这些颗粒物成为凝结核,通过水合作用形成小水滴,随后由小水滴吸收 SO_2 与氧气并随之在液相中发生氧化反应,进行 SO_2 的氧化。

液滴的酸度对 SO_2 的转化速度有很大的影响。在酸性液滴中,反应缓慢,在中性与碱性的液滴中,反应进行很迅速。这是因为在酸溶液中,硫酸完全电离为 HSO_4^- 和 H^+,随着硫酸的生成与积累,H^+ 增加使 SO_2 溶解度降低,结果使氧化反应速度反而减慢。实验研究表明,SO_2 的催化氧化速度与催化种类有关,其中以锰盐的催化效率最高。此外,相对湿度对 SO_2 的氧化速度有重要的作用。如果相对湿度低于 40%,SO_2 催化氧化也能进行,但其速度缓慢,而在相对湿度高于 70% 的条件下,被一层水包围的固态晶体可转变为真正的液滴,转化速度显著增加。

2. SO_2 的光化学氧化

在空气中,SO_2 直接分解为 SO 与 O 的反应,只有在吸收波长短于 218nm 的太阳光的条件下才可能发生,而波长小于 290nm 的太阳光在经过大气上面臭氧层时已经被吸收掉,到达不了地球表面。所以在低层大气中当 SO_2 吸收光以后,发生的主要光化学反应是激发态 SO_2 分子参与反应,而不是 SO_2 的直接分解反应。在低层大气中,当受到太阳光照射时,SO_2 氧化成 SO_3 的速度是很缓慢的,每小时为 0.1%~0.2%。但是,一旦生成 SO_3,它便迅速地与大气中的水蒸气反应,形成硫酸(H_2SO_4)。因此,在一般情况下,大气中 SO_2 的浓度都比较低,硫氧化物主要以 SO_2 的形成存在于大气中,如果在含有 SO_2 的大气中,同时存在氮氧化物和碳氢化合物,则 SO_2 转化为 SO_3 的速度将大幅度提高。

1) 大气中 SO_2 的光化学氧化

在大气中,有两个大于 290nm 的吸收光谱,即 384nm 和 294nm。当 SO_2 吸收

第一个波长后,转变为第一激发态(三重态以 $^3SO_2$ 表示)

$$SO_2 + h\nu(340 \sim 400nm) \longrightarrow {}^3SO_2 \tag{1-37}$$

在 294nm 处为强吸收,SO_2 吸收这个波长后,转变为第二个激发态(单重态,以 $^1SO_2$ 表示)

$$SO_2 + h\nu(290 \sim 340nm) \longrightarrow {}^1SO_2 \tag{1-38}$$

$^3SO_2$ 的能量较低,比较稳定。$^1SO_2$ 的能量较高,它在进一步的反应中转变为基态 SO_2,或者转变成能量较低的三重态 $^3SO_2$,其反应如下:

$$^1SO_2 + M \longrightarrow SO_2 + M \tag{1-39}$$

$$^1SO_2 + M \longrightarrow {}^3SO_2 + M \tag{1-40}$$

有关实验结果表明,城市大气中 SO_2 光化学反应的主要产物是 $^3SO_2$,而 $^1SO_2$ 的作用主要在于通过反应式(1-40)生成 $^3SO_2$。大气中的 SO_2 转化为 SO_3 主要是这两种激发态($^1SO_2$ 和 $^3SO_2$)与体系中其他分子反应的结果。

$^3SO_2$ 与大气中其他吸收能量的分子反应,转变为基态 SO_2,即

$$^3SO_2 + M \longrightarrow SO_2 + M \tag{1-41}$$

当 M 为 O_2 时,则

$$^3SO_2 + O_2 \longrightarrow SO_3 + O \tag{1-42}$$

这是大气中 SO_2 转化为 SO_3 的重要光化学反应。

2) SO_2 在含有烃与氮氧化物的大气中的光化学氧化

在含有 SO_2 的大气中,如果同时还含有氮氧化物和碳氢化合物时,在阳光照射下,SO_2 的光氧化速度会明显增加,远大于在清洁大气中观测到的速度值。对于在含有 SO_2、烃类与氮氧化物的大气体系中所发生的反应的了解,是目前大气污染化学中最薄弱的环节。在此体系中,SO_2 的氧化可能有若干种途径[3]。

总之,大气中含硫化合物经过一系列的化学反应之后,最终形成硫酸或硫酸盐,并被大气中的颗粒物所吸附,然后干沉降或随雨水降落到地球表面,形成酸雨。

1.3 光化学烟雾的特性

1.3.1 光化学烟雾

由于光化学烟雾的出现,一般将大气污染分为两种类型:还原型大气污染(又称煤炭型大气污染)及氧化型大气污染(又称石油型大气污染)。我国城市大气污染由于受到以煤炭为主的能源结构制约,目前仍呈现出明显的煤炭型污染特征[28]。

从主要的污染物质来看,还原型大气污染主要是烟尘与二氧化硫等,而氧化型大气污染的主要污染物是臭氧(占反应产物的 85% 以上)、过氧乙酰硝酸酯(约占

反应产物的 10%）及醛类等。这些污染物具有很强的氧化性、刺激性，对人类及动植物危害极大[29]。

1.3.2　光化学烟雾的形成机制

各国学者相继开展了光化学烟雾形成机理的研究。但是，由于光化学烟雾发生在十分复杂的体系中，气象条件，污染物的排放量、种类等多变因素，均影响光化学烟雾的形成。为了排除大气条件、污染物种类复杂等因素，研究工作主要是在烟雾室中进行的。但模拟实验的情况与大气中的实际情况有一定差距，而且这种差距有时还比较大，故模拟实验问题还需不断改进。许多学者已经达成共识的一些观点如下：①光化学烟雾形成的起始反应是 NO_2 的光解；②CH、NO·、O 等自由基和 O_3 氧化，产生醛、酮、醇、酸等产物以及重要的中间产物——RO_2·、HO_2·、RCO·等自由基；③过氧自由基引起 NO 向 NO_2 的转化，并导致 O_3 和 PAN 等生成。

光化学烟雾的形成主要是因为在大气中发生了一系列复杂的反应，当化学反应涉及光辐射的吸收或发射时，就称为光化学反应。光化学烟雾并不是某一污染源直接排放的原始污染物质，而是由汽车等污染源排出的氮氧化合物与碳氢化合物，在阳光照射下，发生一系列光化学反应，形成次生污染物，如臭氧、醛类、酮类和过氧乙酰硝酸酯 PAN 等。这些次生污染物是经阳光照射，在大气中发生光化学反应而产生的。由这些氮氧化物、碳氢化合物及其光化学反应的中间产物、最终产物所组成的特殊混合物（气体和颗粒物），叫做光化学烟雾。

光化学烟雾的形成过程很复杂，它是一个链反应，一般认为光化学烟雾是从二氧化氮的光解反应开始的，即

$$NO_2 + h\nu \longrightarrow NO + O \tag{1-43}$$

NO_2 气体可以吸收 $290\sim430$nm 波长的光，在波长为 $290\sim430$nm 的紫外光照射时，NO_2 可发生以上反应。原子氧在催化剂 M（可以是 N_2 或 O_2）存在条件下再与分子氧发生反应形成臭氧，即

$$O + O_2 + M \longrightarrow O_3 + M \tag{1-44}$$

$$O + RH \longrightarrow OH + R \tag{1-45}$$

由于臭氧 O_3 的强氧化性，又迅速与一氧化氮发生反应，生成二氧化氮，即

$$O_3 + NO \longrightarrow NO_2 + O_2 \tag{1-46}$$

上述三种反应产生的 O、OH· 和 O_3 都可以与碳氢化合物反应，形成一系列中间产物和最终产物。在光化学烟雾体系中出现的烃和自由基种类及数目庞大，为了尽可能简要地说明光化学烟雾体系中的重要有机反应，我们考虑四种有机物：烯烃、芳香烃、烷烃和醛类，这些物质与氧原子、臭氧和氢氧自由基反应可能生成的产物如下：

$$烯烃 + \begin{cases} O \longrightarrow R\cdot + R\overset{\cdot}{C}O \\ O_3 \longrightarrow R\overset{\cdot}{C}O + RO\cdot + 醛 \\ OH\cdot \longrightarrow R\cdot \end{cases} \quad (1\text{-}47)$$

$$芳香烃 + \begin{cases} O \longrightarrow R\cdot + OH\cdot \\ OH\cdot \longrightarrow R\cdot + H_2O \end{cases} \quad (1\text{-}48)$$

$$烷烃 + \begin{cases} O \longrightarrow R\cdot + OH \\ OH\cdot \longrightarrow R\cdot + H_2O \end{cases} \quad (1\text{-}49)$$

$$醛类 + \begin{cases} O \longrightarrow R\overset{\cdot}{C}O + OH\cdot \\ OH\cdot \longrightarrow R\overset{\cdot}{C}O + H_2O \end{cases} \quad (1\text{-}50)$$

O、O_3、氢氧自由基与烃反应产生以下各种自由基：$R\cdot$、$RO\cdot$、$R\overset{\cdot}{C}O$。这些自由基可以进一步与体系中的其他物质发生反应，例如，$R\cdot$ 和 $R\overset{\cdot}{C}O$ 可进一步与 O_3 反应，形成过氧自由基，其反应式如下：

$$R\cdot + O_2 \longrightarrow ROO\cdot \quad (1\text{-}51)$$

$$R\overset{\cdot}{C}O + O_2 \longrightarrow R\overset{\overset{\displaystyle O}{\|}}{C}OO\cdot \quad (1\text{-}52)$$

这些过氧自由基仍可与体系中其他物质发生各种反应，其中最重要的是与 NO 和 NO_2 的反应

$$ROO\cdot + NO \longrightarrow NO_2 + RO\cdot \quad (1\text{-}53)$$

$$ROO\cdot + NO_2 \longrightarrow \begin{cases} RNO_2 + O_2 \\ RO\cdot + NO_3 \\ ROONO_2 \end{cases} \quad (1\text{-}54)$$

$$R\overset{\overset{\displaystyle O}{\|}}{C}OO\cdot + NO \longrightarrow NO_2 + R\overset{\overset{\displaystyle O}{\|}}{C}O\cdot \quad (1\text{-}55)$$

$$R\overset{\overset{\displaystyle O}{\|}}{C}OO\cdot + NO_2 \longrightarrow R\overset{\overset{\displaystyle O}{\|}}{C}OONO_2 \quad (1\text{-}56)$$

两个新生成的自由基可能再与 O_2 反应

$$RO\cdot + O_2 \longrightarrow RCHO + HO_2\cdot \quad (1\text{-}57)$$

$$R\overset{\overset{\displaystyle O}{\|}}{C}O + O_2 \longrightarrow RO_2\cdot + CO_2 \quad (1\text{-}58)$$

在链传递反应中典型的烃基和酰基的可能历程为

$$\dot{RCO} \xrightarrow{O_2} R\overset{\overset{\displaystyle O}{\|}}{COO}\cdot \xrightarrow{NO} R\overset{\overset{\displaystyle O}{\|}}{CO}\cdot$$

$$\dot{R} \xrightarrow{O_2} ROO\cdot \xrightarrow{NO} RO\cdot \xrightarrow{O_2} HO_2\cdot \xrightarrow{NO} OH\cdot$$

RH

（1-59）

这样，只要这个链反应一引发，只需自由基与大气中的烃类，就可以将 NO 氧化成 NO_2，而不再需要 O_3，结果必然导致 O_3 的积累，使 O_3 浓度升高，为了对 O_3 浓度升高的原因进一步加深认识，可对下列两个反应速度加以比较：

$$ROO\cdot + NO \xrightarrow{(1)} NO_2 + RO\cdot \qquad\qquad (1\text{-}60)$$

$$O_3 + NO \xrightarrow{(2)} NO_2 + O_2 \qquad\qquad (1\text{-}61)$$

由于反应式(1-60)为自由基反应，反应速度比反应式(1-61)的速度快很多，所以在 NO 氧化成 NO_2 的过程中，反应式(1-60)起主导作用，它掩盖了反应式(1-61)的作用。这样，一方面通过 $O + O_2 + M \longrightarrow O_3 + M$ 不断地生成 O_3，另一方面 O_3 通过反应式(1-61)消耗的数量却微不足道，所以 O_3 浓度在城市大气中几乎不被消耗而导致升高。

综合上述内容，光化学烟雾是由 NO_2 光解反应产物的氧原子开始的，进一步反应能形成 O_3 和氢氧自由基，O(氧原子)、O_3 和氢氧自由基都能与大气中的烃类反应，生成自由基(如 $R\cdot$、$RO\cdot$ 和 $\dot{RCO}$)，但反应以 O、氢氧自由基为主，O_3 参与很少。自由基再进一步与氧反应，形成过氧化自由基。以上这些自由基都能高效率地将 NO 氧化成 NO_2，并且在这一过程中，每个自由基除了氧化一个 NO 分子为 NO_2 之外，还产生一个新的自由基，这样可以几乎不消耗 O_3 就使大气中的 NO 氧化成 NO_2。同时，NO_2 又继续光解，产生 O(氧原子)，进一步导致 O_3 的产生，结果必然使大气中 O_3 的浓度升高。与此同时，自由基又继续与烃类反应，生成更多的自由基，如此继续不断，循环往复地进行链式反应，直到 NO 全部氧化成 NO_2 为止。由于自由基反应迅速，NO 到 NO_2 的转化很快。

概括起来光化学烟雾形成过程快慢与下列因素有关：

(1) 碳氢化合物的活性。以烯烃反应最快，其次是有侧链的芳香烃。

(2) 吸收光能的引发剂。以 NO_2 最为重要，其次是醛类。

(3) NO_2 和 C_xH_y 的浓度比。研究表明，当浓度比为 1:1 和 1:3 时，引起的反应最快，产生的影响也最强烈。

1.3.3　影响光化学烟雾生成的因素

光化学烟雾的形成主要受污染物质浓度、太阳辐射强度以及气象条件等因素的影响,同时地理位置对光化学烟雾的形成也有一定的影响。

1. 污染物质

光化学烟雾的原始反应物质主要是汽车废气中的碳氢化合物和氮氧化合物。其中氮氧化合物主要来源于各种工业和汽车废气,而碳氢化合物则主要来源于汽车废气和石油提炼等工业工程。随着经济的发展,汽车及其他机动车的增加,造成大气中碳氢化合物和氮氧化合物浓度的增高,从而导致光化学烟雾的重要污染指标——氧化剂 O_3 的浓度也必然增高。

试验表明,大气中微粒物质(飘尘)对光化学烟雾气溶胶的形成有很大的影响。这些微粒不仅成为光化学气溶胶的核心,而且易吸收气态分子并发生反应,因此大气中微粒物质的类型、大小和浓度对光化学烟雾气溶胶的形成速度和稳定性都有很大的影响。

2. 太阳辐射能

当光能辐射到大气中的污染物质时,这些物质分子或原子吸收光能,从而处于激发状态。这些激发的分子或原子再与其他物质发生反应,因而形成一系列复杂的光化学反应,但不是所有的光能都引起光化学反应。因为不同波长的光所具有的能量不同,只有能量较大的短波射线,如太阳紫外线才能使分子激发,使分子中某些化学键发生断裂而生成自由基。研究表明,波长为 $320\sim330nm$ 的紫外线,其形成光化学烟雾的能力最强。

3. 气象条件

对于光化学烟雾的产生,气象条件的影响极为重大,若这些污染物不能遇到有利于产生光化学烟雾的气象条件,就不会产生光化学烟雾。这里指的气象条件是太阳光线的波长和强度,逆温层的高度,大气旋流造成的风向、风速,温度和湿度等。如太阳光的强度大,就容易发生光化学反应。因此阳光强烈的夏日很容易产生光化学烟雾。温度越高,光化学反应越容易发生。光化学烟雾在白天生成,傍晚消失。污染高峰出现在中午或午后[30]。

烃和 NO 的最大值发生在早晨交通繁忙时刻,这时 NO_2 浓度较低。随着太阳辐射的增强,NO_2、O_3 的浓度迅速增大,中午时已达到较高浓度,它们的峰值通常比 NO 峰值晚出现 $4\sim5h$。由此可知,NO_2、O_3 和醛是在日光照射下由大气光化学反应而产生的,属于二次污染物。因此,夏季比冬季可能性大,一天中正午前后光线最强时出现"烟雾"的可能性大。

逆温层对光化学烟雾的影响是:在逆温层高的情况下污染物变薄,而逆温层低,则污染物处于被浓缩的状态。

　　光化学烟雾往往是在低风速、低湿度高气温和气温递增的气象条件下发生的,这是因为风速低时较容易发生光化学反应。此外,湿度高时就不容易发生光化学反应,这是因为有了 H_2O,降低了 NO_2 的有效浓度。

　　综合各种气象因素对光化学烟雾强度的影响,可用下述函数来表示各有关因素与光化学烟雾强度的关系:

$$S = f\left(\frac{PET}{WI}\right) \tag{1-62}$$

式中,S 为光化学烟雾强度,P 为原始反应污染物的浓度,E 为一定波长的辐射能的强度,T 为气温,W 为风速,I 为气温递增层的高度。

4. 地理条件

　　光化学烟雾的多发地大多数是处在比较封闭的地理环境中,这样就造成了 NO_x、CH 化合物等污染物不能很快的扩散稀释,容易产生光化学烟雾。

　　太阳辐射强度是一个主要条件,太阳辐射的强弱,主要取决于太阳的高度。太阳辐射能通过大气层时被吸收和散射的多少,取决于太阳在地平线上的高度、太阳辐射线与地面所成的投射角以及大气透明度等。因此,光化学烟雾的浓度,除了受太阳辐射强度的日变化影响外,还受该地区的纬度、海拔高度、季节、天气和大气污染状态等条件的影响。研究表明,在北纬 60°至南纬 60°之间的一些大城市,都可能发生光化学烟雾。当太阳位于天顶时,辐射线通过大气层的路线最短。太阳高度越低,太阳辐射能通过大气层越厚,则它被散射和吸收的越多,而到达地面的辐射能就越少。这说明地理位置对光化学烟雾的形成有很大的影响。

1.4　空气污染物的测定

　　大气污染监测的对象主要包括三类[31]:一是对污染源的监测,如烟囱的排气,汽车的排气,工厂企业管道的尾气等,其目的是对污染源的污染物排放量和排放浓度按国家规定的标准加以限制;二是对大气环境质量监测,目的是掌握大气环境受到污染的状况和警戒浓度;三是对影响大气污染物浓度消长变化的气象因素监测,如风向、风速、气温的垂直分布、气压、雾、降雨等。

　　目前,引起世界各地的大气污染的主要污染物质为飘尘、SO_2、NO_x、CO、O_3。当然,还有其他的重要污染物,但是前四种污染物已经成为常规监测物质。

1.4.1　一氧化碳的测定

　　大气中 CO 的测定方法有非色散型红外分析法、气相色谱火焰离子化法、汞置换法和被动式检气管法等。

1. 非色散型红外分析法

所谓"非色散"就是不分光,即光源发出的光在与样气接触之间不经过分光元件。因为不同物质对不同波长的红外线吸收能力是不同的。其中 CO 对红外线有很强的吸收作用,吸收波长为 $4.65\mu m$,且最大吸收峰的波长范围较窄,因此可利用 CO 对红外线的吸收能力进行该物质的测定。非色散型红外分析法是将被测气体样品池与封有不吸收红外光的气体参比池相比,以获得通过光学系统的全部波长范围的红外光谱吸收值,此差值与气体样品中 CO 的浓度成正比,这就是非色散型红外分析法定量测定 CO 的基本原理。

因 H_2S、CO_2、CH_4、C_2H_2 对 CO 特征吸收光谱波长的响应干扰 CO 的测定。故采用气体过滤装置或在样品池上串联一个干扰池,即可消除大部分干扰。图 1-1 为非色散型红外分析仪示意图。由图可知,从红外灯发射的红外光源通过同步电机带动的切光片交替切断,产生一定频率的交变辐射源。一路光束通过斩波器、样品池、干扰池进入鉴定器。在样品池中 CO 吸收红外线,在干扰池中将干扰组分特征吸收光谱波长的能量全部吸收掉。另一路光束通过斩波器、参比池达到鉴定器。参比池不吸收红外线。这样与通过样品池的红外线能量形成一定的差值,其能量的大小与样气中待测 CO 组分的浓度有关。

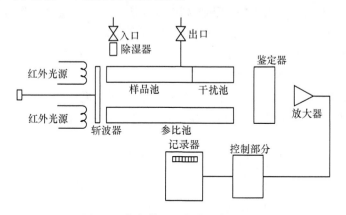

图 1-1　非色散型红外分析仪示意图

非色散红外气体分析仪的检测浓度范围宽,响应速度快,灵敏度高,抗干扰能力强,应用广泛。

2. 气相色谱火焰离子化法

气相色谱测定 CO 的原理是:通过测定 CH_4 间接测定 CO,将样品经色谱柱分离后导入氢火焰激发柱,使 CO 和 H_2 发生如下反应,定量转化为 CH_4,然后用火焰离子化鉴定器进行测定。

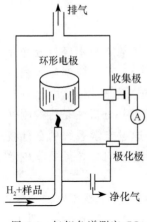

图 1-2　气相色谱测定 CO
原理图

$$CO + 3H_2 \longrightarrow CH_4 + H_2O \qquad (1\text{-}63)$$

生成的 CH_4 产生带电碎片,在火焰与电极间加一电压,如图 1-2 所示,其电流大小正比于火焰中碳氢化合物浓度,与样品中 CO 浓度成比例。

　　这种方法对甲烷是很灵敏的,检测限低达 10ppm。火焰离子化检测器对 CO 是没有响应的。上述化学反应须在 400℃和镍或涂镍催化剂的作用下进行,使 CO 转变为 CH_4 后,才能快速定量测定。但应注意,不能直接将空气样品导入氢火焰,因为空气中有约 20% 的 O_2,O_2 同 H_2 的反应比同 CO 反应更快,所以必须预先分离 CO,同时,对空气中 CO_2、CH_4 以及其他碳氢化合物也要用色谱柱分开。

3. 汞置换法(间接冷原子吸收法)

　　气样中一氧化碳在 180～200℃下,能定量将活性氧化汞还原成汞,即

$$CO + HgO \longrightarrow Hg + CO_2 \qquad (1\text{-}64)$$

　　汞置换法测定一氧化碳的流程图如图 1-3 所示。气样经过滤除尘,再经活性炭、分子筛及硫酸化汞硅胶以除掉水蒸气、二氧化硫以及一些低分子有机化合物,如甲醛、乙烯、丙酮等。通过流量计指示采气流量,由六通阀转换定量管取样进入活性氧化汞反应室,气样中一氧化碳置换出汞蒸气流进测量室,吸收低压汞灯发射的 253.7nm 紫外光并测量汞吸收峰(或吸光度)。测定后的废气经碘-活性炭吸收后由抽气泵排出。测定时,应先使气样通过霍加特氧化管将一氧化碳氧化成二氧

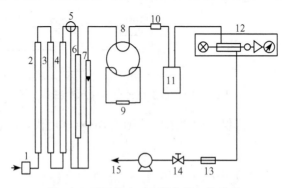

图 1-3　汞置换法 CO 测定仪工作流程

1-灰尘过滤器　2-活性炭管　3-分子筛管　4-硫酸亚汞硅胶管　5-三通活塞　6-霍加特氧化管

7-转子流量计　8-六通阀　9-定量管　10-小分子筛管　11-加热炉及反应室

12-冷原子吸收测汞仪　13-限流孔　14-流量调节阀　15-抽气泵

化碳,以校正零点。再将一定浓度的一氧化碳标准气样经六通阀由定量管进样,测量吸收峰高(或吸光度)。可用比较法计算气样中一氧化碳的浓度,即

$$\rho_x = \frac{\rho_s}{h_s} h_x \tag{1-65}$$

式中,ρ_x、h_x 分别为待测气样中一氧化碳的质量浓度(mg/m^3)和相应的吸收峰高度(mm),ρ_s、h_s 分别为标准一氧化碳试样的浓度(mg/m^3)和相应的峰高(mm)。

在测定条件下,甲烷(CH_4)不与氧化汞发生反应,但氢气与它反应,对测定产生干扰,但在调节零点时可消除。方法的检出限为 $0.04mg/m^3$。

4. 被动式检气管法

该方法基于气体分子扩散定律和化学吸收反应原理[32]。检气管内的惰性载体涂渍上对一氧化碳有特效的显色剂:氯化钯-稳定剂 G-浓硫酸体系。一氧化碳通过检气管端口扩散进入管内,与惰性载体上的显色剂发生反应,从而产生颜色变化。检气管显色长度的平方与一氧化碳浓度及采样时间的乘积在 $80\sim800mg/m^3$ 范围内成线性关系,从而求出环境中一氧化碳的时间加权平均浓度。

1.4.2 氮氧化物的测定

大气中的氮氧化物主要是 NO 和 NO_2,它们主要是石化燃料在高温下燃烧时所产生的,燃烧的主要产物是 NO,但是 NO 在大气中部分氧化成 NO_2。大气中的 NO 和 NO_2 常用盐酸萘乙二胺分光光度法、化学发光法和原电池库仑滴定法进行分别测定和总量测定。

1. 盐酸萘乙二胺分光光度法(盐酸萘乙二胺比色法)

用冰醋酸、对氨基苯磺酸和盐酸萘乙二胺配制成吸收液(也是显色液),当气体通过吸收液时,其中的 NO_2 被吸收并转变为 HNO_2 和 HNO_3,而 HNO_2 与对氨基苯磺酸发生反应后,再与盐酸萘乙二胺反应生成玫瑰红色的偶氮染料,其反应为

$$2NO_2 + H_2O \longrightarrow HNO_3 + HNO_2 \tag{1-66}$$

$$HO_3S-\!\!\!\!\bigcirc\!\!\!\!-NH_2 + HNO_2 + CH_3COOH \longrightarrow$$

对氨基苯磺酸

$$\left[HO_2S-\!\!\!\!\bigcirc\!\!\!\!-N\!\equiv\!N\right]CH_3COO + 2H_2O \tag{1-67a}$$

重氮化合物

$$\left[HO_2S-\!\!\!\!\bigcirc\!\!\!\!-N\!\equiv\!N\right]CH_3COO + C_{10}H_7NHCH_2CH_2NH_2 \cdot 2HCl$$

盐酸萘乙二胺

$$\longrightarrow HO_2S - \!\!\!\!\bigcirc\!\!\!\!- N\!=\!N \cdot C_{10}H_6 \cdot NHCH_2CH_2NH_2 \cdot 2HCl + CH_3COOH$$

偶氮化合物（玫瑰红色）

$$(1\text{-}67b)$$

反应最终产物的颜色深浅,与气样中 NO_2 的浓度成正比,因此可用分光度法测定气样中 NO_2 的含量。

用此法测定氮氧化物时,气相中的二氧化氮并不是 100％地转变为液相中的亚硝酸根,用渗透管配制的标准气,测得二氧化氮转变为亚硝酸根的效率为 76％,因此在计算测定结果时,要除以转换系数 76％。此法测定氮氧化物的特点是灵敏度高,且在采样的同时就能发生显色反应。因此操作简单,在国内外大气监测中,它普遍作为测定氮氧化物的标准方法。

2. 化学发光法

化学发光是在化学反应过程中产生的发光现象。当气样中的 NO 和臭氧接触时,NO 被氧化成激发态的 NO_2^* ,即

$$NO + O_3 \longrightarrow NO_2^* + O_2 \tag{1-68}$$

激发态的二氧化氮回到基态时,产生发光现象

$$NO_2^* \longrightarrow NO_2 + h\nu \tag{1-69}$$

发光强度与气体中 NO 的浓度成正比,因此通过对发光强度的测定,即可测得气样中 NO 的含量。若使气样先通过装有炭钼（或炭金、炭钯）催化剂的催化转化装置,将 NO_2 转变为 NO,即

$$2NO_2 \xrightarrow[\text{炭钼}]{\text{催化剂}} 2NO + O_2 \tag{1-70}$$

然后再与臭氧接触,即可利用化学发光测得气样中氮氧化物的总量。化学发光法氮氧化物测定装置如图 1-4 所示。在该装置中通过三通阀的切换作用,可使气样直接进入反应室,测定一氧化氮的浓度,也可以使气样经过转化器把其中二氧化氮定量地转变为一氧化氮,然后再进入反应室,测定 NO 和 NO_2 的总浓度。二次测定差值,即为气样中二氧化氮的浓度。

化学发光法测定氮氧化物的优点是:灵敏度高（检测下限为 0.02ppm）,选择性强,响应速度快,能够连续自动测定,而且可以测得氮氧化物的瞬时值,所以此法得到国内普遍重视和采用。

3. 原电池库仑滴定法

原电池微库仑计是监测大气中氮氧化物的常用仪器之一,此外也适用于臭氧和光化学氧化剂的测定。其原理图如图 1-5 所示。它有两个电极,铂网做阴极,活性炭作阳极,也是参比电极,不必外加电源,靠被测物与滴定剂之间的氧化还原反

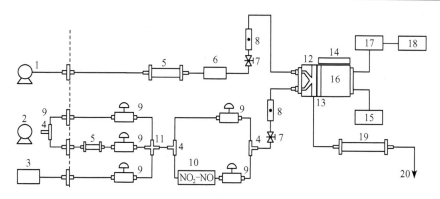

图 1-4 化学发光法测定 NO_x 流程图

1-空气薄膜泵 2-样气薄膜泵 3-氮氧化物标准源 4-三通 5-硅胶、活性炭过滤器 6-臭氧发生器 7-针阀
8-流量计 9-关闭阀 10-NO_x-NO 转化炉 11-四通 12-反应室 13-滤光片 14-半导体制冷器
15-高压电源 16-光电倍增管 17-放大器 18-显示 19-活性炭过滤器 20-排气

应产生的电势差及电流来实现检测,是一个原电池。在测定大气中二氧化氮时,原电池的"燃料"是 NO_2 和活性炭。以含有 0.3mol/LKI 的磷酸盐缓冲溶液(pH=7)为电解液。

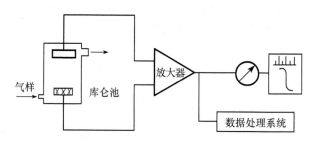

图 1-5 原电池微库仑滴定计工作原理

当被测的 NO_2 进入微库仑池时,NO_2 将碘离子氧化成碘:

$$2NO_2 + 3I^- \longrightarrow 2NO_2^- + I_3^- \tag{1-71}$$

生成的碘立即在铂网阴极上还原为碘离子:

$$I_3^- + 2e \longrightarrow 3I^- \tag{1-72}$$

活性炭阳极起着相应的电氧化作用:

$$C(还原态) \longrightarrow C(氧化态) + ne \tag{1-73}$$

产生电流的大小与 NO_2 的含量成正比,经放大后输出给记录仪。我国研制的 DK-9001 型微库仑计即属原电池型。

原电池库仑滴定法测定 NO_2 时,可用 AgO 过滤除掉 SO_2、H_2S、Cl_2 和 O_3 等干扰气体。用 CrO_3 氧化管将 NO 转化为 NO_2 可进行氮氧化物总量测定或 NO 和 NO_2 的分别测定。其缺点是 NO_2 流经电解流时会发生歧化反应,产生电流效率下降,一般仅为理论值的 70%,且仪器的维护工作量较大。

1.4.3　臭氧的测定

大气中的臭氧可用紫外分光法和化学分光法进行测定。

1. 二氢吖啶紫外分光光度法

臭氧与二氢吖啶乙醇溶液反应时产生了吖啶,即

$$O_3 + 二氢吖啶乙醇 \longrightarrow 吖啶 + H_2O$$

因吖啶对波长为 249.5nm 的紫外光有显著的吸收作用,因此可用紫外分光光度法测定臭氧,此法在其他氧化剂存在时,对臭氧的测定有特效。

实际测定时,将一定浓度的二氢吖啶乙醇溶液用 pH 约为 5.8 的醋酸钠缓冲溶液稀释后作为吸收液。在两个相同的多孔玻璃板吸收管中装等量的吸收液,吸收管 1 经装有硫酸浸透的浮石 U 形管(除去大气中的水蒸气)通大气,吸收管 2 经装有 MnO_2 的 U 形管(破坏臭氧)通大气,将两个吸收管接在采样器上,以同样的流量平行采样。

采样后,将两管中的吸收液转移至两个 1cm 的石英比色皿中,以吸收管 2 中的吸收液作参比,在紫外分光光度计上于波长 249.5nm 处测吸收管 1 中吸收液的吸光度,并由式(1-74)计算气样中臭氧的浓度:

$$C = 284 \times A \times \frac{V}{V_r} \tag{1-74}$$

式中,C 为臭氧浓度($\mu g/m^3$),A 为吸光度,V 为吸液的体积(ml),V_r 为换算至参比状态下的采样体积(l),由式(1-75)求得比例常数

$$\frac{M \times 10^6}{\varepsilon_{249.5}} = \frac{48 \times 10^6}{169000} = 284 \tag{1-75}$$

式中,M 为臭氧分子量,$\varepsilon_{249.5}$ 为吖啶在乙醇溶液中的摩尔吸光系数(波长为 249.5nm)。因此法标准溶液较难配得准确,故直接用摩尔吸光系数进行计算。

2. 化学发光法

在某些化学反应中,反应的能量可以传给反应中的某些分子或原子使之激发,激发的分子或原子从激发态回到基态时,又将接受的能量以光量子的形式辐射出来,产生化学发光。例如,罗丹宁 $B(C_{28}H_{31}ClN_2O_3)$、鲁米诺(3-氨基邻苯二甲酰环肼)等固体,乙烯、异丁烯、丁烯、丁二烯、二甲基己二烯等不饱和烃或硫化氢、甲基硫、甲硫醇等含硫化合物或一氧化氮以及三乙基胺等气体与臭氧反应便产生激发化合物。这些激发化合物恢复基态时都能产生发光现象。基本反应式为

$$A + B \longrightarrow C^* + D \quad 或 \quad A + B + C \longrightarrow AB + C^* \tag{1-76}$$

$$C^* \longrightarrow C + h\nu \tag{1-77}$$

发光强度与臭氧的浓度成正比。化学发光法的优点是灵敏度高,选择性强,响应速度快。

1.4.4　二氧化硫的测定

1. 副玫瑰苯胺比色法

用四氯汞钾 K_2HgCl_4 或四氯汞钠 Na_2HgCl_4 溶液吸收 SO_2,形成二氯亚硫酸汞络合物,其反应式为

$$SO_2 + H_2O + Na_2(HgCl_4) \Longleftrightarrow Na_2[Hg(SO_3Cl_2)] + 2HCl \qquad (1\text{-}78)$$

$$2SO_2 + 2H_2O + Na_2(HgCl_4) \Longleftrightarrow Na_2[Hg(SO_3)_2] + 4HCl \qquad (1\text{-}79)$$

副玫瑰 $[HgSO_3Cl_2]^{2-}$ 和甲醛反应生成有色溶液

$$[HgSO_3Cl_2]^{2-} + HCHO + 2H^+ \Longleftrightarrow HgCl_2 + HOCH_2SO_2H \qquad (1\text{-}80)$$

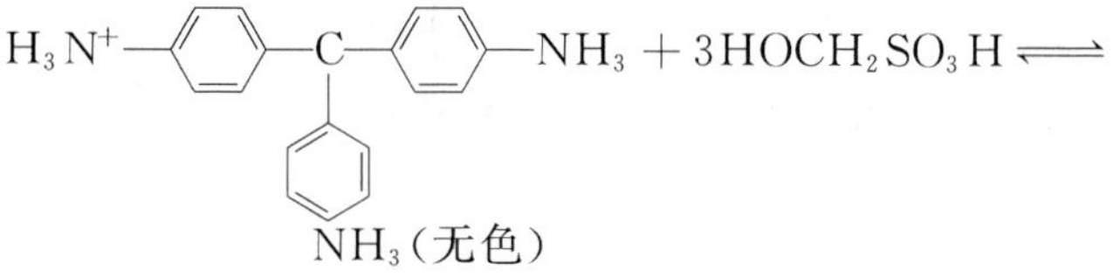

$$(1\text{-}81)$$

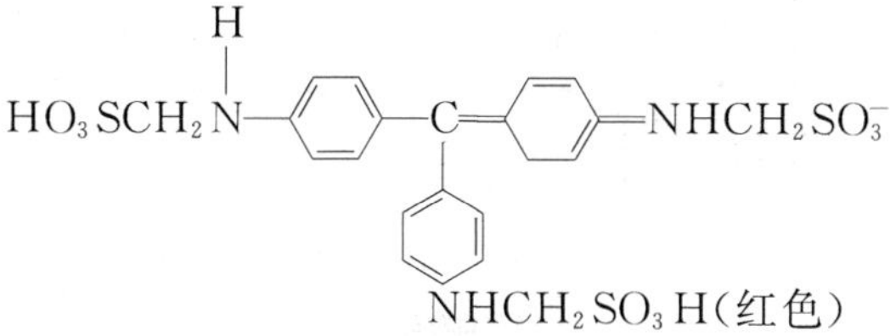

$$(1\text{-}82)$$

用分光光度计在波长为 548nm 处测定 SO_2 浓度。

2. 火焰光度法

火焰光度法是目前测定 SO_2 的常用方法之一,它基于测量富氢火焰中硫的发射光谱,利用一个投射波长为 394nm 的窄带滤光片,有选择性地获得组分,发射光强与硫化物浓度平方成比例(从几个 ppb 到 ppm 级均能定量测定)。该法的缺点是需大量氢气(一般每分钟需 100ml),而储存大量带爆炸性的氢气是很危险的,有的仪器配有氢气发生器装置,但却使系统变得复杂。

3. 电导法

用过氧化氢溶液吸收气样中的二氧化硫生成硫酸,并电离成硫酸根离子和氢离子:

$$SO_2 + H_2O_2 \longrightarrow 2H^+ + SO_4^{2-} \qquad (1\text{-}83)$$

吸收液对二氧化硫的吸收率几乎是 100%，而对氮氧化物、氯化氢吸收率很低，一氧化碳、臭氧、硫氢化合物等气体对该法几乎不影响。氨气可用填充的粒状草酸陷阱，在采样器进口处被除掉。

4. 紫外荧光法

紫外荧光法对 SO_2 的检测灵敏度很高，可以检测到 ppb 级的低浓度 SO_2，同时动态范围和线性度也比较好，因此广泛应用在环境空气质量监测系统中[33]。

用紫外光激发 SO_2 的原理示意图如图 1-6 所示。由光源发射的紫外光透过滤光片得到波长为 190~230nm 的紫外光，进入反应室，气样中二氧化硫分子吸收紫外光生成激发态：

$$SO_2 + h\gamma_1 \longrightarrow SO_2^*$$ (1-84)

回到基态时，发射出荧光紫外线（波峰为 333nm）：

$$SO_2^* \longrightarrow SO_2 + h\gamma_2$$ (1-85)

通过第二个滤光片，用光电倍增管接收，并转为电信号经过放大器输出，可测知二氧化硫的浓度。

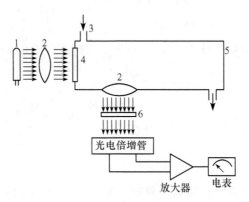

图 1-6 紫外光激发 SO_2 的原理示意图

1-紫外光源　2-透镜　3-样气入口　4-光源滤光片　5-反应室　6-第二滤光片

参 考 文 献

[1] Turma S R. An Introduction to Combustion Concepts and Application. Singapore：McGraw-Hill，2000

[2] 吴忠标.大气污染控制工程.北京：科学出版社，2002

[3] 赵坚行.热动力装置的排气污染与噪声.北京：科学出版社，1995

[4] 季学李，羌宁.空气污染控制工程.北京：化学工业出版社，2005

[5]　张振家.环境工程学基础.北京:化学工业出版社,2006

[6]　郑正.环境工程学.北京:科学出版社,2004

[7]　顾祖维,翁亚屏,刘卓宝.二噁英的简介.劳动医学,1999,16(2)

[8]　孙崇基.酸雨.北京:中国环境科学出版社,2001,(1)

[9]　徐丽珊.大气氟化物对植物影响的研究进展.浙江师范大学大学学报(自然科学版),2004, (2)

[10]　朱军.大气环境化学与人类健康.济宁医学院学报,2006,(4)

[11]　郝志辉,刘志敏.二噁英的毒性研究进展.工业卫生与职业病,1995,21(3)

[12]　Cociba R J,Cabey C. Comparative toxicity and biologic activity of chlorinated dibenzo-p-dioxins and furans relative to 2,3,7,8-TCDD. Chemosphere,1985,14

[13]　Kimbrough R D et al. The epidemiology and toxicology of TCDD. Bull Environ Toxicol, 1984,33

[14]　姚玉红,刘格林.二噁英的健康危害研究进展.环境与健康杂志,2007,24(7)

[15]　State Pollution Control Authority(Norway). Effects of Ambient Air Pollution on Health and the Environment,1993

[16]　国家环境保护总局文件,关于发布《环境空气质量标准》(GB 3095—1996)修改单的通知

[17]　环境空气质量标准——GB 3095—1996

[18]　WHO. Air Quality Guidelines for Europe,1987

[19]　王瑞斌,王明霞,安华.我国环境空气质量标准与国外相应标准的比较.环境科学研究, 1997,10(6)

[20]　USEPA. National Air Quality and Emissions Trends Report. 1988,EPA-450/4-90-002

[21]　Haigh N. EEC Environmental Policy & Britain. 1987

[22]　Barrett B F D et al. Environmental Policy & Impact Assessment in Japan,1991

[23]　朱钟杰等.全球空气污染控制的立法与实践(IUAPPA).北京:中国环境科学出版社, 1992

[24]　李天成,王军民,朱慎林.环境工程中的化学反应技术及应用.北京:化学工业出版社, 2005

[25]　苏琴,吴连成.环境工程概论.北京:国防工业出版社,2004

[26]　朱蓓丽.环境工程概论.第 2 版.北京:科学出版社,2001

[27]　赵由才.环境工程化学.北京:化学工业出版社,2003

[28]　王云英.光化学烟雾的形成机理与防治措施.安徽化工,2003,(5)

[29]　张宝成,杨良保.光化学烟雾.化学教育,2004,(6)

[30]　于林平,贾建军.城市光化学烟雾的形成机理及防治.山东科技大学学报(自然科学版), 2001,(12)

[31]　张俊秀.环境监测.北京:中国轻工业出版社,2003

[32]　余倩,陈新沂,余林等.对一氧化碳气体快速检测方法的研究.中国安全科学学报,2005

[33]　齐文启等.环境监测新技术.北京:化学工业出版社,2004

第 2 章　燃烧时污染物的产生和分解

燃烧过程产生的污染物是目前大气污染物的主要部分,抑制污染物排放是燃烧优化的主要目标。虽然燃料种类、燃烧装置和燃烧方式各不相同,但是燃烧污染物的物理化学过程具有相同的规律。本章重点介绍在一般燃烧过程中的各种主要污染物产生与消耗的化学反应机理及其与燃烧状态的关系。

燃烧所排放的污染物主要有五种:氮氧化物(NO_x)、一氧化碳(CO)、硫氧化物(SO_x)、碳氢化合物(包括未燃烧与部分燃烧)和颗粒排放物[灰分(Ash)、碳烟(soot)等]。燃烧过程中的各种物理和化学过程以及它们之间的相互作用决定了污染物的排放特性。燃料的性质(如含碳或氢量)、燃烧状态(燃烧温度、过剩空气系数等)的变化均会对污染物的化学反应机理、反应速度产生很大的影响,同时由于燃烧过程中涉及的中间组分数量巨大,化学反应复杂,污染物生成机理至今还不是太成熟。为此,本章采用目前比较公认的理论来阐述氮氧化物、碳氢化合物、一氧化碳以及硫氧化物生成与分解中涉及的化学反应动力学过程,并给出燃烧状态对污染物排放影响的一般规律。

2.1　氮氧化物的生成

在燃烧过程中,空气中的氮分子和燃料中含有的氮化合物,与氧气进行燃烧反应生成的氮氧化合物主要为 NO、NO_2 和微量的 N_2O。一般把 NO 和 NO_2 合称为氧化氮(NO_x),其中主要的成分为 NO,一般占 NO_x 的 95%,NO_2 仅占 5%,而且 NO_2 一般也是由 NO 在后继的化学过程中转化而来的。因此燃烧过程中 NO 的排放量就决定了 NO_x 的排放量。NO_x 是大气污染中重要的污染物,大量的燃烧装置(锅炉、燃机、机动车辆)排放的 NO 在大气中会和碳氢化合物产生一系列以光化学为主要过程的光化学过程,产生大量的近地面氧化剂和 NO_2,NO_2 会进一步产生酸雨。本节主要阐述燃烧过程中 NO 和 NO_2 的化学反应机理。

2.1.1　NO 的生成机理

一般燃料燃烧中产生 NO 的来源有两个:一是燃烧所需空气中氮气(分子氮)的氧化;二是燃料中含有的氮化合物(燃料氮)在燃烧过程中的氧化。在大部分以燃油和气作为燃料的系统中,空气中的分子氮是主要来源。在部分燃油和煤燃烧系统中,由于燃料本身含有较多的氮化合物,燃料氮为主要来源。

研究表明燃烧中 NO 的排放量不仅与系统中总的含氮量(分子氮和燃料氮)有关,还与烟气温度、贫/富燃混合气体及烟气停留时间有很大的关系[1],这说明除了反应系统本身氮元素来源不同外,其他因素也会导致 NO 的产生和分解机理的不同。

通过研究燃烧系统中 NO 的化学反应机理,发现 NO 的产生在不同条件下有不同的反应机理,而且这些机理在某些情况下并存。目前在燃烧系统中 NO 的反应机理主要有"热力"NO(thermal NO)、"瞬发"NO(prompt NO)和"燃料"NO(fuel NO)三种。

1．"热力"NO

燃烧所用的空气中的氮分子高温氧化生成 NO,由于其对温度的依赖性很强,通常称它为"热力"NO。1946 年,Zeldovich 提出了"热力"NO 生成机理(称为 Zeldovich 机理),即在贫燃料或者接近化学当量比状态下新鲜混合气体燃烧时,空气中的氮分子在高温下氧化生成 NO,其化学反应过程可由如下 Zeldovich 链式反应来描述[2]:

$$O_2 \underset{}{\overset{k_0}{\rightleftharpoons}} O + O \tag{2-1}$$

$$O + N_2 \underset{k_{-1}}{\overset{k_1}{\rightleftharpoons}} NO + N \tag{2-2}$$

$$N + O_2 \underset{k_{-2}}{\overset{k_2}{\rightleftharpoons}} NO + O \tag{2-3}$$

式中,k_1、k_2 分别为反应(2-2)、(2-3)的正向反应速率常数,k_{-1}、k_{-2} 分别为它们的逆向反应速率常数。

上述反应表明,在贫燃料状态下,氧原子 O 与 N_2 通过反应(2-2)产生的 N,与氧气 O_2 通过反应(2-3)产生 O,而 O 又会促进式(2-2)的反应,在贫燃料燃烧条件下,上述反应构成链式反应。Zeldovich 机理中 NO 的产生主要来源于反应(2-2)的正向反应。而该正向反应的活化能很高,$E = 314kJ/mol$,导致该反应与温度的关系很大。在 1800K 以上时,NO 的产生率和温度之间的关系基本呈指数关系(图 2-1),所以称为"热力"NO。而在低于 1800K 时,"热力"NO 的份额很小。由于该反应机理的反应速率比燃烧速率慢,该反应通常是在火焰锋面后部烟气区发生。

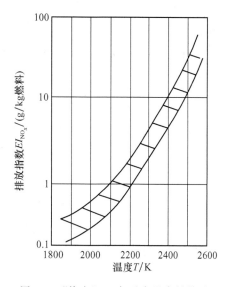

图 2-1　"热力"NO 与反应温度的关系

假设由第一反应生成的中间产物 O 处于平衡态，即 $\dfrac{\mathrm{d}[O]}{\mathrm{d}t}=0$，则 NO 的反应速率可以表述为

$$\frac{\mathrm{d}[NO]}{\mathrm{d}t}=k_1[N_2][O]-k_{-1}[NO][N]+k_2[N][O_2]-k_{-2}[NO][O] \qquad (2\text{-}4)$$

式中 N 也是中间产物，若设 N 也处于平衡状态，即 $\dfrac{\mathrm{d}[N]}{\mathrm{d}t}=0$，由反应(2-2)、(2-3)可以获得 N 的浓度

$$[N]=\frac{k_1[N_2][O]+k_{-2}[NO][O]}{k_{-1}[NO]+k_2[O_2]} \qquad (2\text{-}5)$$

将式(2-5)代入式(2-4)，可以得到 NO 的反应速率

$$\frac{\mathrm{d}[NO]}{\mathrm{d}t}=2\frac{k_1k_2[O][O_2][N_2]-k_{-1}k_{-2}[NO]^2[O]}{k_2[O_2]+k_{-1}[NO]} \qquad (2\text{-}6)$$

由于 $[NO]\ll[O_2]$，$k_{-1}[NO]\ll k_2[O_2]$，另外假设反应(2-1)处于平衡状态，则可得

$$[O]=k_0[O_2]^{1/2} \qquad (2\text{-}7)$$

这样，式(2-6)可以简化为 NO 与主组分 $[N_2]$ 和 $[O_2]$ 之间的关系

$$\frac{\mathrm{d}[NO]}{\mathrm{d}t}=k_f[O_2]^{1/2}[N_2]-k_b[NO]^2[O_2]^{-1/2} \qquad (2\text{-}8)$$

式中 $k_f=9\times10^{14}\exp(-135000/T)$，$k_b=4.1\times10^{13}\exp(-91000/T)$，生成 NO 的活化能(135kcal[①])非常大，说明反应速度与温度的关系非常大。式(2-8)为 Zeldovich 机理"热力"NO 生成速率表达式，对于贫燃料预混火焰，该式计算结果与试验结果相吻合。但是在富燃料状态下，热力"NO"生成速率还和系统中大量的 OH 基团相关。

1971 年，Fenimore 发现在富燃料状态下，OH 基团浓度较大会引发下面的反应[3]：

$$N+OH \overset{k_3}{\rightleftharpoons} NO+H \qquad (2\text{-}9)$$

该反应表现了在富燃料条件下，OH 基团对 NO 氧化生成的贡献。反应(2-2)、(2-3)、(2-9)合称为 Zeldovich 扩展机理(extended Zeldovich mechanism)。其生成速率为

$$\frac{\mathrm{d}[NO]}{\mathrm{d}t}=k_1[N_2][O]+k_2[O_2][N]+k_3[N][OH]$$

$$-k_{-1}[NO][N]-k_{-2}[NO][O]-k_{-3}[NO][H] \qquad (2\text{-}10)$$

假设中间组分 O 和 N 在平衡状态，NO 的产生主要依赖于 O_2、N_2 和 OH 的浓度。则

---

① 1cal=4.1868J

$$\frac{d[NO]}{dt} = 2k_1[N_2][O]\frac{1-[NO]^2/(K[O_2][N_2])}{1+k_1[NO]/(k_2[O_2]+k_3[OH])} \tag{2-11}$$

式中速率常数 $K=\dfrac{k_1 k_2}{k_{-1}k_{-2}}$。

上述各反应速率常数如表 2-1 所示[4]。Bowman 采用 O 和 N 的平衡态假设，对 Zeldovich 扩展机理进行简化，建立 NO 化学反应速率公式[5]

$$\frac{d[NO]}{dt} = 6\times10^{16}\exp\left(\frac{-69090}{T}\right)\sqrt{\frac{[O_2]}{T}}[N_2] \tag{2-12}$$

式(2-12)表明了 NO 浓度与系统温度间的强烈的依赖关系。Sawyer 等人采用 Zeldovich 机理研究了燃气轮机主燃区 NO 的生成规律，获得了 NO 排放浓度和压力温度之间的关系如下：[6]

$$\frac{d[NO]}{dt} \propto \frac{\sqrt{P}}{T}\exp\left(\frac{-133800}{RT}\right) \tag{2-13}$$

表 2-1　Zeldovich 扩展机理反应速率常数　($m^3/kmol \cdot s$)

$k_1 = 1.8\times10^{11}\exp(-38370/T)$
$k_{-1} = 3.8\times10^{10}\exp(-425/T)$
$k_2 = 1.8\times10^{7}T\exp(-4680/T)$
$k_{-2} = 3.8\times10^{6}T\exp(-20820/T)$
$k_3 = 7.1\times10^{10}\exp(-450/T)$
$k_{-3} = 1.7\times10^{11}\exp(-24560/T)$

该结果与试验结果相符，说明压力对 NO 的产生率也有影响。

由上述结果可知，温度对"热力"NO 的产生有决定性的影响。燃烧温度越高，NO 的产生率越大，排放的 NO 量越多，所以又称为温度型 NO。在富燃料燃烧时，从式(2-12)可以看出氧浓度对 NO 的生成速率有影响，氧气浓度越高，NO 的量越大；但是当过剩空气系数 $\alpha>1$ 时，由于过剩空气的增加会降低燃烧温度，此时氧气的增加反而会降低 NO 的排放。也就是说，NO 的生成率和 α 之间有一个最大值的关系，理论上这个最大值为 $\alpha=1$。偏离 $\alpha=1$ 都会导致 NO 的生成量降低。

由于逆向反应，即 NO 分解产生 N_2 和 O_2 的反应速率相对较小，可以认为 NO 一旦在烟气中产生，就很难通过逆反应分解掉，因此在高温下停留的时间越长，NO 的产生量也越大。

综上所述，限制"热力"NO 的生成，主要是降低温度，具体措施可以归纳为：①降低燃烧温度，避免局部高温；②在偏离 $\alpha=1$ 的条件下组织燃烧；③缩短烟气在高温区的停留时间。

2. "瞬发"NO

对于富燃料混合气体，1971 年 Fenimore 观察到在火焰面上的 NO 生成速率要比按 Zeldovich 机理的计算结果高得多，而且随着当量比增加时，火焰面附近的 NO 生成率也增加[7]。图 2-2 为大气压力下甲烷-空气预混火焰中 NO 分布随当量比变化的情况，由图可知，在火焰面附近，NO 生成量随着当量比 φ 增加而增长。

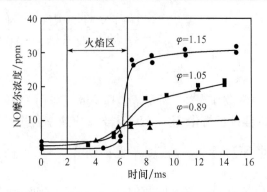

图 2-2　甲烷/空气预混火焰中 NO 的生成

这是因为在那里燃料中碳氢化合物分解成 CH_x 基团和 C 原子团,并与空气中的 N_2 进行反应生成氰化物,再由这些氰化物与火焰中大量 O 和 OH· 等基团生成 NO,由于这些基团反应的活化能小,反应速度较快,因此 NO 的生成速率要比"热力"NO 的生成速率高,Fenimore 把这种富燃料火焰锋面上快速反应生成 NO 称为 "瞬发"NO,或称"快速"NO。它的生成机理与"热力"NO 不同,其反应的基本步骤大致为:

(1) 燃料分解产生 CH_x 基团和 C 原子团

$$Fuel, RH \longrightarrow CH, C_2 \tag{2-14}$$

(2) CH_x 基团和 C 原子团与 N_2 反应产生氰化物

$$C + N_2 \rightleftharpoons CN + N \tag{2-15}$$

$$C_2 + N_2 \rightleftharpoons 2CN \tag{2-16}$$

$$CH + N_2 \rightleftharpoons CN + HN \tag{2-17}$$

$$CH + N_2 \overset{k_{10}}{\rightleftharpoons} HCN + N \tag{2-18}$$

$$CH_2 + N_2 \rightleftharpoons H_2CN + N \tag{2-19}$$

$$C_2H + N_2 \rightleftharpoons HCN + CN \tag{2-20}$$

(3) 氰化物和胺化物与火焰中的 O 和 OH 反应转化成 NO

$$HCN + O \rightleftharpoons NCO + H \tag{2-21}$$

$$NCO + H \rightleftharpoons NH + CO \tag{2-22}$$

$$NH + H \rightleftharpoons N + H_2 \tag{2-23}$$

$$N + OH \rightleftharpoons NO + H$$

$$N + O_2 \rightleftharpoons NO + O$$

$$O + N_2 \rightleftharpoons NO + N$$

当 $\varphi > 1.2$ 时,其他的反应机理会将"瞬发"NO 的生成机理更加复杂化,Miller[8]指出,此时上述反应速率将不再"快速",NO 将会转变成 HCN 并抑制 NO 的生成,而且在此情况下 Zeldovich 机理中的 NO 分解反应[式(2-2)的逆向反应]将使 NO 的产生率小于其分解速度。其反应机理大致如图 2-3 所示[9]。

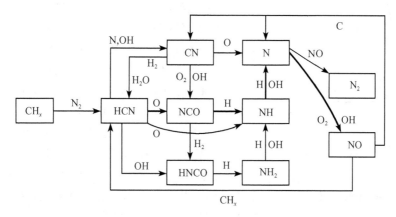

图 2-3 "瞬发"NO 在富燃料系统中的反应机理

该反应机理表明,HCN 是"瞬发"NO 反应中的重要组分,所有的后继反应都是从 HCN 开始的。图 2-4 为乙烯-空气预混富燃料火焰中 NO、HCN 和碳氢化合物随反应时间的变化[10],HCN 和 NO 在富燃料状态下的火焰面附近有基本相似的规律,在火焰面附近 HCN 和 NO 随反应时间的增加而加大,变化趋势一致,可见 HCN 对"瞬发"NO 生成的影响很大。

从图 2-3 中的主要反应途径(图中粗线箭头所示)可以看出,在富燃料状态下,N_2 经过一系列反应最后产生 N 原子,而 N 原子向 NO 的反应正好就是 Zeldovich 的扩展机理,也就是说 N 有可能被 O_2、OH 氧化成 NO,也有可能将 NO 还原成 N_2。而对于 NO 来说,除了被排放出系统外,也可能被 N 还原成 N_2,或者被 CH_x 转换成 HCN。也就是说在燃料浓度比较高的情况

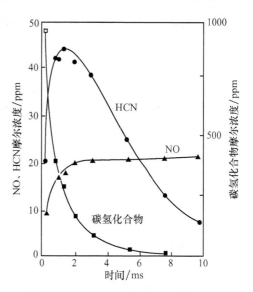

图 2-4 乙烯-空气预混富燃料火焰中 NO、HCN 和碳氢化合物的生成($P=1atm,\phi=1.64$)

下,如果系统中含有比较高的 CH_x,那么碳氢化合物会将 NO 转化成 HCN,保持燃烧区较高的 HCN 浓度。图 2-5 为丙烷-空气富燃料系统中 HCN 和当量比 ϕ 的

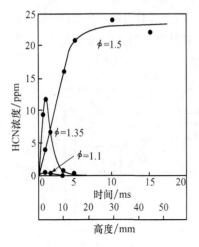

图 2-5　丙烷-空气富燃料系统
中 HCN 生成

关系[7]，表明在燃料浓度相对较低的情况下，HCN 会达到一个最大值，然后回落，这可以对应"瞬发"机理中 HCN 产生，然后被转换成 N 的一系列消耗反应。但是对于比较高浓度燃料的情况，火焰区 HCN 达到最大值后，不再回落，而是继续保持较高的浓度，这可以对应"瞬发"机理中 NO 和碳氢化合物向 HCN 的反应。

除了上述目前公认的"瞬发"NO 的生成机理外，还有一些其他的解释[11]。例如有些学者认为，在贫燃料或者接近化学当量比的燃烧系统中，火焰锋面上的"瞬发"NO 机理是由于燃烧反应中过量的氧化基团(O、OH)促进了"热力"NO 的产生，因而导致 NO 的大量生成，这些氧化基团是由下述反应产生的[12]：

$$O + H_2 \Longrightarrow OH + H \tag{2-24}$$

$$H + O_2 \Longrightarrow OH + O \tag{2-25}$$

$$H_2 + OH \Longrightarrow H + H_2O \tag{2-26}$$

当超过平衡态的 O 和 OH 基团产生时，进入反应(2-9)，促进了"热力"NO 的产生。贫燃料系统中，在给出精确的温度和基团浓度的基础上，该机理的计算结果与试验值比较接近。

还有研究者建议考虑 N_2O 在系统中的作用[5]。在温度稍低的情况下($<1500K$)，在较贫的 CO/空气燃烧系统中，上面的过量 OH 基团理论不能成立，此时 N_2O 是导致 NO 大量产生的原因，反应如下：

$$N_2 + O + M \Longrightarrow N_2O + M \tag{2-27}$$

$$N_2O + O \Longrightarrow \begin{cases} NO + NO \\ N_2 + O_2 \end{cases} \tag{2-28}$$

$$N_2O + H \Longrightarrow N_2 + OH \tag{2-29}$$

但实际上在高温情况下，化学反应动力学表明 N_2O 并不能导致大量的"瞬发"NO 的产生。

综上所述，"瞬发"NO 的产生量和下面因素有关：

(1) 燃烧系统中 CH_x 的浓度。如果 CH_x 浓度低，说明是贫燃料系统，此时"瞬发"NO 占的份额较小，采用扩展的 Zeldovich 机理可能就足够描述 NO 的产生。后继的 N_2 被 HCN 一系列反应转换成 N 的过程与 N_2 被 O_2 和 OH 直接转换的过程相比，占的份额比较小。如果 CH_x 浓度高，说明是富燃料系统，N_2 被 CH_x

转换的份额占主要部分,同时由于 CH_x 浓度高,不会有富裕的 O 和 OH,导致扩展的 Zeldovich 机理出现机会较少。如果 CH_x 浓度更高的话,会通过 CH_x 直接还原 NO,抑制 NO 的排放。因此燃烧系统中 CH_x 浓度对反应机理有重大影响。

(2) HCN 的产生速率对"瞬发"NO 的产生速率影响较大。Miller 提出,"瞬发"NO 的产生速率的计算可以简化成 HCN 的产生速率,而 HCN 的产生速率通过反应(2-18)计算

$$\frac{d[NO]_{prompt}}{dt} = \frac{d[HCN]}{dt} = k_{10}[CH][N_2] \qquad (2\text{-}30)$$

式中 k_{10} 为反应(2-18)的反应速率常数。

(3) 系统里各种含氮化合物间的相互转换率,直接影响 NO 的排放率。按照 NO 生成机理计算,在温度 $T < 2000K$ 时,NO 的生成率主要取决于"瞬发"NO 机理。随着温度的增加,"热力"NO 比例增加。当温度 $T > 2500K$ 时,NO 主要由 Zeldovich"热力"NO 机理控制。

3. "燃料"NO

当燃料中含有含氮化合物时,燃烧所排放的 NO 浓度会随燃料含氮量的增加而增加,这表明燃料中含氮化合物也是 NO 排放的一个重要来源。在燃料中含氮化合物主要以环状化合物或链状化合物形态存在。在进入燃烧区之前,这些化合物被加热汽化,分解成低分子量的含氮化合物或基团(NH_2、HCN、CN、NH_3 等),这些组分在系统中被进一步氧化产生 NO,这种 NO 被称为"燃料"NO。在燃烧系统中,这种 NO 的反应机理是很快的,可以达到燃烧放热反应速率的数量级,所以会在火焰锋面上观察到 NO 的突发增加。另外还会观察到,在火焰烟气区,NO 的排放会减少,贫燃料混合气体中 NO 的下降速率比富燃料混合气体的下降速率要慢,如图 2-6 所示。这说明燃料中含氮化合物向 NO 转变也受燃烧状态影响,不同的当量比会影响 NO 的转换机理[13]。事实上,在烟气区进行的 NO 的转换机理和"瞬发"NO 的机理是相似的。在火焰锋面上,燃料中 N 的转换一般认为是从 HCN 和 NH_x 开始的。HCN 的转换机理和"瞬发"NO 机理是相似的,可以参照图 2-3。

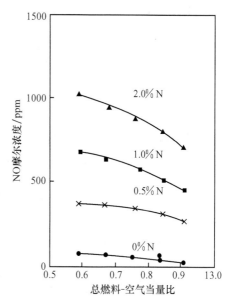

图 2-6 燃料含氮量对 NO 产生的影响

在贫燃料系统中 HCN 被 O 转换成 NH：

$$HCN + O \rightleftharpoons NCO + H \tag{2-31}$$

$$NCO + H \rightleftharpoons NH + CO \tag{2-32}$$

而在富燃料系统中 HCN 被 OH 转换成 NH：

$$HCN + OH \rightleftharpoons HNCO + H \tag{2-33}$$

$$HNCO + H \rightleftharpoons NH_2 + CO \tag{2-34}$$

$$NH_2 + H \rightleftharpoons NH + H_2 \tag{2-35}$$

燃料中含氮化合物直接分解产生的胺类物质 NH_x 在不同情况下被 O 或 OH 氧化成 NH：

$$NH_3 \xrightarrow{+H, +OH, +O} NH_2 \xrightarrow{+H, +OH} NH \tag{2-36}$$

如果系统中 NO 浓度高的话，胺类组分也会进行还原反应

$$NH_2 + NO \longrightarrow N_2H \longrightarrow N_2 \tag{2-37}$$

系统中 NH 基团会根据系统中氧化剂的状态选择不同的转换途径：

$$NH + H \rightleftharpoons H_2 + N \begin{cases} \xrightarrow{OH,O} NO（贫燃料状态） \\ \xrightarrow{NH,NO} N_2（富燃料状态） \end{cases} \tag{2-38}$$

从上述反应机理中可以发现，同"瞬发"NO 的机理一样，最终的 NO 排放取决于系统中是氧化气氛还是还原气氛，即取决于下面并行两组反应的相对反应速率：

$$N + (O, OH) \xrightarrow{k_a} NO + \cdots \tag{2-39}$$

$$N + NO \xrightarrow{k_b} N_2 + \cdots \tag{2-40}$$

"燃料"NO 的生成率和温度之间的关系比"热力"NO 对温度的依赖要小，与氧化剂的份额关系较大。在贫燃料系统中，由于氧化剂含量高，"燃料"NO 的排放要高，而在富燃料系统中，由于有部分 NO 被转换成分子氮，导致排放 NO 的浓度要低。实际生成 NO 与全部燃料中 N 元素之比称为燃料 N 的转换率 η_N，Fenimore 给出了燃料 N 的转换率计算式[14]

$$\eta_N = \frac{x}{[N_f]_0} \left[1 - \exp\left(-\frac{[N_f]_0}{x}(1 + \eta_N) \right) \right] \tag{2-41}$$

式中，η_N 为燃料 N 的转换率，$\eta_N = \frac{[NO]}{[N_f]_0}$，$[N_f]_0$ 为燃料中含 N 化合物的总量，$x = k_a/k_b[O, OH]$，$[O, OH]$ 为反应（2-39）中氧化剂浓度，k_a、k_b 分别为反应（2-39）、

(2-40)的反应速率常数。

Soete[5]给出了另外一个计算燃料 N 转换率的公式,他将 N 原子向 NO 或 N_2 转换的机理简化为 Zeldovich 机理

$$N + O_2 \xrightarrow{k_a} NO + O$$

$$NO + N \xrightarrow{k_b} O + N_2$$

这样,燃料 N 转换率为

$$\eta_N = \frac{2}{\dfrac{1}{\eta_N} - \dfrac{k_b [N_f]_0}{k_a [O_2]}} - 1 \tag{2-42}$$

从式(2-42)中可以发现,当系统为贫燃料混合气体时,由于 $k_a[O_2] \gg k_a[N_f]_0$, $\eta_N \approx 1$,即燃料中所有的 N 都会转变成 NO。燃料 N 的转换率与许多物理化学因素有关。

1) 燃料含 N 量的影响

不同的燃料含 N 量不同,而且其中 N 的存在方式也不同,这些都会影响燃料 N 向 NO 的转换率。例如,在某些天然气中,含 N 量几乎为 0,而在某些木材燃料中,含 N 量会超过 30%。表 2-2[15]列出了典型燃料的含 N 量。

表 2-2 典型燃料的含 N 量

燃 料	典型含 N 量/%	燃 料	典型含 N 量/%
煤	0.5~3	天然气	0~20
原油	<1	泥煤	1~2
轻油	~0.2	石油焦	~3
重油	~0.5		

图 2-7 研究了燃料中含 N 量对 NO 排放的影响[16]。较高的燃料含 N 量导致火焰区较高的 NO 浓度,但是在火焰锋面后部,NO 的排放会减少。燃料 N 含量较高,随着时间增加,NO 排放量降低也快些。虽然在火焰区,燃料 N 所进行的反应其反应速率差不多和燃烧反应有相同数量级,能够和燃烧反应竞争氧化剂,在火焰锋面上产生大量 NO,但是在烟气区进行的 N 转换反应,由于氧化剂含量的缺乏,导致反应(2-40)容易进行,从而抑制 NO 的最终排放量。也就是说,在富燃料混合气体下,燃料 N 的转换率是随着燃料含 N 量的增加而减少的。

图 2-8 在 CH_4-空气预混火焰中添加了 NH_3 作为燃料含 N 量,研究了不同的混合气体状态对燃料 N 转换率的影响。在富燃料(过剩空气系数 $\alpha = 0.8$)混合气体下,其反映的规律和图 2-7 的相似,其转换率是随着燃料含 N 量的增加而下降的。然而在贫燃料状态下(过剩空气系数 $\alpha = 1.3$),其燃料 N 的转换率也是下降的,虽然其数值水平比富燃料状态下要高很多。这是因为,虽然在贫燃料混合气体

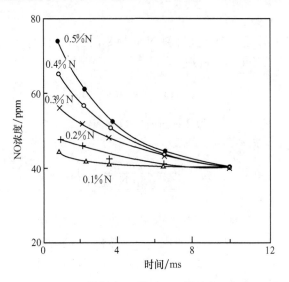

图 2-7　燃料含 N 量对 NO 排放的影响

中,烟气区有大量的氧化剂,会促进 N 向 NO 的转换,但是由于燃料中含 N 量高,导致火焰区 NO 浓度高,此时燃料 N 产生的一些胺类物质会和 NO 进行还原反应,即反应(2-37),抑制 NO 的排放。因此即使是贫燃料混合气体,其转换系数也是随燃料含 N 量的增加而降低的。

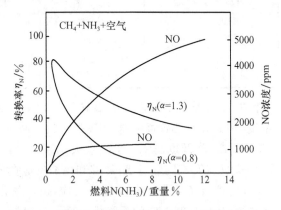

图 2-8　不同混合气体状态对燃料 N 转换率的影响

2) 过剩空气系数的影响

在燃料含 N 量一定的情况下,燃料 N 的转换率直接取决于过剩空气系数。图 2-9 为 CH_4-空气-NH_3 燃烧系统 NO 排放量与过剩空气系数的关系。虽然燃料含 N 会对转换率数值水平有影响,但是燃料 N 转换率随过剩空气的变化规律是相同的。过剩空气的增加,导致氧化剂含量增加,提高燃料 NO 的转换率。当过剩空

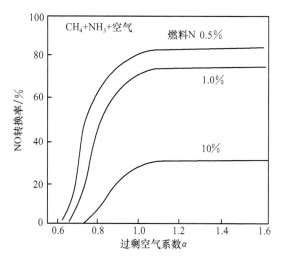

图 2-9　燃料 N 转换率与过剩空气系数间的关系

气增加到一定程度时,再增加过剩空气,其转换率不再升高,此时 N 已经达到平衡状态。

对于非均相反应系统,如煤粉的燃烧,NO 的转换还涉及气固反应机理,此时燃料 N 的转换分成两部分:挥发分 N(volatiles-N)和焦炭中的 N(char-N)。挥发分 N 是在煤粉被加热阶段析出,在气相中进行 N 的转换,就是上述气相中燃料 N 的转换机理。关于非均相中 N 的转换机理,目前一般认为是 N 在焦炭表面进行了表面反应,转换成 NO 或 N_2。

Kilpinen[15] 给出了焦炭中的 N 在碳表面的反应机理。在研究中发现,碳表面反应中 N_2O 是比较重要的中间产物。焦炭中的 N 以 CN 形式参与表面反应,通过不同的机理,可以产生 NO、N_2O。下列反应式中组分前的符号"—"代表吸附在焦炭表面的组分。

CN 产生 NO 的反应机理为

$$O_2 + (—C) + (—CN) \longrightarrow (—CO) + (—CNO)$$
$$(—CNO) \longrightarrow NO + (—C) \tag{2-43}$$

CN 产生 N_2O 的反应机理为

$$(—CN) + (—CNO) \longrightarrow N_2O + 2(—C) \tag{2-44}$$

$$NO + (—CNO) \longrightarrow N_2O + (—CO) \tag{2-45}$$

系统中的 NO 和 N_2O 会在固相表面和气相中进一步转化

$$NO + (—C) \longrightarrow \frac{1}{2}N_2 + (—CO) \tag{2-46}$$

$$N_2O + (—C) \longrightarrow N_2 + (—CO) \tag{2-47}$$

$$N_2O + H \longrightarrow N_2 + OH \tag{2-48}$$

$$N_2O + OH \longrightarrow N_2 + HO_2 \tag{2-49}$$

$$N_2O + M \longrightarrow N_2 + O + M \tag{2-50}$$

$$N_2O + (-C) \longrightarrow N_2 + (-CO) \tag{2-51}$$

因此可以看出焦碳中的 N 也存在转换率的问题。

2.1.2　NO_2 的产生与分解

在燃烧系统中产生的 NO 在很多场合下会和含氧基团反应,产生 NO_2。化学反应动力学表明常规温度的燃烧系统中 NO_2 浓度相比 NO 是很小的,可以忽略[17]。然而有实验观察到燃气涡轮排放的烟气中,NO_2 占到了总 NO_x 排放的 $15\% \sim 50\%$[18];大型火力电站中,在不同的负荷下,NO 和 NO_2 比例可以达到 $19:1 \sim 9:1$[8]。

在火焰区,有大量的 HO_2 组分存在的情况下,其产生 NO_2 的反应速度很快,

$$NO + HO_2 \longrightarrow NO_2 + OH \tag{2-52}$$

但是在火焰区 NO_2 的分解反应速度也很快,

$$NO_2 + O \longrightarrow NO + O_2 \tag{2-53}$$

在火焰区,这两个反应速率相互平衡,导致火焰区总体 NO_2 浓度较低。在烟气区,此时温度较低,在有 H 原子存在的情况下,会产生如下 HO_2 反应:

$$H + O_2 + N_2 \longrightarrow HO_2 + N_2 \tag{2-54}$$

而反应(2-54)在低温下反应速率也很快,这样导致在烟气区,由于 HO_2 的存在反应(2-52)占主导地位,而 NO_2 的分解反应则由于温度低,烟气区 O 浓度低而占次要位置,使烟气中 NO_2 的排放量比火焰区的大,即 NO_2 的产生可以认为是在烟气区中 NO 向 NO_2 的转换而来。

2.1.3　其他含 N 化合物

在新型能源利用系统 IGCC(一体化气化联合循环)中,化石燃料被气化产生的可燃气作为燃料进行燃烧反应。在气化过程中,可燃气体中会含有大量的含 N 化合物 NH_3、HCN,见表 2-3[15]。

表 2-3　气化过程中含 N 化合物产量

燃　　料	典型 NH_3 含量/ppm	典型 HCN 含量/ppm
煤	$800 \sim 2000$	$40 \sim 150$
泥煤	~ 3000	~ 100
木材	~ 600	~ 20

可以认为气化可燃气中的燃料 N 是以 NH_3 和 HCN 形式存在的,而不是原始的含 N 化合物。另外,燃烧设备在燃烧时释放的含 N 化合物主要是氧化氮 NO_x,但是由于系统中 N 元素在转换过程中会产生大量各种含氮中间组分:HCN、CN 和 NH_x 等,这些含氮化合物有可能在燃烧区和烟气区没有反应完,而排放到大气中。通常这些氮化物含量较低($<1ppm$),NH_3 浓度较高($1\sim6ppm$)。

在正常情况下,HCN 和 NH_x 都会被转换成 NH,如上述反应(2-33)~(2-36),NH 基团会按照气相氛围进行氧化或还原反应产生 NO 或分子氮 N_2。

(1) 氧化反应

$$NH + O \Longleftrightarrow NO + H \tag{2-55}$$

(2) 还原 NO 产生 N_2

$$NH + NO \Longleftrightarrow N_2O + H$$
$$N_2O + H \Longleftrightarrow N_2 + OH \tag{2-56}$$

2.2　有机污染物

碳氢燃料在燃烧时由于燃烧不充分,会排放出燃烧不完全产物(products of incomplete combustion,PIC),又可称为有机污染物,其主要组分为各种碳氢化合物,基本上可以分为:

(1) 烷基化合物。主要包括烷烃、烯烃、环烷烃和炔烃等。

(2) 芳烃。主要是苯类、多环芳香烃(PAH)。

(3) 醇类。主要包括甲醇、乙醇。

(4) 醛类。主要包括甲醛、乙醛。

(5) 酮类。

(6) 酸类。例如,甲酸、乙酸等。

其中有些组分是原始燃料中含有的,而有些组分不是原始燃料所有的。燃烧过程中产生的有机污染物来源有两个:一是因局部熄火导致燃料不完全燃烧,出现未燃碳氢化合物;二是燃烧过程中因碳氢化合物高温分解和合成产生各种有机污染物。

局部熄火的情况也有两种:一是因油气分布不均匀导致燃烧室内局部混合气体过贫或过富,或者局部温度太低而引起燃烧不完全;另一种情况是燃烧室冷壁面或掺入冷空气阻止碳氢燃料氧化反应发生,或者内燃机气缸壁的淬熄层和淬熄隙缝处因火焰传播不进去导致壁淬熄,该处混合气体中燃料没有完全燃烧,形成未燃碳氢化合物而被排出气缸外。

另外关于燃烧过程中碳氢燃料分解和化合过程[19],可以认为燃料分解为 C_1—和 C_2—小分子化合物,然后这些小分子化合物合成大分子化合物。这类具有典型性的大分子化合物为多环芳烃,多环芳烃是超过 100 种化学物质的总称,这类物质已经被美国毒物与疾病登记署确认为致癌物质,其主要来源为煤、油、气的燃烧过程。当燃料系统中含有氯元素时,苯环上会被氯取代,形成二噁英,二噁英被称为地球上毒性最强的物质。

试验研究表明在气相扩散燃烧或者富燃料燃烧时很容易形成此类化合物。一般认为气体燃料燃烧中,PAH 的形成机理是从燃烧系统中的小分子碳氢化合物 C_2H_2 开始的[20]。燃烧系统中未完全反应的燃料分子分解成碳氢自由基团(CH、CH_2、CH_3 等)和燃料分解产生的 C_2H_2 分子化合形成 C_3H_3,即

$$C_2H_2 + CH \Longleftrightarrow C_3H_2 + H \tag{2-57}$$

$$C_2H_2 + CH_2 \Longleftrightarrow C_3H_3 + H \tag{2-58}$$

由于 C_3H_3 在富燃料燃烧系统中氧化比较慢,促进了 C_3H_3 化合成苯的反应,这样基本的环状结构就产生了

$$C_3H_3 + C_3H_3 \Longleftrightarrow 苯 \tag{2-59}$$

$$C_3H_3 + C_3H_3 \Longleftrightarrow 苯基 + H \tag{2-60}$$

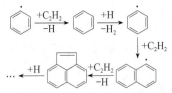

图 2-10　PAH 环化过程

当 C_2H_2 分子附加到苯基上时,形成苯乙烯基,苯乙烯基和 C_2H_2 反应形成萘($C_{10}H_8$),持续的 C_2H_2 增加到反应物表面上,使分子量持续增大,形成 PAH 的环化过程,如图 2-10 所示。

图 2-11 为 $CH_4/C_2H_6/C_3H_8$-O_2-Ar 几种射流火焰在当量比为 2~5 富燃料状态下 PAH 沿射流高度分布的试验结果[21]。燃烧中 PAH 的形成与燃料有关系,即和燃料的 C/H 有关。图 2-11(a)为 C_2H_2 沿火焰高度的变化,显然 CH_4 火焰中 C_2H_2 浓度较低,这与基本常识相符。PAH 的生成分布[图 2-11(b)]表明,乙烷和丙烷火焰要比甲烷火焰较早产生 PAH,但是在火焰反应区,甲烷火焰中 PAH 的产量急剧增加,在后部超过乙烷火焰的 PAH 浓度。此时甲烷火焰中的 C_2H_2 浓度虽然较低,但是烟气中 C_3H_x 的浓度与 PAH 的浓度分布规律相似,如图 2-11(c)中 C_3H_4 的浓度分布,在火焰后部,甲烷火焰中的 C_3H_4 要比其他两种火焰的高。这表明 C_2H_2 机理对 PAH 的形成过程描述是合理的。文献[21]从 PAH 的消耗过程解释甲烷火焰中 PAH 浓度高的原因。PAH 的消耗过程一般认为是和向炭黑(soot)颗粒的转变有关。

PAH 转变成激发态:

$$PAH + H \Longrightarrow PAH^* + H_2 \tag{2-61}$$

激发态的 PAH 被 soot 表面捕获,导致 PAH 组分减少

$$PAH^* + soot \Longrightarrow soot^*_{+PAH} \tag{2-62}$$

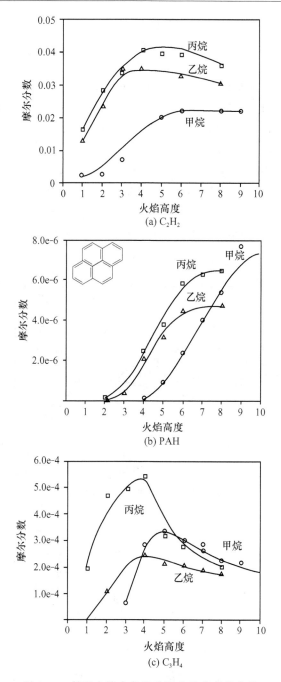

图 2-11　射流火焰中各组分沿火焰高度的变化

在甲烷火焰中,由于燃料 H/C 比较高,气体中 H_2 组分分压较高,导致反应(2-61)速率较低,进而导致 PAH 的消耗速率较低,使烟气中 PAH 浓度偏高。

在煤燃烧过程中 PAH 的形成机理较为复杂,目前还没有完整的公认的形成机理。煤燃烧中产生的 PAH 有部分是燃料挥发分中含有的,有部分是燃烧过程中形成的。

通过研究不同煤的萃取液[22]表明烟煤和贫煤中 PAH 的种类较多而且含量较大,PAH 占煤中有机物的四成,达到了约 $7\mu g/g$。煤炭化程度越高,其中的 PAH 的含量越大,煤的挥发分含量越大,PAH 的含量越高。

在煤燃烧中,温度是 PAH 形成的重要因素,从图 2-12 可以看出,随着烟气温度的升高,PAH 体现出先升高后减少的趋势[23]。在温度比较低时,主要是煤中的 PAH 热解产生的,所以此时高环的芳烃含量较高(图 2-13)。随着温度的升高,此时的 PAH 主要是由化合过程产生的,同时由于高温区燃烧比较彻底,所以 PAH 的含量比较小,而且合成的 PAH 偏重于小环的。一般超过 900℃,烟气总的 PAH 含量已经很少了。

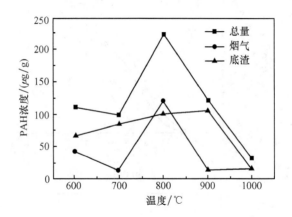

图 2-12　烟煤中 PAH 与燃烧温度的关系

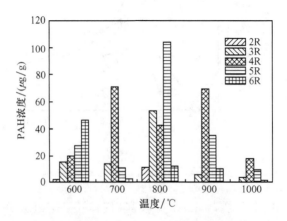

图 2-13　烟煤中 PAH 环数与燃烧温度的关系

含氧量也是影响 PAH 形成的重要因素[22]，图 2-14 为氧气浓度对 PAH 形成的影响。随着氧气浓度的增加，PAH 的生成量逐渐减少。

当燃烧系统中没有足够的氧气来消耗掉 PAH 时，这些大分子的 PAH 会开始向颗粒物转变，这种颗粒状的有机污染物就是炭黑（soot），如图 2-15 所示。

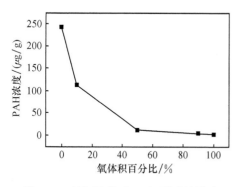

图 2-14　氧气浓度对 PAH 形成的影响　　　　　　图 2-15　炭黑颗粒

由气体 PAH 分子转变成炭黑颗粒的过程，被称为成核过程（图 2-16），成核后的炭黑颗粒会经过以下过程增长或者被氧化掉：

（1）气态分子的加入造成颗粒质量增长，此过程为在固体颗粒表面发生的表面反应。

（2）颗粒之间相互碰撞凝并形成大颗粒，减少了颗粒的数目。

（3）颗粒破碎成小颗粒，增加颗粒数目。

（4）颗粒的炭化，在火焰后部热解作用下停留时间足够长，从最初的不定形炭黑雏形转变为炭黑，其质量下降。

（5）颗粒与氧气反应，减少炭黑的浓度。

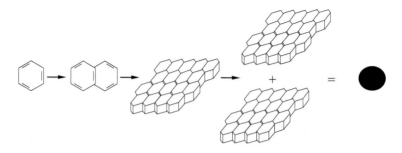

图 2-16　炭黑颗粒的成核过程

地面燃烧排放的炭黑颗粒是大气中可吸入颗粒的重要组成部分，并且由于是 PAH 形成的有机物，其对人体健康的影响也很大。航空涡轮排放的炭黑颗粒对高空积云形成,以及对气候的影响也不容忽视,因此炭黑的排放机理是目前燃烧研究领域的比较重要的方向。

2.3　CO 的 生 成

CO 的产生是碳氢燃料燃烧过程中的基本反应之一,一般认为碳氢燃料中 CO 的生成机理为:

燃料分子先被氧化成醛类物质

$$RCH + O \longrightarrow RCHO \tag{2-63}$$

醛类物质分解成酰类物质

$$RCHO \longrightarrow RCO + H \tag{2-64}$$

酰基物质热解生成 CO

$$RCO \longrightarrow CO + R \tag{2-65}$$

或者被氧化成 CO

$$RCO \xrightarrow{O_2/OH/O/H} CO + \cdots \tag{2-66}$$

例如,对于甲烷燃烧,CO 的生成机理为

$$CH_4 + O \longrightarrow HCHO + 2H \tag{2-67}$$

$$HCHO \longrightarrow CHO + H \tag{2-68}$$

$$CHO \longrightarrow CO + H \tag{2-69}$$

$$CHO + OH \longrightarrow CO + H_2O \tag{2-70}$$

碳氢燃料氧化生成 CO 的一步总包反应模型可以写成

$$C_n H_m + \frac{n}{2}O_2 \longrightarrow nCO + \frac{m}{2}H_2 \tag{2-71}$$

在煤燃烧过程中 CO 的产生还涉及表面反应

$$C + \frac{1}{2}O_2 \longrightarrow CO \tag{2-72}$$

$$C + CO_2 \longrightarrow 2CO \tag{2-73}$$

CO 的消耗主要为被氧化成 CO_2

$$CO + \frac{1}{2}O_2 \longrightarrow CO_2 \tag{2-74}$$

$$2CO + 2OH \longrightarrow 2CO_2 + H_2 \tag{2-75}$$

$$CO + H_2O \longrightarrow CO_2 + H_2 \tag{2-76}$$

2.4　SO_x 的形成

当燃料中含 S 时,排放物中会含有硫化物,如 H_2S、SO_2 和 SO_3,其中以硫的氧化物危害较大。在 NO_x 的危害被关注之前,SO_x 的危害早就被发现了,其危害主要是对环境的污染(如酸雨)和对设备的腐蚀作用。硫的问题与氮的问题不同,燃烧中硫化物的来源只能源于燃料中的硫元素的含量。

煤燃料中硫以无机硫和有机硫的方式存在。无机硫主要以硫铁矿(FeS_2)和硫酸盐的形式存在。有机硫以 C—S 键的形式结合在煤的大分子骨架中[24],主要以硫醇或羟基化物(R—SH)、硫醚或硫化物(R—S—R)、噻吩类杂环硫化物等形式存在,结构比较复杂。无机硫中的硫铁矿和有机硫在燃烧中均会参与化学反应,形成气相硫化物排放,称为可燃硫;而硫酸盐主要以钙、铁、镁的化合物形态存在(Na_2SO_4、$CaSO_4$、$FeSO_4$),不参与燃烧反应,称为不可燃硫。气体燃料中,硫化物主要以 H_2S 形态存在。在未净化的原油中,硫主要是以有机硫的形态存在。燃料中的硫的典型含量如表 2-4[15] 所示。

表 2-4　燃料中的典型含 S 量

燃　　料	典型 S 含量/%	燃　　料	典型 S 含量/%
煤	0.2～5	轻油	<0.5
天然气	0～10	重油	<5

含硫燃料在燃烧时会产生淡蓝色火焰,是由于硫元素在氧化过程中会发射相关光谱[7]:

$$SO + O \longrightarrow SO_2 + h\nu \tag{2-77}$$

SO 在所有含 S 燃料燃烧中都是重要的中间产物,因此可以用火焰中的蓝色来确定燃料的含硫量。在含硫燃料燃烧过程中,硫化物的形态比较多,例如,SO、S_2O、CS、SH、COS、SO_2、SO_3 等,但是在烟气中主要是以 SO_2、SO_3 的形态存在,而且 SO_2 占主要部分,SO_3 只占到 SO_2 的百分之几。

燃料中硫化物的排放机理一般为[下列反应式中—S 代表反应组分中结合的硫元素,(s)代表该组分为固态]:

(1) 燃料热解产生气相 H_2S、固相焦炭 S 等,即

$$Fuel_{-S}(s) \xrightarrow{\text{加热}} H_2S + Char_{-S}(s) \tag{2-78}$$

气相中有机硫可以被氧气直接氧化成 SO_2,即

$$RSH + O_2 \longrightarrow RS + HO_2 \tag{2-79}$$

$$RS + O_2 \longrightarrow R + SO_2 \tag{2-80}$$

(2) 焦炭 S 氧化

$$Char_{-S}(s) + O_2 \longrightarrow SO_2 \tag{2-81}$$

$$Char_{-S}(s) + CO_2 \longrightarrow COS \tag{2-82}$$

$$Char_{-S}(s) + H_2O \longrightarrow H_2S \tag{2-83}$$

(3) H_2S 气相反应

$$H_2S + O_2 \longrightarrow SO_2 \tag{2-84}$$

$$H_2S + CO_2 \Longrightarrow COS + H_2O \tag{2-85}$$

$$H_2S + CO \Longrightarrow COS + H_2 \tag{2-86}$$

$$H_2S + COS \Longrightarrow CS_2 + H_2O \tag{2-87}$$

$$CS_2 \Longrightarrow C(s) + \frac{2}{x}S_x(s) \tag{2-88}$$

(4) SO_2 的氧化反应

$$SO_2 + \frac{1}{2}O_2 \Longrightarrow SO_3 \tag{2-89}$$

$$SO_3 + H_2O \Longrightarrow H_2SO_4 \tag{2-90}$$

SO_2 向 SO_3 的氧化过程比较缓慢,而且需要在较高的温度下或者在催化剂的作用下才能进行,所以烟气中的 SO_x 主要是 SO_2。

参 考 文 献

[1]　Bartok W, Crawford A R, Skopp A. Control Of NO_x emissions from stationary sources. Chemical Engineering Progress,1971,67(2):64~72

[2]　Zeldovich Y. The oxidation of nitrogen in combustion and explosions. Acta Physicochimica Ussr,1947,21(4):577~628

[3]　Fenimore C P. Formation of nitric oxide in premixed hydrocarbon flames. 13th Symposium (International)On Combustion, The Combustion Institute, Pittsburgh(USA),1971. 373~380

[4]　Turns S R. An Introduction To Combustion. Mcgraw-Hill Inc,1996. 143~145

[5]　Bowman C T. Kinetics of Pollutant Formation And Destruction In Combustion,Progress In Engineering And Combustion Science. Pergamon Press Ltd,1979

[6]　Sawyer R F,Starkman E S. Gas turbine exhaust emissions. Society of Automotive Engineers Paper,1968,(680462):1~8

[7]　Glassman I. Combustion. Orlando:Academic Press Publisher,1986

[8]　Miller J A,Bowman C T. Mechanism and modeling of nitrogen chemistry in combustion. Prog Energy Combust,Sci,1989,15:287~338

[9]　Bowman C T. Control of Combustion-Generated Nitrogen Oxide Emissions:Technology

Driven by Regulations, Twenty-Fourth Symposium on Combustion. The Combustion Institute, Pittsburgh, 1992. 859~878

[10]　Howard J B, Williams G C, Fine D H. Fourteenth Symposium(Int.)On Combustion. The Combustion Institute, 1973. 987

[11]　Javier L, De Blas M. Pollutant formation And interaction in the combustion of heavy liquid fuels. Phd Thesis, University of London, 1986

[12]　Burgess A R, Langley C J. The chemical structure of pre-mixed fuel rich methane flames. Proceedings of The Royal Society, London(England), A 433, 1991. 1~21

[13]　Hampartsoumian E, Nimmo W, Clarke A G et al. The formation of NH_3, HCN and N_2O in an air-staged fuel oil flame. Combustion And Flame, 1991, 85 : 499~504

[14]　Fenimore C P. Formation of nitric oxide from fuel nitrogen in ethylene flames. Combustion And Flame, 1972, 19 : 289~296

[15]　Zevenhoven R, Kilpinen P. Control of Pollutants in Flue Gases and Fuel Gases. Picaset Oy, Espoo, 2004

[16]　Haynes B S, Iverach D, Kirov N Y. Int. Symp. Combustion. 15th The Combustion Institute, 1975. 1103

[17]　Cunningham A T S. The reduction of atmospheric pollutants during the burning of heavy fuel oil in large boilers. Journal of The Institute of Fuel, 1978, 51 : 20~29

[18]　Williams A. Fundamentals of Oil Combustion. Energy And Combustion Science, Pergamon Press Ltd, 1979. 135~147

[19]　Warnatz J, Maas U, Dibble R W. Combustion Physical and Chemical Fundamentals, Modeling and Simulation, Experiments, Pollutant Formation, Springer, 3rd Edition, 2001. 260~262

[20]　Wang Hai, Frenklach M. A detailed kinetic modeling study of aromatics formation in laminar premixed acetylene and ethylen flames. Combustion And Flame 1997, 110 : 173~221

[21]　Senkan S, Castaldi M. Formation of polycyclic aromatic hydrocarbons(PAH)in methane combustion: comparative new results from premixed flames. Combustionand Flame, 1996, 107 : 141~150

[22]　尤孝方. 燃烧过程中多环芳烃的生成与数值模拟. 浙江大学博士学位论文, 2006

[23]　Yu X F, Gorokhovski M A, Chinnayya A et al. Experimental study and global model of PAH formation from coal combustion. Journal of The Energy Institute, 2007, 80(1) : 12~21

[24]　钟蕴英, 关梦嫔, 崔开仁等. 煤化学. 北京:中国矿业大学出版社, 1989. 87, 88

第3章　锅炉及工业用炉的排气污染和控制

3.1　燃料燃烧与大气污染

3.1.1　能源形势与污染

通过第 1 章的描述,可以发现,燃料燃烧是造成大气污染最主要的原因[1],它是人类利用燃料中化学能的一种基本形式,各种工业中所用的燃料分为固体燃料(以煤为主)、液体燃料(以燃油为主)和气体燃料(煤气)三类。在世界燃料中各种燃料的利用比例是在不断变化的,在 18 世纪和 19 世纪上叶,木材是主要燃料,之后是煤。20 世纪 50 年代以后,煤所占的比重日益下降,而石油所占的比重则日益增加,到 80 年代石油已经成为了主要燃料,但从长远看,世界燃料的使用情况中,煤的储量比石油大得多[2](表 3-1),可以使用的年限也长,因此煤仍然是能源的主要来源。同样,我国各种能源占全球的比例分别为:石油 8.19%、天然气 1.45%、煤 34.44%、核能 1.81%、水力发电 11.70%,能源总量 13.56%,可见煤炭也是我国的主要能源。

表 3-1　世界能源情况

能源类型	储存量 E/J①		每年的消耗量 E/J②		可以使用的时间/年
	已查明	最大的	1979/%	2000/%	
天然气	3000	8000	50(16)③	80(13)	60
石油	4000	20000	140(43)	—	30
油页岩	2000	23000	—	190(31)	60
沥青砂	3000	10000	—	—	—
煤	20000	30000	70(22)	150(25)	280
铀	11000	$3×10^8$	10(3)	100(16)	1100
可再生能源	—	—	50(16)	90(15)	
世界总量	—	—	320(100)	610(100)	

注:① $E=10^{18}$ J。
　　② 假定 2000 年以前每年增长 2.9%。
　　③ 括号内数字为该种燃料占总的燃料量的百分比。

3.1.2　国外燃烧污染的状况

随着工业的迅速发展,能源开发和利用急剧增加,因为燃料燃烧而排入大气中的污染物日益增多。由表 3-2 可知,全世界排入大气中污染物如烟尘、NO_x、SO_x 和 CO 等主要来自燃烧设备,燃料燃烧是产生大气污染的主要来源。

表 3-2　世界每年排放污染气体总量[2]

污 染 物	污 染 源	排放量/($\times 10^8$ t)
煤粉尘	燃烧设备	1.0
SO_2	燃烧设备,有色冶炼废气	1.46
CO	燃烧设备,汽车尾气	2.20
NO_2	燃烧设备,汽车尾气	0.53
碳氢化合物	燃烧设备,汽车尾气,化工设备废气	0.88
H_2S	化工设备废气	0.03
NH_3	化工设备废气	0.04

不同燃料排放的污染物的量是不同的。由表 3-3 可知,气体燃料排放污染物最少,为清洁燃料;煤和石油都是污染能源,而煤的污染尤为严重,为污染燃料。这是因为煤的发热量比燃油的低,为了获得同等量的发热量,燃煤用量约为重油的 1.5 倍,而煤的含氮量为重油的 5 倍,因此燃煤排放 NO_x 量约为燃油的数倍。煤中含有的矿物质多,燃烧生成的粉尘较多,特别是燃用多灰分、高挥发分和不粘结煤时,烟气中粉尘较多,而且粉尘粒径也较大(为 $1 \sim 200 \mu m$),因此燃煤时其灰分约为重油的 $200 \sim 500$ 倍,而气体燃料燃烧只是在空气不足时,由于燃烧不完全产生烟黑。重油燃烧只有少量的炭黑和油灰产生。至于 SO_2 的排放,不同燃料其含硫量不同,煤和重油含硫量高,前者为 $0.7\% \sim 2.5\%$,而后者为 $0.5\% \sim 1.5\%$,汽油和轻油的含硫量更低,为 $0.17\% \sim 0.75\%$。

表 3-3　不同燃烧的污染物排放量[2]

燃　料　＼　污染物	HC/(mg/m^3)	粉尘/(mg/m^3)	CO/(mg/m^3)	NO_x/(mg/m^3)
煤	25.0	25.0	65.0	100
重油	0.8	3.0	1.0	18.0
天然气	0.2	0.1	5.0	5.0

煤的含硫量比其他燃料高,因此燃烧时产生的 SO_2 也较多。气体燃料燃烧所排放的硫化物以 H_2S 形式出现,它比 SO_2 易脱除。

各种污染物排放量不仅与燃料种类有关,而且还与燃料的燃烧方式有关。例如,煤粉燃烧时,每吨燃料燃烧产生的粉尘和氮氧化物的排放量要比块煤大得多 (表 3-4)。链条炉和往复炉的排烟中飞灰量约为燃料总灰量的 $10\% \sim 25\%$,粉尘浓度约为 2g/Nm³;抛煤机炉飞灰量约为总灰量的 $25\% \sim 40\%$;沸腾炉的飞灰量占 $40\% \sim 60\%$,其粉尘浓度高达 $20 \sim 60$g/Nm³;煤粉炉的飞灰量为 $70\% \sim 80\%$,粉尘

浓度为 $10\sim30\text{g}/\text{Nm}^3$。在所有的燃烧方式中,煤粉炉排烟含飞灰量最多,这是由于煤粉颗粒悬浮燃烧引起的。此外,不同燃烧方式的飞灰颗粒尺寸分布也不相同。层燃方式飞灰颗粒较大,大部分为 $50\sim200\mu\text{m}$,而煤粉炉的飞灰颗粒较小,尺寸小于 $10\mu\text{m}$ 的颗粒约为 40%。因此,为了达到环境保护的粉尘排放标准,对煤粉炉除尘设备提出更高的要求。同样,排烟中 NO_x 含量高,而沸腾炉的燃烧温度低为 $800\sim900℃$,因而限制了 NO_x 的生成。表 3-5～表 3-7 分别为美国燃用烟煤、液体燃料和气体燃料的锅炉产生污染物的量,由这三个表可知烧煤锅炉产生的污染物远远大于烧油和烧气锅炉,并且由于燃烧方式不同,产生污染物的含量也有很大的差异。

表 3-4　不同的煤燃烧方式产生污染物排放量[2]

污染物质	排放量/(kg/t)	
	煤粉炉	层燃炉
粉尘(无除尘设备)	33.5	9～11
氮氧化物(NO_x)	9	3.6
二氧化硫(SO_2)	60	60

表 3-5　美国典型的燃用烟煤锅炉产生污染物[2]

锅　　炉			污染物含量/(g/kg 煤)					
使用范围	热负荷 1.16×10^6 /(J/s)	形式	颗粒物	SO_x	CO	HC	NO_x	醛类
大型锅炉	25	煤粉炉 旋风炉	8A 1A	19S 19S	0.5 0.5	0.15 0.15	9.0 27.5	0.0002 0.0025
工业、商业 锅炉	2.5～25	链条炉 抛煤机炉	2.5A 6.5A	19S 19S	1 1	0.5 0.5	7.5 7.5	0.0025 0.0025
小型民用 锅炉	<2.5	抛煤机炉 手烧炉	1A 20	19S 19S	5 45	5 45	3.0 1.5	0.0025 0.0025

注:A 为煤的灰分(%),S 为煤的硫分(%),SO 以 SO_2 计算,NO 以 NO_2 计算。

表 3-6　美国典型的烧油炉产生的污染物[2]

锅　　炉	燃　　油	污染物生成量/(g/l 油)					
		颗粒物	SO_x	CO	HC	NO_x	醛类
大型锅炉	重油	1	19.2S	0.4	0.25	12.6	0.12
工业、商业锅炉	重油重柴油	2.75 1.8	19.2S 17.2S	0.5 0.5	0.35 0.35	9.6 9.6	0.12 0.25
小型民用锅炉	重柴油	1.2	17.2S	0.6	0.35	1.5	0.25

注:S 为油的硫含量(%)。

表 3-7　美国典型的气体燃料燃烧时生成的污染物①

锅　　炉	燃　　料	颗 粒 物	CO	HC	SO$_x$②	NO$_x$
大型锅炉	天然气	80～240	272	16	20.9	11200③
工业、商业锅炉	天然气	80～240	272	48	20.9	1920～3680
	丁烷(LPG)	0.22	0.19	0.036	0.01	1.45
	丙烷(LPG)	0.2	0.18	0.036	0.01	1.35
小型民用锅炉	天然气	80～240	320	128	20.9	1280～1920
	丁烷(LPG)	0.23	0.24	0.096	0.01	1.0～1.5④
	丙烷(LPG)	0.22	0.23	0.084	0.01	0.8～1.3④

注:① 污染物生成量的单位为 g/Nm³(天然气)或 g/l(LPG)。
② 表中 SO$_x$ 数值还需乘以 g硫/100Nm³(天然气)或 g硫/l(LPG)。
③ 表示 NO$_x$ 数值还需乘以 0.159exp(−0.0189L),其中 L 为锅炉负荷的百分数。
④ 表示低值为民用炉,高值为高热用采暖系统。

　　由于燃料燃烧严重污染空气从而对人体健康和环境带来严重的影响,受到各国的普遍重视。随着生产力的发展,能源消耗增长对环境的污染和破坏,因此许多国家先后制定了燃烧不同燃料的燃烧装置的排放标准。表 3-8 和表 3-9 分别为日本烧油、烧煤的燃烧装置的烟尘和 NO$_x$ 的排放标准。

表 3-8　日本锅炉烟尘排放标准[2]　　　　　单位:g/Nm³

燃烧种类	排放量/(Nm³/h)	一般排放标准	待定排放标准
煤	20 万以上	0.1	0.05
	4～20 万	0.2	0.05
	4 万以下	0.3	0.20
油或油气混合燃料	20 万以上	0.05	0.04
	4～20 万	0.15	0.05
	1～4 万	0.25	0.15
	1 万以下	0.3	0.15
气	4 万以上	0.05	0.03
	4 万以下	0.10	0.05

表 3-9　日本新锅炉的 NO$_x$ 排放标准[2]　　　　　单位:ppm

燃料种类	排放量×10³/(Nm³/h)			
	<10	10～40	40～500	500～1000
气体	150	130	100	60
液体	180	150	150	130
固体	400	400	400	400

　　美国是世界上能源消耗最多的国家,它排出的污染气体也最多,但与德国、日本相比,目前美国污染物排放标准并不太高。表 3-10 比较了这三个国家烧煤电站锅炉 NO$_x$ 排放标准,该表中的 NO$_x$ 排放量以 NO$_2$ 计,6％氧含量为基准;表 3-11

比较了德国和美国所烧锅炉 SO_2 排放标准,由该表可知,德国是世界上对污染的排放标准要求很高的国家。

表 3-10　烧煤电站锅炉 NO_x 排放标准[2]

国　家	发电能力/MW	新电站 NO_x	
		$NO_x/(mg/Nm^3)$	NO_x/ppm
德国 日本 美国	>110	200 410 600~750	97 200 292~365

表 3-11　烧煤锅炉 SO_2 排放标准[2]

国　家	发电能力/MW	SO_2 $/(mg/Nm^3)$	SO_2 $/ppm$
德国 美国	>110	370 1476	130 516

3.1.3　我国燃烧污染的状况

我国是一个占世界总人口 20% 以上的发展中大国,每年的一次能源消耗约为9.7 亿吨标准煤。在工业化持续发展过程中,能源消费量持续增长,以煤为主的能源消费排放出大量的烟尘、二氧化硫、氮氧化物等大气污染物,大气环境形势十分严峻;同时伴随着居民收入水平的提高和城市化进程的加快,城市机动车迅猛增加,尾气排放进一步加剧了大气污染。

我国大气污染比较严重地集中在经济发达的城市地区,城市严重的污染对居民健康造成了巨大的危害,这已经成为社会各界广泛关注的热点问题之一。在1997 年公布的《中国环境状况公报》中显示,我国城市空气质量处于较严重的污染水平,且北方城市重于南方城市。

有分析认为,我国大气污染造成的环境和健康损失占我国 GDP 的 7%,预计到 2020 年达到 13%。我国主要城市的大气质量监测数据表明:2000 年以来城市大气环境总体上呈好转趋势,劣于三级标准的城市比例在持续下降,但仍有近 2/3的城市空气质量未达到二级标准,达到二级标准的城市比例还不稳定[3]。

我国目前的能源结构还是以煤炭为主,而且大都是低质或劣质煤,大气污染物主要是烟尘和 SO_2。我国已经成为世界 SO_2 排放最多的国家,而大气中 87% 的SO_2 来自烧煤,为了防治大气污染,我国制定了一系列有关的标准,为保护环境提供了法律依据。如 1991 年我国制定了工业锅炉烟尘排放新标准 GB 13271—91（表 3-12）,表 3-13 为 1996 年制定的火电厂大气污染物排放标准（GB 13223—1996）。表 3-14 为锅炉最高允许烟尘排放浓度和烟气黑度。

表 3-12 工业锅炉烟尘排放标准[2]（GB 13271—91）

区域类别	适用地区	标 准 值	
		最大容许烟尘浓度 /(mg/m³)	最大容许林格曼黑度/级①
1	自然保护区,风景游览区,疗养地名胜古迹区,重要建筑景物周围	100	1
2	市区、郊区、工业区、县以上城镇	250	1
3	其他地区	350	1

注:① 林格曼黑度是指在林格曼图上,根据其黑色条格在整个小块中所占面积的百分数成分 0 至 5 的林格曼级数,0 级相当于烟气为全白,5 级则为全黑,1 级为微灰。

表 3-13 火电厂氮氧化物排放标准（GB 13223—1996）

锅炉额定蒸发量	煤粉锅炉	
	液态排渣/(mg/m³)	固态排渣/(mg/m³)
≥1000t/h	1000	650

表 3-14 锅炉最高允许烟尘排放浓度和烟气黑度

锅炉类别	适用区域		烟尘浓度/(mg/m³)		烟气黑度(林格曼黑度)/级
			Ⅰ时段	Ⅱ时段	
燃煤锅炉	≤0.7MW 常压自然通风锅炉	一类区	100	50	1
		二类区 A区	120	100	
		二类区 B区	150	120	
	其他锅炉	一类区	100	50	1
		二类区 A区	180	150	
		二类区 B区	220	180	
燃油锅炉	燃用重(渣)油	一类区	禁排	禁排	1
		二类区	200	禁排	
	其他燃油	一类区	50	50	
		二类区	100	100	
燃气锅炉	全部区域		50	50	1

3.1.4 城市垃圾焚烧处理技术所产生的污染及其防治方法

城市生活垃圾,是指在人们日常生活或者为日常生活提供服务的活动中产生的废弃物,它伴随居民生活而产生,成分和产量也伴随居民的消费水平、消费方式的变化而改变。

城市垃圾焚烧(发电)是世界上许多先进国家和地区最常采用的垃圾处理方法。焚烧可使可燃成分充分氧化,产生的热能可以用于发电和供热。如美国西屋公司和奥康诺公司联合研制的垃圾转化系统,其焚烧炉在燃烧垃圾时,可将湿度为7%的垃圾变成干燥的固体以后再进行焚烧,它的焚烧效率可以达到 95% 以上。

另外,焚烧炉表面的高温将热能转化为蒸汽,除了可用于暖气、空调等设备及蒸汽锅炉发电等方面外,还可以用于水泥厂进行一次无害化处理城市垃圾,这样可减少垃圾处理和建厂的投资费用。

但是,垃圾焚烧所产生的飞灰给人们带来了新的环境污染问题,尤其是飞灰中的重金属和二噁英都是剧毒物质。目前我国的相关标准(GB 18485—2001)中已明确将垃圾焚烧产生的飞灰列为危险废弃物。对于这些二次污染物的妥善处理,不但能在一定程度上促进垃圾焚烧技术的应用和发展,而且还可在无害化处理的基础上节约焚烧飞灰的能源。因此,如何安全有效地处置飞灰的焚烧,已成为世界各国急需解决的环境保护问题。

重金属的危害是因它不能被微生物分解,并且能够在生物体内富集形成其他毒性更强的化合物,在环境中重金属经历了地质和生物的双重循环迁移转化,最终通过大气、饮水、食物等渠道被人体所摄取,对人体的健康产生负面效应,如致癌、致畸等。故对飞灰的无害化处理,不仅可以减轻重金属对环境的污染,而且还有助于垃圾焚烧技术的进一步推广。

二噁英是指由氯原子取代了由氧原子连接的两个苯环上氢原子的一类物质,主要包括氯代二苯并二噁英(PCDDS)和氯代二苯并呋喃(PCDFS)。二噁英是一类异构体组成的剧毒物质,可以导致癌症、畸形,并且其化学稳定性强,在自然环境中很难被分解和破坏。研究表明,二噁英排放总量的 $80\% \sim 90\%$ 都来自于垃圾焚烧,而焚烧炉飞灰中所含二噁英又是垃圾焚烧炉二噁英排放的主要来源。

目前对飞灰的处理方法很多,主要有熔融固化、水泥固化、沥青固化、化学稳定化处理、酸或其他溶剂洗涤法等。其中,熔融固化处理技术是近年来一种新兴的飞灰处理技术,它与水泥固化等方法相比,具有熔融处理的无害化程度最高、产品稳定性好、运行费用适中、飞灰减量显著,并可以将其转变为无毒和稳定的熔渣作为路基和混凝土等建筑材料使用等优点。为此,国内外对该技术开展了广泛的研究,并已得到美国、德国、日本等发达国家的推荐与应用。

总之,我国以煤炭为主的能源结构在短时间内不会有根本性的改变的情况下,在对各种燃烧装置采用降低或控制排气污染技术的同时,还需全面规划,合理布局,对大气污染进行综合防治,如逐步改善能源结构、区域集中供热以及绿化环境等措施,尽力消除烟尘对环境污染的影响。

3.2　煤粉燃烧时 NO_x 的生成

氮氧化物种类较多,但在燃烧过程中生成的氮氧化物几乎全部是 NO 和 NO_2,合称为 NO_x,而 NO_x 的生成与排放量又主要取决于 NO。在 NO_x 生成过程中,煤炭燃烧的方式、燃烧温度、过量空气系数和烟气在炉内停留时间等因素与氮氧化物生成量有密切关系。

　　煤粉燃烧时产生的 NO 主要来自两个方面:一是大气中氮的氧化,二是煤中燃料氮的氧化。由于煤中氮的含量超过其他各种燃料,在燃烧过程中污染物 NO 主要由燃料中氮化物氧化生成"燃料"NO 组成。研究表明,在其排放污染物 NO 中"燃料"NO 占 65%～85%以上,"瞬时"NO 占氮氧化物总排放量不到 5%;如空燃比为 0.41,温度小于 1600K 时,几乎全是"燃料"NO;在温度低于 1300℃时,几乎没有"热力"NO,而当温度为 1837K 时,也只占 25%～30%。因此,对煤所生成的 NO_x 的研究着重于"燃料"NO,这与油和天然气有所不同。

　　"燃料"NO 的生成机理非常复杂,它的生成和破坏过程与燃料中氮化物受热分解后在挥发分和焦炭中的比例有关,随温度和氧的浓度等燃烧条件而变。煤中燃料氮向 NO_x 转化的过程可分为三个阶段,如图 3-1 所示,首先是煤粒中有机氮化合物随挥发分析出一部分(热解);其次是挥发分中氮化物燃烧,在富氧条件下生成 NO,贫氧条件下也可还原成 N_2;最后是残留在焦炭中燃料氮燃烧,同样,在富氧条件下生成 NO,在贫氧条件下也可还原成 N_2。

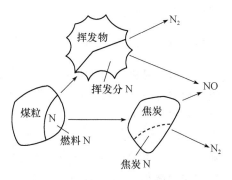

图 3-1　燃料氮转化为挥发分 N 和焦炭 N 的示意图

　　"燃料"NO 的生成量与火焰附近氧浓度密切相关。通常在过量空气系数小于1.4 的条件下,转化率随着 O_2 浓度上升而呈二次方曲线增大,这与"热力"NO 不同,"燃料"NO 生成温度较低,且在初始阶段,温度影响明显,而在高于 1400℃之后,即趋于稳定。"燃料"NO 生成率还与燃料品种和燃烧方式有关,在燃烧过程中,燃料中氮化物只能部分转化为 NO。实际转化量与理论上完全转化量之比为煤氮转换率 η_N,转换率与含氮化合物种类无关,但与燃料含氮量有关,Esso 的实验表明,η_N 随着燃料含氮量 χ_N 增大而下降,两者之间关系如下所示:

$$\eta_N = 100(1 - 4.58\chi_N + 9.5\chi_N^2 - 6.67\chi_N^3)\% \tag{3-1}$$

一般情况下,烧煤锅炉的转换率为 20%～25%,高的也不超过 32%,而烧油锅炉可达 32%～40%。

　　此外,"燃料"NO 的生成还与过量空气系数有关。在过量空气系数相同的情况下,不同煤种的 NO_x 释放量差别也较大,这是因为煤种不同,煤中挥发分含量与氮含量等均有差异[4],从而导致 NO_x 生成量的不同。通常,挥发分含量和氮含量高的煤种生成的 NO_x 也相对较多。Turner[5] 由实验得到的"燃料"NO 与过量空气系数的关系式为

$$\chi_{NO} = 160(\chi_N)^{3/4}(1 + 1/1.4)/(1 + 1/\alpha^4) \tag{3-2}$$

式中，α 为过量空气系数，χ_{NO} 为燃料中含氮重量百分数。

由式(3-2)可知，煤氮转换率随着过量空气系数 α 的增加而增大。这是因为当过量空气系数较小时，氧浓度较小，挥发分氮不易转化为 NO_x，而且此时挥发分浓度较高，挥发分 N 的相互复合反应，使还原 NO_x 的反应增强，造成 NO_x 释放量较小。在贫燃料燃烧时挥发分中氮生成 NO 占煤氮生成 NO 的 60%～80%，在富燃料燃烧时，这个比例很快下降。

煤氮在挥发分中和在炭中的比例与热解温度有关，在温度较低时，绝大部分氮留在炭中，而在温度较高时，煤氮中 70%～90% 的氮随挥发分释放出来[6]。

3.2.1　挥发分 NO 的生成[7,8]

燃料中氮化合物通常是由有机氮化物和低分子氮化物组成，常以氮的环状物或链状化合物的形式存在。在燃料进入炉膛被加热后，燃料中有机氮化物首先被热分解成氰(HCN)、氨(NH_3)和 CN 等中间产物，它们随挥发分一起从燃料中析出，被称为挥发分 N。析出挥发分 N 后残留在燃料中的氮化合物，被称为焦炭 N。随着炉膛温度的升高及煤粉细度的减小(煤粉变细)，挥发分 N 的比例增大，焦炭 N 的比例减小。

挥发分中氮化物是以小分子(如 HCN、NH_3)以及含有吡咯、吡啶官能团的多环芳香化合物形式存在的。挥发分 N 通过迅速的气相均相反应及气固多相反应，生成 N_2、NO_2、NO 等物质，而半焦的气化反应很慢，生成氮氧化物所需的时间远长于挥发分气化所需时间。

在挥发分中 HCN 和 NH_3 所占的比例与煤种有关。大量实验表明，对于烟煤，HCN 在挥发分 N 中的比例比 NH_3 大；劣质煤的挥发分 N 中则以 NH_3 为主；无烟煤的挥发分 N 中 HCN 和 NH_3 均较少。此外，HCN 和 NH_3 的含量比例还取决于煤的挥发分和热解温度。例如，吡咯在 1102℃ 时，全部分解为 HCN，而在 830～1102℃ 时，不到 10% 分解为 NH_3。

挥发分 N 中的主要氮化物 HCN 和 NH_3 遇到氧后，HCN 首先氧化成 NCO，在氧化性环境中 NCO 会进一步氧化成 NO；如在还原性环境中，NCO 则会生成 NH。NH 在氧化性环境中进一步氧化成 NO，同时又能与生成的 NO 进行还原反应，使 NO 还原成 N_2，成为 NO 的还原剂。挥发分 N 中 HCN 和 NH_3 的主要反应途径如图 3-2 和图 3-3 所示。HCN 的氧化和还原反应分别为：

(1) 氧化性条件下

$$HCN + O \longrightarrow NCO + H \tag{3-3}$$

$$NCO + O \longrightarrow NO + CO \tag{3-4}$$

$$NCO + OH \longrightarrow NO + CO + H_2 \tag{3-5}$$

（2）还原性条件下

$$NCO + H \longrightarrow NH + CO \tag{3-6}$$

（3）NH 的氧化

$$NH + O_2 \longrightarrow NO + OH \tag{3-7}$$

$$NH + O \longrightarrow NO + H \tag{3-8}$$

$$NH + OH \longrightarrow NO + H_2 \tag{3-9}$$

（4）NH 的还原

$$NH + H \longrightarrow N + H_2 \tag{3-10}$$

$$NH + NO \longrightarrow N_2 + OH \tag{3-11}$$

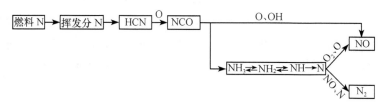

图 3-2 HCN 氧化的主要反应过程

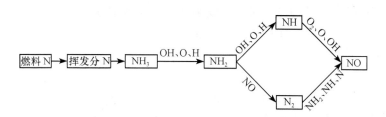

图 3-3 挥发分 N 中 NH₃ 的主要反应途径

由上可知,挥发分中氮化物通过氧化反应可生成 NO,同时也可以和 NO 进行还原反应生成 N₂。由于挥发分中氮化物进行氧化反应所需的活化能较低,在较低温度下就能生成 NO,而且 NO 生成速度要比其还原速度快,挥发分 NO 的生成与以下因素有关:

（1）着火区中挥发分释放量。挥发分释放量越多,挥发分氮释放率越高,从而挥发分 NO 的生成量也越多。而挥发分释放量与煤种、煤粉粒径和热解温度有关,煤种挥发分高、煤粉粒径小、热解温度高,则生成的挥发分 NO 越多。

（2）过量空气系数 α 的影响。煤中氮化物只有经过氧化反应才能生成 NO_x,因此随着 α 增加,着火区中氧浓度增加,挥发分 NO 的生成量也相应增多。反之,当 α 下降时,因氧浓度减小,挥发分 N 不易转化为 NO_x,而且此时挥发分 N 浓度较高,挥发分 N 的相互复合反应,以及 NO 的还原反应增强,使得挥发分 NO 减小;

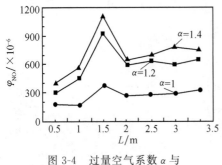

图 3-4　过量空气系数 α 与
NO 体积分数的关系

其次,当过量空气系数 α 小于 1 时,随着 α 增加,氧浓度增加,挥发分也相应加大。图 3-4 是某种煤粉在一维燃烧炉内燃烧时,在不同过量空气系数下炉内 NO 体积分数分布曲线,横坐标 L 为炉膛轴向位置,纵坐标 φ_{NO} 为 NO 体积分数。可以看出,过量空气系数影响炉内燃烧工况,过量空气系数 α 增加,NO_x 的生成量也增加,反之亦然。但是过量空气系数 α 过大或者过小都会使煤粉燃烧效率降低,NO_x 的排放体积分数也降低[4]。

(3) 着火区中的停留时间。在贫燃料情况下,燃料氮被释放出来氧化生成 NO 需要一定的时间,所以挥发分在着火区中停留的时间越长,生成的 NO 越多;而在富燃料的情况下,挥发分 N 相互复合反应和 NO 还原都需要一定的时间,若在着火区中停留的时间越长,使 NO 与胺类等的反应更充分,从而减少挥发分 NO 的生成。

3.2.2　焦炭 NO 的生成

焦炭中氮的释放较为复杂,它与煤种和热解温度有关。研究表明,焦炭中 N 的释放率 η_N 与焦炭燃尽速度成比例析出,如图 3-5 所示[9]。图中 β 代表焦炭中含 N 量,η_c 代表焦炭燃尽率,由图可知,随着焦炭燃尽率增加,焦炭中 N 的释放率也成一定比例增加。当炉内温度增加时,焦炭 N 的释放率也增加。但是焦炭 N 是以 CN 或 HCN 形式释放后氧化生成 NO,还是通过焦炭表面多相氧化反应直接生成 NO,目前还不能确定。根据后一种观点,既焦炭中 N 是直接氧化成 NO,其氧化速度 $\dfrac{dN_c}{dt}$ 与焦炭燃烧速率成正比。

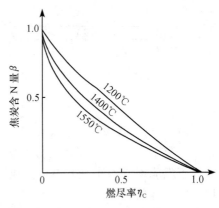

图 3-5　焦炭氮释放量和燃尽率的关系

$$\frac{dN_c}{dt} = \frac{N_c}{W_c}\frac{dW_c}{dt} \tag{3-12}$$

式中,N_c 和 W_c 分别表示焦炭中含 N 量和焦炭量,$\dfrac{dW_c}{dt}$ 则表示焦炭燃烧速率。焦炭 NO 生成速率 $S_{NO,CH}$(即焦炭中 N 向 NO 转变率 $r\eta_2$),可以由式(3-13)表示

$$S_{\text{NO,CH}} = m_{\text{N,CH}} \eta_C \eta \frac{\text{d}W_C}{\text{d}t} (\text{kg/s}) \tag{3-13}$$

式中,$m_{\text{N,CH}}$ 为焦炭中氮的质量相对浓度,η 为系数。研究表明,$S_{\text{NO,CH}}$ 不仅与焦炭中含 N 量、氧浓度和温度等因素有关,而且随着焦炭含氮量和氧浓度增加而增加,但与挥发分相比,它随当量比变化不大,这可能是因为焦炭中的氮生成 NO 反应的活化能较碳的燃烧反应的活化能大。通常焦炭 NO 是在火焰后部焦炭燃烧区生成,在该燃烧区,氧浓度较低,而且温度较高,使焦炭颗粒易发生烧结,空隙闭合,反应表面积减少,从而减少焦炭 NO。当温度增加时,焦炭中 N 释放率增加(图 3-5),但是因焦炭燃尽率增大,因而焦炭 NO 也增加。另外,在焦炭表面,已生成的 NO 与 CO 进行反应,还原分解使 NO_x 减少,其主要反应为

$$\text{NO} + 2\text{C} \longrightarrow \text{C(N)} + \text{C(O)} \tag{3-14}$$

式中,C(N)、C(O)中的(N)和(O)表示碳吸附的氮原子和氧原子,化学吸附的氮原子释放形成 N_2,而吸附的氧原子释放形成 CO 或与 CO 反应生成 CO_2,其反应为

$$\text{C(N)} + \text{C(N)} \longrightarrow (\text{N}_2)_{\text{气}} + 2\text{C} \tag{3-15}$$

$$\text{C(O)} \longrightarrow \text{C(O)}_{\text{气}} \tag{3-16}$$

$$\text{C(O)} + \text{CO} \longrightarrow (\text{CO}_2)_{\text{气}} + \text{C} \tag{3-17}$$

如果有还原性气体(如 H_2、CO)存在,氢直接与 NO 反应,或间接地生成中间产物 NH_3 和 HCN,然后再与 NO 反应生成 N_2,因而使 NO 减少,即

$$\text{NO} + \text{H}_2 \longrightarrow \text{NH}_3 \begin{cases} + \text{NH}_3 \text{ 或 NO} \longrightarrow \text{N}_2 \\ + \text{CO} \longrightarrow \text{HCN} \xrightarrow[\text{或 NO}]{+ \text{HCN}} \text{N}_2 \end{cases} \tag{3-18}$$

研究表明,在煤粉炉中,直接还原分解而使 NO 减少的途径是主要的,其反应速率表达式为

$$\frac{\text{d[NO]}}{\text{d}t} = 4.8 \times 10^4 \exp(-34700/RT) \times A_{\text{E}} P_{\text{NO}} (\text{mol/s}) \tag{3-19}$$

式中,A_{E} 为焦炭反应表面积,P_{NO} 为 NO 的分压力。焦炭 NO 的生成与以下因素有关:

(1) 温度的影响。焦炭中氮含量受温度的影响较大,一般来说,氮含量随温度的升高而降低。当温度大于 2000K 时,焦炭中氮甚至会全部释放。Thomas 总结了 Wanzl 对氮分配进行的实验:氮必须在高于一定温度下才能释放。在高的热解条件下,焦炭的 N/C 比高于原煤的 N/C 比,焦炭的 N/C 比值是温度和停留时间的函数。采用最高温度范围是 1000～1300K。

(2) 压力对焦炭中氮的影响。当压力增大时,挥发分的逃逸速率下降,产量降低。然而,压力对焦炭中滞留的氮的影响很小。此外,焦炭中氮几乎不受加热速率

的影响,随粒径的增大而增大。但也有文献报道粒径对焦炭中氮几乎无影响;加入催化剂钙铁等影响焦炭中氮的释放。

3.2.3　锅炉炉内 NO 生成的特性

锅炉炉内燃烧过程,除气体燃料预混合燃烧外都属于扩散燃烧,扩散燃烧是一个复杂的物理化学过程,它不仅与化学反应过程有关,而且还与扩散过程有关。在同样的过量空气系数条件下,由于燃料和空气混合特性不同,NO_x 的生成量也不尽相同。

1. 混合特性对 NO 生成的影响

对于"热力"NO 在预混燃烧时,NO_x 在过量空气系数 $\alpha = 1$ 时燃烧,NO_x 生成最多,而当偏离 $\alpha = 1$ 时,NO 生成会减少。对于扩散燃烧,由于空气和燃料混合得不好,在供应理论空气量时,NO 达不到最大值。NO_x 最大值将在 $\alpha > 1$ 的区域中出现。如果混合更差,NO_x 最大值将向 α 大的方向移动,而且最大值的数值也有所降低,这是因为 α 增大时燃烧温度降低而引起的。需要指出,扩散燃烧时 NO_x 的生成量比预混燃烧时的低,这并不意味着扩散燃烧比预混燃烧好。因为此时燃烧温度降低,火焰变长可能产生其他不完全燃烧产物和污染物。由此可见,为了抑制"热力"NO,预混后燃烧应在偏离 $\alpha = 1$ 的情况下进行,而扩散燃烧应根据混合情况,偏离产生 NO 最大值的 α 值。对于燃料 NO,扩散燃烧生成 NO,同样也比预混燃烧的低。这是因为扩散燃烧时,空气与燃料混合不好,从总体来看空气量可能是够的,但局部因空气不足仍呈还原性气氛,此时生成的燃料 NO 又可和中间产物化合并还原为 N_2,因此只要有还原区存在,"燃料"NO 的生成量就不大。而还原区的存在就必然会有不完全燃烧产物,在组织燃烧时必须采取措施把这些不完全产物烧尽。

2. 炉内燃烧过程对 NO 生成的影响

图 3-6 为一台实验炉沿炉中心线温度,NO、O_2 和 CO_2 的分布。图中,λ、R_{O_2} [%(质量分数)]和 T_0(℃)分别为氧-燃料当量比、初始氧浓度和温度。由图可知,煤在炉内的燃烧过程可分为三个阶段:①初始阶段。由于温度低反应缓慢,NO 的生成和分解都很少。②第二阶段。

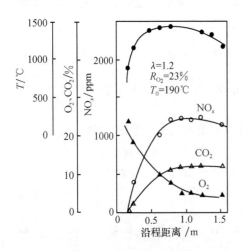

图 3-6　炉内 NO 的生成特性

挥发分析出,着火燃烧,随着火焰温度的上升,NO 浓度增大,这是因为温度高,氧浓度大,NO 的生成和分解反应都进行得很快,但是 NO 的生成反应要快得多,因而 NO 急剧增加。当炉内达到最高温度时,NO 浓度也达到最大。③焦炭燃尽阶段。此时氧气浓度减少,氧化反应减慢,虽然不断生成焦炭 NO,但是已经生成的 NO 被焦炭还原分解生成 N_2,因此使 NO 略有下降。

　　燃料和空气从进入炉膛燃烧并产生燃烧产物,直到离开炉膛,温度变化、各成分变化及在炉内停留时间等都对 NO 的排放浓度有影响。当燃料和空气进入炉膛后,由于周围高温烟气的对流和辐射换热而被加热,温度很快上升。当达到着火温度时,燃料开始燃烧,这时温度急剧上升,直到接近绝热温度。同时,由于烟气与周围介质的对流和辐射换热,温度下降,直至与周围介质温度相同。烟气边冷却边流过整个炉膛,可见炉内的火焰温度分布实际上是不均匀的。通常,离燃烧器出口一定距离外温度最高,在其前后温度都较低。因此在炉膛中抑制 NO 的生成,除了降低炉内平均温度外,还要设法避免局部高温区。

3.3　降低 NO_x 排放的燃烧技术

　　在燃烧产生 NO_x 的过程中,NO_x 的生成受燃烧方法和燃烧条件的影响较大,因此改进燃烧技术可以有效降低 NO_x 的生成,其主要途径有:

　　(1) 在过量空气的条件下,降低温度峰值以减少"热力"NO。

　　(2) 在氧浓度较低的情况下,增加可燃物在火焰前锋和反应区中的停留时间。

　　(3) 选用氮含量较低的燃料,包括燃料脱氮和转变成低氮燃料。

　　(4) 降低过量空气系数,组织过浓燃烧来降低燃料周围氧浓度。

　　减少 NO_x 的形成和排放的具体方法有分级燃烧、再燃烧法、低氧燃烧法、浓淡偏差燃烧和烟气再循环等。

3.3.1　分级燃烧

　　将燃烧所需的空气量分成两级送入,一级空气所用的过量空气系数,使用气体燃料时为 0.7,烧油时为 0.8,烧煤时为 0.8~0.9,其余空气在燃烧器附近适当位置送入,使燃烧分两级完成。

　　一级燃烧区内,燃料在过浓情况下燃烧,由于缺氧富燃料使得燃烧速度和温度降低,因而抑制了挥发分燃烧生成"热力"NO。另外,燃烧生成的 CO 与 NO 的还原反应以及燃料中 N 分解成中间产物(如 NH、CN 和 HCN 等)相互复合作用或与 NO 的还原分解,同样抑制了"燃料"NO 的生成:

$$2CO + 2NO \longrightarrow 2CO_2 + N_2 \tag{3-20}$$

$$NH + NH \longrightarrow N_2 + H_2 \tag{3-21}$$

$$NH + NO \longrightarrow N_2 + OH \qquad\qquad (3\text{-}22)$$

二级燃烧区内，因燃烧用的空气剩余部分以二次空气输入，成为贫燃烧区，虽然此时空气量多，一些中间产物被氧化生成 NO：

$$CN + O_2 \longrightarrow CO + NO \qquad\qquad (3\text{-}23)$$

但因火焰温度低，NO 生成量不大，最终二级燃烧可使 NO_x 生成量降低 30%～40%，其原因是二级燃烧使燃烧不在化学当量比下进行，而在富燃区或贫燃区下燃烧，火焰温度降低，从而降低"热力"NO。此法还可减少"燃料"NO，因此对含氮量低或高的燃料都有效果，是一种已被广泛采用的低 NO_x 燃烧技术。

分级燃烧可以分成燃烧室分级和燃烧器分级两类[10]。

1）燃烧室分级燃烧

图 3-7 为燃烧室分级燃烧示意图。此法将燃烧用的空气分为两部分，大约 80% 的燃烧空气供给燃烧器，在主燃烧区内进行富燃料燃烧，剩下的空气从燃烧器上方开有的空气喷口引入，将可燃物烧尽。空气以二级方式分别引入，把燃烧室沿高度分成两个区域，既燃烧器附近的富燃区和空气喷口附近的贫燃区，这种从主燃区上方加入空气的方法可简称为火上风。研究表明这种方法可减少 NO 排放 15%～30%。

2）燃烧器分级燃烧

图 3-8 为空气分级燃烧器示意图。这种燃烧器分两次供入空气进行分段燃烧，一次空气通入，在燃烧器出口附近形成富燃区；二次空气是从燃烧器周围的一些空气喷口送入，二次风与未燃完燃料混合，继续燃烧并形成了燃尽区。在富燃区

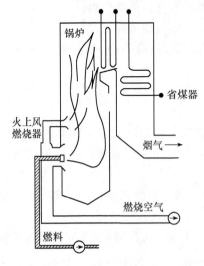

图 3-7　燃烧室分级燃烧

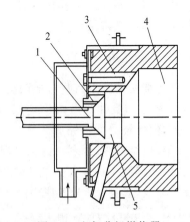

图 3-8　空气分级燃烧器

1-煤气喷口　2-一次空气喷口　3-二次空气喷口
4-燃尽区　5-富燃区

由于缺氧和燃烧温度低,抑制了"燃料"NO 的生成;二次风引入,逐渐与燃料混合,燃烧速度和火焰温度都降低,故也抑制了"热力"NO 的生成。

采用分级燃烧时需要注意以下问题:

1) 一次空气量与二次空气量比例应合适

采用分级燃烧时,把燃烧所需的空气分两次送入,并随着一次空气量减少,二次空气量增加,使 NO 降低。二次空气量占总空气量之比,称为二次风率或燃尽风率。当燃尽风率达到一定值时,降低 NO 有明显的效果,但继续增大燃尽风率,NO 就不再明显降低,相反还会增加。这是因为燃尽风率太大,一次风量太小,一级燃烧区燃料过富产生大量中间产物(如 NH_3 和 HCN 等),其量超过 NO 浓度,它们除了对 NO 还原外,多余的中间产物通过二级燃烧区又氧化生成 NO。同时焦炭中的 N 也随燃尽风率增大而显著增加,所以焦炭 NO 也增加,因而生成的 NO 量增加。

2) 二次风送入位置应适当

图 3-9 表示二次风送入位置对 NO_x 的影响。由图可知,二次风送入位置距一次风喷口越远,在一级燃烧区内停留时间越长,使中部产物和 CO 充分对 NO 还原分解,使 NO 生成量减少。二次风送入时,因稀释作用使 NO 突然下降,然后再进行氧化反应,由于火焰温度低,NO 缓慢增加。但是进一步加长一级燃烧区停留时间,NO_x 呈饱和状态,不再继续增加。

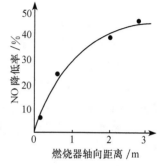

图 3-9　二次风送入位置
对 NO_x 的影响

3.3.2　再燃烧法

近年来,国外又发展了另一种分级燃烧技术,称为再燃烧法(即对燃料分级),用来控制 NO_x 的生成。其工作原理如图 3-10 所示[11],是将燃烧分成三个区域:一

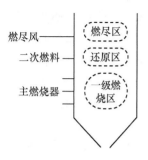

图 3-10　炉内燃料分级
燃烧示意图

级燃烧区是在燃烧室下部,送入 $80\% \sim 85\%$ 的燃料,并以正常过量空气系数 $\alpha \geqslant 1.05$ 配置空气进行燃烧,生成 NO、CO、H_2O、SO_2、O_2 和灰分等,称为主燃区。在主燃区上部(火焰的下游)的二级燃烧区内,把其余的 $15\% \sim 20\%$ 的燃料作为二次燃料喷入。在此区域内燃烧过程是在还原气氛($\alpha < 1$)下进行,生成碳氢化合物基团 CH 等把一级燃烧区中生成部分 NO 还原成 N_2,或形成中间产物 HCN,CN,NH_x 等基团,但前者是主要的,大约有 $70\% \sim 90\%$ 的 NO 还原成 N_2。通常此区域可称为再燃烧区(或还原区),其主要反应如下:

$$CH_3 + NO \longrightarrow HCN + H_2O \qquad (3-24)$$

$$CH + NO \longrightarrow HCN + O \qquad (3-25)$$

$$CH + NO \longrightarrow HCO + N \qquad (3-26)$$

$$N + NO \longrightarrow N_2 + O \qquad (3-27)$$

然后在三级燃烧区(称为燃尽区)再把燃烧所需的其余空气作为二次空气送入,在该区把残余的燃料烧完,同时把残留的 HCN、CN、NH_x 等部分氧化成 NO,部分还原成 N_2,此法可使 NO 的生成减少 50%。其主要反应如下:

$$NH_i + O_2 \longrightarrow N_2 + H_2O \qquad (3-28)$$

$$NH_i + O_2 \longrightarrow NO + H_2O \qquad (3-29)$$

$$C_nH_m + O_2 \longrightarrow CO_2 + H_2O \qquad (3-30)$$

$$CO + \frac{1}{2}O_2 \longrightarrow CO_2 \qquad (3-31)$$

这种再燃烧法又可成为二级燃烧。对于单个燃烧器,可以直接分出再燃烧区;对于多个燃烧器,可以在主燃烧区之后再分出再燃烧区。为了保证还原反应正常进行,需要一定的停留时间。随着停留时间的增加,NO 降低,为此二次燃料应在靠近主燃区喷入炉膛,但是一级燃烧区相应缩短,这样不仅会降低燃烧完全度,而且使较多氧进入再燃烧区,使该区过量空气系数增加,对还原不利。因此二次燃料送入位置必须合适。此外,一级燃烧区出口 NO_x 量和燃尽度、一级燃烧区生成的 NO_x 与再燃烧燃料的混合、还原区的过量空气系数等,都对燃料分级过程有影响。

3.3.3 低氧燃烧

低氧燃烧一般用于扩散燃烧,它要求炉内燃烧反应在尽可能接近理论空气条件下进行,即在过量空气系数较低情况下进行。这样,在一定程度上限制了反应区内的氧气量,对"热力"NO 和"燃料"NO 都起到了一定的抑制作用。

它是一种利用优化装置的燃烧,降低 NO_x 生成量的简单方法。通过调整控制入炉空气量,保持每只燃烧器喷口有合适的风粉比,或将锅炉尾部的低烟气直接或与二次风混合后送入炉膛,使煤粉燃烧尽可能在接近理论空气量条件下进行。一般来说,采用低氧量运行可降低 NO_x 排放 $15\% \sim 20\%$[12,13],但当炉膛内氧浓度过低(如低于 3% 以下)时,会造成烟气中 CO 浓度和飞灰含碳量的急剧升高,从而增加化学不完全燃烧和机械不完全燃烧损失,燃烧经济性下降。此外低氧燃烧会使炉膛内某些区域呈现还原性气氛,从而降低煤灰熔点引起炉膛水冷壁面结渣和高温腐蚀。由图 3-11 可知,当 α 由 $1.1 \sim 1.2$ 降到 $1.05 \sim 1.02$ 时,无论"燃料"NO 和"热力"NO 都会降低。为了降低 NO 排放量,目前国外在烧油锅炉中把 α 控制在

1.01 左右。随着 α 的下降,CO、$C_n H_m$ 和烟尘等污染物也相应增加,并且可能出现结渣堵塞和飞灰中可燃物质增加,使燃烧效率降低,因此该方法有一定的局限性。关键是组织好燃烧,选用良好的喷嘴、调风器及调风系统,用先进的燃烧技术来保证较高的燃烧效率。

3.3.4　浓淡燃烧技术

浓淡燃烧技术是近几年来国内外采用的一种降低锅炉燃烧排放 NO 的燃烧技术。此法原理上是对装有两个燃烧器以上

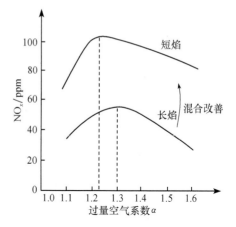

图 3-11　扩散燃烧时"热力"NO 的生成

的锅炉,使部分燃烧器供应较多的空气(呈贫燃区),部分燃烧器供应较少的空气(呈富燃区),由于两者都偏离了理论空气比,因此燃烧温度降低较好地控制了 NO 的生成。实际应用中还发现,采用此种浓淡燃烧技术还有良好的稳燃作用。

对 NO_x 生成特性的研究表明,NO_x 的生成量与一次风-煤比有关。当一次风-煤比在 $3\sim4kg/kg$ 煤时,NO_x 的生成量最高;偏离该数值时,不管煤粉浓度高还是低,NO_x 的排放量均下降。因此,如果煤粉流分离成两股含粉量不同的气流,即将含煤粉量多的气流 C_1 与含煤粉量少的气流 C_2 分别送入炉内燃烧,对于整个燃烧器,其 NO_x 的生成量即 $(NO_x)_{C_1}$ 与 $(NO_x)_{C_2}$ 的加权平均值 $(NO_x)_{pm}$ 与燃用单股 C_0 浓度的煤粉流相比,NO_x 的生成量要低。

实现煤粉浓淡燃烧方式的关键是,如何将一次风煤气流由常规浓度 $0.3\sim0.5$(kg 煤粉/kg 空气)浓缩到 $0.6\sim1.0$(kg 煤粉/kg 空气)。煤粉浓缩有多种方法,如 W 型火焰锅炉采用的旋风分离浓缩;美国 FW 公司采用的百叶窗锥形轴向浓缩分离器等。例如,某厂 500MW 锅炉的均等配风烟煤直流燃烧器,采用平行控制调节上、下两层一次风喷口的给粉机转速比,当转速比 $(n_{下}/n_{上})$ 由 0.84 增加到 2 时,NO_x 就减少了 12% 左右(图 3-12)。

又如四角切圆燃烧锅炉,可采用管道转弯使煤粉浓缩。图 3-13 为 HG-670/140 型锅炉一次风管道布置图,其采用双切圆燃烧方式,切圆为逆时针旋转。由图 3-13 可知,对于 1 号角和 4 号角喷口,由于一次风管的离心作用,可以实现在同一射流平面内浓淡分开且向火侧煤粉浓度高于背火侧的目的。但是,由于一次风送粉管道的限制,四角布置的燃烧器中,2 号角和 3 号角由于燃烧器前一次风弯管的离心分离作用,造成向火侧(弯管内侧)煤粉浓度偏低,背火侧(弯管外侧)煤粉浓度偏高的不合理分布,不利于这两个角一次风煤粉对流稳定燃烧。为了实现 2 号角和 3 号角内外侧煤粉浓度的转换,可在管内加装浓淡转换器——偏流导向器,从

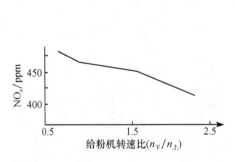

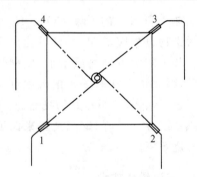

图 3-12　给粉机转速对 NO 的影响　　　图 3-13　HG-670/140 型锅炉送粉管道布置图

而在同一平面内实现浓淡燃烧。

3.3.5　烟气再循环

　　烟气再循环过程为了将一部分温度较低的烟气直接送入炉内或与燃烧用的空气混合,使燃烧区内惰性气体含量增加,因烟气吸热和稀释了氧的浓度,使燃烧速度和炉内温度降低,从而抑制了"热力"NO 的生成。其原理如图 3-14 所示。再循环烟气量的大小可用再循环烟气量与无再循环排烟量之比来表示,称之为再循环率 r。一般采用的再循环率为 15%～20%。烟气再循环法效果与燃料中含氮量以及再循环率大小有关,当再循环率 r 增加时,NO_x 减少。但进一步增加 r 时,NO_x 却降低不多,趋近于定值。含 N 量大,该定值也大,反之则小。r 太小,因炉温降低太多,燃烧不稳定,不完全燃烧损失增加。因此烟气再循环率一般限制在 30%。由于烧煤粉时一般不希望一次风在喷口处混入惰性气体,烟气再循环燃烧器常用来烧油。当循环率在一定范围内时,烟气再循环可使燃烧器出口速度增大,燃料和空气混合加强,对改善燃烧有一定效果,因此该法常与分级燃烧合用。

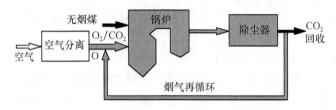

图 3-14　空气分离/烟气再循环原理示意图

3.3.6　低 NO_x 燃烧器

　　燃烧器是锅炉设备的重要部件,它保证燃料稳定着火、燃烧和燃料烧尽等过程,因此要抑制 NO 生成就必须从燃烧器入手,根据上述降低 NO 的燃烧技术,低燃烧器大致可分为五类:分级燃烧型、浓淡燃烧型、自身再循环型、分割火焰型和混合促进型。

1. 分级燃烧型燃烧器

根据上述分级燃烧原理设计的分级燃烧器,它采用空气分级(内部或外部分级)以延缓燃料与空气的混合,使煤粉气流与二次风气流混合燃烧分成两个区域进行。

1)双调风旋流燃烧器

双调风燃烧器分两次送风,一次风为直流或旋流,二次风分为内外两股,在内二次风道管中设有可调叶片,可使气流旋转。外二次风又分为直流和旋流两种。运行中内二次风先混入一次风,外二次风逐渐加入,实现沿燃烧器出口、射流轴向的分级燃烧。图 3-15 所示的 DRB4Z 燃烧器是一种新型超低 NO_x 燃烧器,可使 NO_x 排放降至 $197\sim246mg/m^3$。

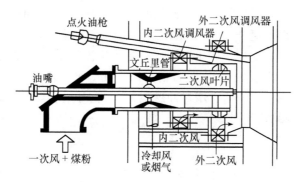

图 3-15　DRB4Z 低 NO_x 燃烧器

2)旋流系列/分离火焰墙式低 NO_x 燃烧器

图 3-16 所示为一种旋流系列/分离火焰墙式低 NO_x 燃烧器。在仅考虑燃烧器

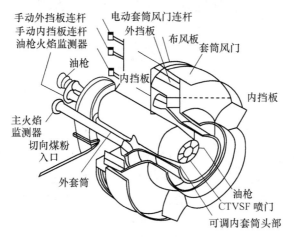

图 3-16　旋流系列/分离火焰低 NO_x 燃烧器

的情况下可使 NO_x 排放降低 $50\%\sim65\%$,若考虑燃尽风的影响可使 NO_x 排放降低 $65\%\sim75\%$。燃中等挥发分烟煤的锅炉,其 NO_x 排放量可降至 $260mg/m^3$。其原理是通过旋转二次风,在内部分级燃料和一次风,以在近燃烧器区域形成轴向低 NO_x 火焰。同时采用轴向旋转产生器来为火焰稳定和附近空气分级产生旋流模式。当煤粉进入炉膛时,喷射器内的分配装置保证煤粉更好的分配。

3) DS 型燃烧器

它是一种分级燃烧器,由 Babcock 公司于 1995 年提出,其结构如图 3-17 所示。为了考虑减少 NO_x 生成的同时,可能出现的燃烧不良等问题,它采用了截面积较大的中心风管,减缓中心风速,保证回流区的稳定;增大一次风射流的周界长度和一次风粉气流同高温烟气的接触面积,提高了煤粉的着火稳定性;在一次风道内安装了旋流导向叶片,使一次风产生旋流,并将喷嘴端部设计成外扩型;煤粉喷嘴出口加装了齿环形稳燃器;在外二次风的通道中则采用各自的扩张形喷口,以使内、外二次风不会提前混合;内外二次风道为切向进风蜗壳式结构,保证燃烧器出口断面空气分布均匀,增加了优化燃烧所具备的旋流强度。因此该燃烧器可实现 NO_x 低于 $450mg/m^3$ 的排放标准,是目前采用空气分级燃烧降低 NO_x 幅度最高的燃烧器。而且,它既可用于前后墙对冲燃烧方式,也可用于切圆燃烧方式,对于燃用优质煤和劣质煤均适用[14]。

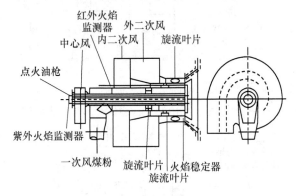

图 3-17　德国 Babcock 公司 DS 型燃烧器

2. 浓淡燃烧型燃烧器

此类燃烧器的工作原理是一部分燃料作过浓燃烧,另一部分燃料进行过淡燃烧,但在整体上空气量保持不变。由于两部分都在偏离化学当量比下燃烧,因而其 NO 都很低。例如,秦裕琨等提出的径向浓淡旋流煤粉燃烧器(图 3-18)[15],在其一次风通道内加装一只具有高浓缩比的煤粉浓缩器,一次风粉混合物流经浓缩器后被分成含粉浓度高和含粉浓度低的两股气流,浓煤粉气流经过靠近中心管的浓一次风通道喷进炉膛,淡煤粉气流在浓一次风通道的外侧经过一次风通道喷入炉膛,因此在燃烧器出口处形成煤粉浓度的径向浓淡不均分布;二次风分成旋流和直流两部分,其中旋流二次风由装有固定式轴向弯曲叶片的旋流器产生,在燃烧器喷口外与直流二次风混合,经一次风外侧的二次风喷口喷入炉膛。直流二次风风箱入口设有调节挡板,经过调节直流二次风量来改变整个二次风旋流强度和射流扩展角度。因这种燃烧器把浓淡燃烧和分级燃烧有机地结合,故它不仅具有低负荷稳燃性能好、NO_x 排放降低 30%～50% 的特点,而且还能防结渣和高温腐蚀。

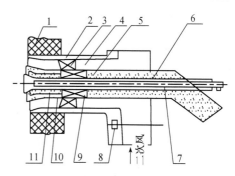

图 3-18　径向浓淡旋流煤粉燃烧器

1-炉墙　2-直流二次风通道　3-旋流器　4-旋流二次风通道　5-一次风通道　6-中心管　7-点火装置　8-直流二次风挡板　9-煤粉浓缩器　10-淡一次风通道　11-浓一次风通道

岑可法等提出的可控煤粉浓淡旋流燃烧器,主要是从一次风煤粉撞击式惯性浓淡分离和二次风双通道分级送风两方面实现低 NO_x 燃烧(图 3-19)[16]。它采用可连续调节的浓淡分离装置及中心夹层调节风,可连续改变煤粉浓度以适应各种不同要求。对于煤粉浓淡分离与后期混合之间的矛盾,利用直流二次风来加强射流刚性,减慢气流衰减速度来解决,同时,采用二次风双通道形式,外侧直流二次风的存在使得水冷壁表面不可能形成缺氧燃烧条件,因此也不会发生浓侧水冷壁的高温腐蚀问题。另外,对于浓侧还原性气

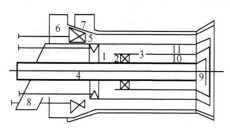

图 3-19　可控浓淡分离旋流煤粉燃烧器

1-撞击块　2-速度平衡件　3-分割环　4-中心管　5-可调旋流器　6-旋流二次风　7-直流二次风　8-煤粉气流　9-稳燃体　10-浓煤粉通道(内环)　11-淡煤粉通道(外环)

氛所引发的炉膛结渣问题,主要通过以下途径得到缓解:

(1) 煤粉浓度可调,特别是中心夹层调节风,既能降低煤粉浓度,又能保护中心扩锥不至于结渣;

(2) 内浓外淡,即形成淡煤粉气流包围浓煤粉气流燃烧,消除了一次风出口四周缺氧的可能性;

(3) 外侧直流二次风,形成一圈"风屏"结构,可保护水冷壁不结焦。

3. 自身再循环型燃烧器

如图 3-20 所示,它是一种利用燃烧空气的压头,把部分烟气吸回、直接在燃烧

器内与空气混合进行燃烧。由于烟气再循环燃烧烟气的热容量大,燃烧温度降低,NO_x 减少。这种燃烧器有抑制 NO_x 和节能双重效果。

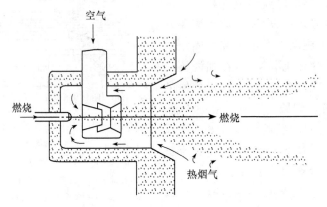

图 3-20　自身再循环型燃烧器

4. 分割火焰型低 NO_x 燃烧器

　　分割火焰型低 NO_x 燃烧器的原理(图 3-21)是把一个火焰分成数个小火焰,由于小火焰散热表面大,火焰温度降低,使温度型 NO_x 下降。此外,火焰小缩短了

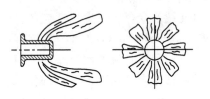

图 3-21　分割火焰型低 NO_x 燃烧器

氧、氮等气体在火焰中的停留时间,对"热力"或"燃料"NO 都有明显的抑制作用。实验表明,这两种燃烧器不但可以降低 NO 的生成量,而且烟尘量也较低。NO 排放浓度最低值,对于机械雾化分股燃烧为 35ppm,对于蒸气雾化分股燃烧则为 42ppm。

5. 混合促进型低 NO_x 燃烧器

　　烟气在高温区停留时间是影响 NO_x 生成量的主要因素之一。改善燃烧与空气的混合,能够使火焰面的厚度减薄,在燃烧负荷不变的情况下,烟气在火焰面即高温区内停留时间缩短,因而使 NO_x 的生成量降低。混合促进型低 NO_x 燃烧器就是按照这种原理设计的。图 3-22 为某发动机所采用的混合促进型低 NO_x 燃烧器。燃料和空气近似垂直相交,改善了燃料和空气的混合,缩短了在高温区内的停留时间,从而减少了在高温下生成的 NO_x。这种燃烧器的特点之一是随着过量空气系数的降低,NO 的排放浓度也降低,但是其 NO_x 排放浓度降低得不多;另一特点是火焰形状与负荷的关系不大,火焰长度很短,而且在负荷从 100% 降到 50% 时基本上保持不变。

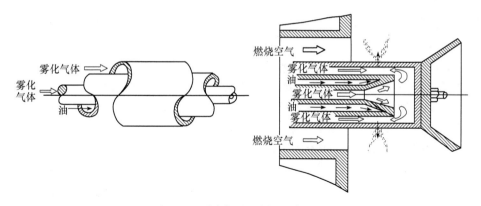

图 3-22　混合促进型低 NO_x 燃烧器

综上所述,由于采用各种低 NO_x 燃烧技术,可对 NO_x 的生成进行控制,其降低率不超过 50%,要使烟气中 NO_x 有更大的降低,还必须采用烟气脱硝技术并研究新的低 NO_x 燃烧技术(如水煤浆燃烧、沸腾燃烧等)。

3.3.7　烟气脱硝

烟气脱硝技术与 NO 的氧化、还原和吸附的特性有关,它可分为氧化法和还原法。前者把 NO 先氧化成 NO_2,在有足够的氧气时 NO_2 溶于水并制成 HNO_3。此法又称为湿法。后者是将 NO 和 NO_2 用还原剂(NH_3、CH_4、CO、H_2)还原成 N_2,然后向大气排放,又称为干法。

1. 干法脱硝

干法脱硝中包括氨催化还原法和无催化还原法两种:

1) 氨选择性催化还原法

这种方法是把氨(NH_3)作为还原剂,将 NO_x 还原成 N_2。所谓选择性是指 NH_3 有选择性,它只和 NO 发生反应,而不和烟气中的氧进行反应。如果用 CH_4、CO、H_2 等作为还原剂,它们还会和氧起反应,从而消耗更多的还原剂,并使烟温升高。因此,具有选择性的还原剂比无选择性的好。其反应式为

$$2NH_3 + 5NO_2 \longrightarrow 7NO + 3H_2O \tag{3-32}$$

$$4NH_3 + 6NO \longrightarrow 5N_2 + 6H_2O \tag{3-33}$$

当烟气中有少量 O_2 时,将促使 NH_3 与 NO 反应,其反应式如下:

$$4NH_3 + 4NO \xrightarrow{+O_2} 4N_2 + 6H_2O \tag{3-34}$$

在没有催化剂的情况下,上述化学反应只有在很狭窄的温度范围内(989℃左右)进行,而采用催化剂时其反应温度可控制在 $300\sim400$℃。通常,采用以二氧化钛为

基体的碱金属作为催化剂,也可采用碳基催化剂(如碳)同时脱去 NO_x 和 SO_2。

脱氮反应器安装位置有多种可能。可以在空气预热器之前,即在电除尘器之前。这种方式的优点是烟气不必加热就能满足适宜的反应温度。但由于此时烟气未经除尘,烟尘容易堵塞催化剂微孔,特别是烟气中的砷易使催化剂中毒,容易导致催化剂的失活。脱氮反应器也可以安装在电除尘器之后。它虽然限制了前者的缺陷,但烟气经电除尘后必须重新加热升温,导致能量的损失。究竟采用哪一种安装方式,应视燃料的种类、燃烧方式以及烟气中的烟尘量而定。

2) 无催化还原法

无催化还原法中还原剂仍采用 NH_3,不用催化剂,因此必须在烟气高温区 $(700\sim1000℃)$ 加入 NH_3。其优点是不用催化剂,故设备和运行费用少。但因 NH_3 用量大,其泄漏量也大,难于保证反应温度以及停留所需时间。故其脱硝率低,约为 $40\%\sim60\%$。

2. 湿法脱硝

湿法脱硝是先把 NO 通过氧化剂 O_3、ClO_2、$KMnO_2$ 而氧化成 NO_2,然后用水或碱性溶液吸收而脱硝。

1) 臭氧氧化吸收法

把臭氧和烟气混合,使 NO 氧化,然后用水溶液吸收,即

$$NO + O_3 \longrightarrow NO_2 + O_2 \tag{3-35}$$

$$2NO + O_3 \longrightarrow N_2O_5 \tag{3-36}$$

$$N_2O_5 + H_2O \longrightarrow 2HNO_3 \tag{3-37}$$

浓缩后可得浓度为 60% 的 HNO_3。这种方法不会把其他污染物带入反应系统中,而且用水作为吸收剂也比较便宜。但是,臭氧要用高电压制取,因此耗电量大,费用也高。

2) ClO_2 气相氧化吸收还原法

用 ClO_2 将烟气中的 NO 氧化为 NO_2,然后用 Na_2SO_3 水溶液吸收,使 NO_x 还原为 N_2。其反应为

$$2NO + ClO_2 + H_2O \longrightarrow NO_2 + HNO_3 + HCl \tag{3-38}$$

$$NO_2 + 2Na_2SO_3 \longrightarrow \frac{1}{2}N_2 + 2Na_2SO_4 \tag{3-39}$$

此法可以将脱硫脱硝同时进行,只要将反应塔中加入 NaOH 就可以实现。因为 NaOH 和 SO_2 化合生成 Na_2SO_3,可参与式(3-39)反应。氧化用的 ClO_2 可以用洗净液中残留的 Na_2SO_3 和 $NaCLO_3$ 加 H_2SO_4 获得再生,脱硝率可达 95%。

3.3.8　新型低污染的燃烧技术[17]

燃料燃烧所引起的对大气环境的污染,其中污染物氧化氮较难处理。随着煤炭燃烧排放污染物不断增加以及环境保护的严格要求,近年来各国对 NO_x 的污染问题给予了高度重视,并开展了大量工作,促使一些新型低污染燃烧技术得到了迅速发展,有的已经取得了显著的成果。本节将对催化燃烧、脉动燃烧和高温空气燃烧等作简要介绍。

1. 催化燃烧

煤的催化燃烧是指在煤的燃烧系统中加入适当的催化剂,如碱金属盐和碱土金属盐(K_2CO_3 、 Na_2CO_3 、 $CaCO_3$),过渡金属化合物(CuO 、 $ZnCl_2$ 、 $CuSO_4$ 、 ZnO)等使燃烧得到强化。煤的催化燃烧机理是:碱金属盐催化剂在煤的催化燃烧过程中,使热解的活化能降低,加速挥发分的析出,提高挥发分产量,改变了挥发分的组分,使 H_2 的含量提高;缩短了挥发组分着火时间,降低了其着火温度,促进燃烧,缩短其燃烧时间,减低了煤的气相着火温度;增加碳环或碳链的活性,有利于煤的燃烧。同时催化剂还充当了氧的活化载体,促进氧的扩散率,使固定碳着火温度降低,使煤可在低温下进行完全氧化燃烧,提高了火焰稳定性和燃烧效率,降低起燃温度与燃烧温度,同时为低过量空气系数燃烧操作创造了有利条件,从而使烟气排放量减少,大大降低了 CO 、 SO_2 和 NO 的排放量。因此,国内外都对此技术进行了大量的研究。如美国的 Bindim、Alam M. M. 、Inra K. 研究了催化对煤的气化和燃烧速率的影响等燃烧特性;国内的徐谷衡等对煤催化燃烧机理及应用进行了较为系统的研究[18];谭志诚用热重法研究了煤燃烧添加剂的催化助燃效果及作用机理[19]。研究表明,催化燃烧是一种很有前途的燃烧方式,它不但可以使燃料得到充分利用,而且还具有显著的环保效果。

2. 脉动燃烧

脉动燃烧是一种节能、低污染的新型燃烧技术。它是一种在声振条件下发生的周期性燃烧过程,在脉动燃烧器内气流的强烈脉动,改善了反应物之间扩散、掺混合传热传质过程,提高燃烧强度,使燃烧均匀而充分,在很低的过量空气条件下燃烧效率仍可达到98%以上,因此,排出尾气中的 CO 、 NO 和烟尘等含量降低。它是介于正常燃烧和爆炸之间的一种燃烧方式。对它的研究可追溯到1977年,Byron Higgns 首次报道了燃烧振荡现象。1900年第一台脉动燃烧装置出台。后来一度中断研究,20世纪70年代末,由于能源危机,脉动燃烧又开始兴起。80年代进入实用开发阶段。美国在这方面已经取得商业价值。我国如北京航空航天大学和同济大学等单位也开始了这方面的研究。

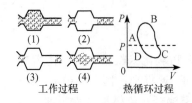

图 3-23 脉动燃烧器工作
循环示意图

脉动燃烧的工作原理为：脉动燃烧器可以燃烧气体、液体和固体（如煤粉）等各种燃料。煤粉可以直接喷入燃烧室，也可随空气进入燃烧室。脉动燃烧器的工作循环由以下四个基本过程组成，如图 3-23 所示。

（1）点火燃烧。煤粉进入燃烧室后，由电火花点火，燃烧室内的温度和压力开始升高，燃烧区膨胀，燃烧产物向两端排出，工作点由 A 到达 B。

（2）气体膨胀。该过程中气体膨胀向外流出，燃烧室压力由点 B 开始下降，由于气流的惯性，使得燃烧室压力降到大气压以下（点 C），燃烧室内形成负压。

（3）吸入可燃物。在燃烧室负压作用下，煤粉和空气由进气阀自动吸入，同时，尾管中的燃烧产物也返回燃烧室，使燃烧室内的压力由点 C 升到点 D。

（4）压缩重新点火。回流气体的惯性使燃烧室内的气体压缩，压力由点 D 升到点 A，空气和煤粉急速混合，被回流的高温气流点燃，开始下一循环。脉动燃烧过程自动重复，不再需要外加点火。

虽然，脉动燃烧具有燃烧效率高、传热系数大、排烟污染小以及结构简单等独特的优点，但是，燃烧所产生的强噪声和强振动是限制它在动力工业应用的尚待解决的问题。

3. 高温空气燃烧

高温空气燃烧（high temperature air combustion，HTAC）是 20 世纪 90 年代得到迅速发展的一种新的低氧燃烧技术。高温空气燃烧是指燃料在空气预热到 1200℃ 甚至更高的温度时，在较低的氧浓度（约 5%）的炉内燃烧，火焰稳定，燃烧效率高，且 NO_x 和 CO 的排放量低，达到高效低污染的要求。

高温空气燃烧技术以其烟气余热的极限回收和 NO_x 低排放的突出特点，吸引着日本、英国、德国、美国等开展深入的研究工作，并已有工业应用的范例。但是，目前的研究和开发的燃烧器主要是针对煤气等气体燃料，煤粉的高温空气燃烧的技术关键是解决蓄热体的堵塞问题。现在日本已开发出高温空气燃煤锅炉，它的基本原则：一是控制炉内温度不超过灰软化温度，避免炉内结焦；二是采用孔尺寸较大的蜂巢蓄热体，允许大量的飞灰通过，蓄热体因其直通孔道和气流来回换向，有一定的自清灰功能；三是在蓄热体后的低温烟气中进行除尘，保护飞灰不进入换向阀等机械部件中去。在我国，工业生产用的燃料 80% 是煤，研制开发出燃煤高温空气燃烧器，具有重大的现实意义，但是国内对这方面的研究还是空白，今后应加强开展煤粉的高温低氧燃烧技术的研究。

3.4　SO$_x$ 的控制

在煤粉燃烧的过程中,由燃料中硫的氧化而生成的 SO$_2$ 是主要的硫污染物。当空气过量时,其中有 0.5% ~ 2.0% 的 SO$_2$ 进一步氧化生成 SO$_3$。一般把 SO$_2$ 和 SO$_3$ 统称为硫氧化物 SO$_x$。它是一种十分有害的污染物,本节将对其生成机理与控制技术加以概述。

3.4.1　SO$_x$ 的生成机理

影响氧化硫生成量的主要因素有:

(1) 燃料中含硫量越多,SO$_2$ 和 SO$_3$ 的生成量也越大;

(2) 过量空气系数越大,SO$_3$ 生成量也越大;

(3) 火焰区温度高,氧分子离解成氧原子多,因而 SO$_3$ 的生成量也越大。

煤炭中的可燃硫分为有机硫(如硫茂、硫醇和二硫化物)和无机硫(如 FeS$_2$)。有机硫构成煤分子的一部分,均匀分布在煤中,而无机硫颗粒尺寸较小,在煤中呈独立的相弥散分布。研究表明,低硫煤中大部分是有机硫,约为无机硫的 8 倍;高硫煤中大部分是无机硫,约为有机硫的 3 倍。

煤受热分解时,煤中的有机硫和无机硫同时被挥发出来。结合松散的有机硫在低温(<700K)下分解,结合紧密的有机硫在较高温度(>800K)下分解析出,遇到氧全部被氧化成 SO$_2$。在还原性气氛下,挥发分主要气体 H$_2$S 反应路线为

$$H_2S \longrightarrow HS \longrightarrow SO \longrightarrow SO_2 \tag{3-40}$$

无机硫的分解速度很慢,在还原性气氛和温度小于 800K 以及足够停留时间的条件下,无机硫将分解成 FeS、S$_2$ 和 H$_2$S,其中 FeS 必须在更高的温度(≥1700K)和更长的时间下才能分解成 Fe、S$_2$ 和 CO$_2$ 等,并被氧化成 SO$_2$。在氧化气氛下,FeS$_2$ 直接氧化生成 SO$_2$,即

$$4FeS_2 + 11O_2 \longrightarrow 2Fe_2O_3 + 8SO_2 \tag{3-41}$$

残留在焦炭中的无机硫与灰中碱金属氧化物反应生成硫酸盐,并被灰固定下来。

根据化学动力学计算,SO$_2$ 在烟气中转化成 SO$_3$ 很缓慢,转化百分数也不大,但实测 SO$_3$ 较大,这是因为 SO$_3$ 除了从 SO$_2$ 与 O$_2$ 直接反应生成外,还可由下述两个途径产生:

(1) 在火焰高温区内,氧分子离解成氧原子,氧原子再与 SO$_2$ 反应生成 SO$_3$[20],即

$$O_2 \rightleftharpoons O + O \tag{3-42}$$

$$SO_2 + O \rightleftharpoons SO_3 \tag{3-43}$$

火焰温度越高,氧原子浓度越大,则 SO$_3$ 生成量也越大。

(2) 受热面积灰和氧化膜的催化作用。当烟气离开炉膛进入低温受热面时，虽然烟温降低，但因受热面积灰和金属氧化物的催化作用，使 SO_3 的生成量增加。这催化作用也与温度有关，例如，SO_2 在 $430\sim620℃$时，与 V_2O_5 接触反应。

$$V_2O_5 + SO_2 \longrightarrow V_2O_4 + SO_3 \tag{3-44}$$

$$2SO_2 + O_2 + V_2O_4 \longrightarrow 2VOSO_4 \tag{3-45}$$

$$2VOSO_4 \longrightarrow V_2O_5 + SO_3 + SO_2 \tag{3-46}$$

可见，减少受热面积灰可抑制 SO_3 的生成。

1. SO_3 的生成

SO_3 是燃料中的硫在燃烧过程中与氧气反应而生成的主要产物之一。当有过剩氧存在时，燃烧产物中的 SO_2 会继续氧化为 SO_3。SO_2 氧化是通过与离解的氧原子结合而生成的，即

$$O_2 \Longrightarrow O + O \tag{3-47}$$

$$SO_2 + O \Longrightarrow SO_3 \tag{3-48}$$

单位时间内 SO_2 的生成量与 O 浓度成正比。在锅炉中的一般燃烧条件下 SO_3 转变率为 $1\%\sim5\%$，对重油，烟气中的三氧化硫浓度为 $20\sim60$ppm。数据表明，实际锅炉中，并不是由和氧分子直接反应生成的，对其中 SO_3 的形成有以下两种解释：

1) 火焰中生成的氧原子参与反应

氧分子在高温下首先离解生成氧原子 O，氧原子 O 再与 SO_2 反应生成 SO_3，即

$$O_2 \Longrightarrow O + O \tag{3-49}$$

$$SO_2 + O \underset{K_-}{\overset{K_+}{\rightleftharpoons}} SO_3 \tag{3-50}$$

式中，K_+ 为正向反应速度常数，K_- 为逆向反应速度常数。

由上述反应式可知，SO_3 的生成量和反应时间与过量空气系数、温度成正比。但研究表明，在炉膛温度下，热分解反应生成的氧原子浓度很低，相应的 SO_3 的浓度远低于锅炉烟气中 SO_3 的实际浓度。Giaubitz 研究发现，SO_3 的生成量主要决定于在火焰中生成的氧原子的浓度。而对于氧原子的来源，一般有两种观点：一是其他含氧物质，如 CO_2 也会热分解生成氧原子；二是高温条件下，氧分子会离解。总之，火焰温度越高，火焰中氧原子的浓度越大，SO_3 生成量就会增加。

火焰末端的温度对 SO_3 的生成也有影响：火焰末端的温度越低，烟气中 SO_3 的浓度越高。所以不希望火焰中心温度过高，以防 SO_3 生成量过大。

2) 对流受热面上的积灰和氧化膜的催化作用

在锅炉运行过程中，烟气流经对流受热面时，温度降低，而 SO_3 的浓度反而增

加,这是由于积灰和氧化膜具有催化作用导致的。

SO_2 在温度为 130～820℃ 的条件下,与 V_2O_5 接触时发生如下反应:

$$2SO_2 + O_2 + V_2O_4 \longrightarrow 2VOSO_4 \tag{3-51}$$

$$2VOSO_4 \longrightarrow V_2O_5 + SO_3 + SO_2 \tag{3-52}$$

其他一些物质,如氧化硅、氧化钠等,对氧化 SO_2 都具有一定的催化作用。

关于对流受热面催化作用的研究表明,烟气流过尾部对流受热面烟道后,SO_3 的浓度比炉膛出口处有明显的增加。而且,随着对流受热面上的积灰增多,低温腐蚀加重。当消除了积灰后,腐蚀才减轻。可见,对流受热面管壁上的氧化膜和积灰,都是 SO_2 向 SO_3 转变的催化剂。只有在一定的温度范围内,它们才具有较为明显的催化作用。

2. 硫酸的生成

燃料燃烧生成的水,以水蒸气状态存在于烟气中,这些水蒸气和烟气中的 SO_3 相结合,生成硫酸蒸气。其反应式如下:

$$SO_3 + H_2O \Longleftrightarrow H_2SO_4 \tag{3-53}$$

上述反应存在化学平衡问题,硫酸蒸气的平衡份额和温度成反比,即当温度越低时,硫酸蒸气的平衡份额越高。SO_3 转变为硫酸蒸气的份额与温度的关系如图 3-24 所示。通常,烟气在锅炉空气预热气中被冷却时,SO_3 与烟气中的水蒸气反应产生硫酸蒸气,反应在 200℃ 左右开始进行。当温度低于 110℃ 时,反应基本上停止,几乎全部的 SO_3 都和水蒸气反应生成

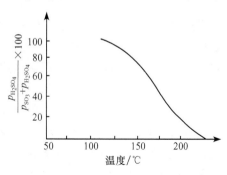

图 3-24 H_2SO_4 的转变率与温度的关系

硫酸蒸气。随着温度进一步降低,硫酸蒸气将会凝成硫酸滴。有研究表明,在凝结过程中凝结下来的硫酸浓度比烟气中的硫酸浓度高得多。

3. SO_2 的生成

SO_2 和 SO_3 是燃料中的硫在燃烧过程中与氧气反应而生成的主要产物,而 SO_3 浓度比较低。在富燃状态下,除了 SO_2 外,还伴有其他硫氢化物的生成,如一氧化硫及其二聚物,还有少量的氧化二硫等,它们在各种氧化反应中通常以中间体形式出现。

在燃烧过程中,空气过剩系数对 SO_2 的生成有很大的影响。当空气过剩系数低于 1.0 时,燃烧产物中除 SO_2 外,还包括 S、H_2S、SO 等;当空气过剩系数高于

1.0 时,燃烧产物全部为 SO_2。

在煤粉炉和燃油炉中,由于技术的限制,并没有有效的方法控制 SO_2 的生成,SO_2 的生成量将正比于燃料中的含硫量。完全燃烧时,燃料中的可燃硫反应式为 $S+O_2 \longrightarrow SO_2+Q$;在标准状态下,$Q=70860J/mol$。燃料中的硫经上式反应全部生成 SO_2,其中一部分再与 O_2 反应生成 SO_3。SO_2 生成量可以按理论计算式获得

$$V_{SO_2} = 0.7 \times \frac{w_S \cdot B}{100} \times \frac{273+t}{273} \quad\quad (3-54)$$

式中,V_{SO_2} 为由所计算的燃烧装置排出的 SO_2 的体积数,m^3/h;t 为排烟温度,℃;B 为单位时间消耗的燃料量,kg/h;w_S 为燃料含硫量。

$$G_{SO_2} = 2 \times \frac{w_S \cdot B}{100} \quad\quad (3-55)$$

式中,G_{SO_2} 指由所计算的燃烧装置排出的 SO_2 质量,kg/h。

3.4.2　SO_x 的控制技术

SO_x 的排放不仅对人体有害,还会引起酸雨。目前,SO_x 已成为我国空气最主要污染物之一。尤其是大气中的 SO_2 可以导致多种呼吸器官疾病,更多的是诱发心血管疾病。而且 SO_2 在环境中形成的酸沉积会引起江河湖泊的酸化,对植物和农作物造成损害。此外,酸沉积能加速大气中的各种建筑物及金属物的腐蚀。

硫化物在大气中的主要形式是 SO_2、H_2S、H_2SO_4 和硫酸盐(SO_4^{2-}),另外,被排放到大气中的硫化物,在大气中停留一段时间后被最终氧化成 SO_3,然后随着雨、雪或雾沉降到陆地或海洋。大气中 SO_2 的含量占硫化合物总量的 80% 以上,因此,SO_2 是公认的大气污染物中影响面很广的重要气态污染物。SO_2 是一种极具危害性的气体,当大气中 SO_2 浓度达到 5×10^{-7} 时,就对人体有危害性;浓度为 1×10^{-7} 时,即可损害农作物。人为源排放约占大气中 SO_2 总量的 2/3,且集中在占地球面积不到 1% 的城市和工业区上空,是造成大气污染和产生酸雨的主要原因。

SO_2 的控制技术可以分为燃烧前脱硫、燃烧中脱硫和燃烧后脱硫(或称烟气脱硫)三种。其中烟气脱硫是目前应用最广泛、效率最高的脱硫技术,也是控制 SO_2 排放的主要手段。

1. 燃烧前脱硫方法[21]

燃烧前脱硫有物理脱硫、化学脱硫和生物脱硫等方法。目前技术成熟、成本最低、最具规模的是物理脱硫。化学脱硫和生物脱硫,由于成本较高和脱硫速率较低,目前还难以实现工业应用。物理脱硫的基本手段是煤的洗选加工,包括浮选、重选、磁选、电选等方法。

1）浮选脱硫技术

对细粒和微细粒嵌布于煤中的黄铁矿,重力选矿方法难以有效选别,通常采用浮选方法。选煤浮选机入料粒度为 0～0.5mm,分选下限可达 0.02mm。

浮选法是利用矿物表面润湿性差别对煤进行分选的选煤方法。随着煤颗粒的减小,物料的表面积迅速增大,表面性质对分离过程的影响迅速增大并起决定性作用。煤是具有天然疏水性的物质,煤泥水中的固体悬浮物颗粒一般在 0.5mm 以下,属于细筛分的煤,具有极大的表面积。因此利用矿物质不同程度的表面湿润性就可以对细粒煤进行分选,而这时一般重力选煤方法的分选速度和效果都会下降。

浮选过程是向预先用浮选剂预先处理过的、配制成一定浓度的煤浆中通入气泡,润湿性差(疏水)的煤粒向气泡黏附并浮起,润湿性好(亲水)的矸石颗粒不易与气泡黏附,仍留在煤浆中,这样就达到了煤与矸石颗粒分离的目的。常用的浮选脱硫方法有以下三种:

(1)剪切疏水絮浮选脱硫。这是一种由油团聚浮选技术发展而形成的浮选脱硫方法,是一种通过施加足够的剪切力场而使悬浮在一定药剂溶液中的疏水性微细物料(0.5～10μm)形成絮团的现象。所形成絮团的中位径比原始微粒径增大10～20 倍,同时矿浆中亲水性颗粒仍保持分散状态。疏水絮凝浮选的脱硫效果明显优于两段常规浮选,其全硫脱除率达 75% 以上。

(2)多种类型的浮选柱脱硫。浮选柱是一种长径比很大的无机械搅拌的浮选设备,入料矿浆在柱体内与上升的气泡流逆流接触,实现气泡矿分选。近年来,经过不断探索改进,研制成了多种类型的充气装置,能产生丰富的微细气泡,充气效能显著提高。浮选柱与普通浮选柱相比,对平均粒度更细的煤泥选别效果更好。脱硫降灰的净化功能更佳,对黄铁矿脱除率达 88.6%。

(3)充气旋流浮选器脱硫。这是一种由外部充气,切线入料,形成气固液三相流的旋流浮选器。其特点是把旋流器分选和浮选结合起来,实现矿化气泡在离心力场中上浮。该技术可使硫铁矿和煤很好分离,处理能力达到普通浮选机的 50～100 倍,利于微小气泡生成,提高浮选效率。

2）重力选煤脱硫技术

重力选煤是最经济的选煤方法,煤中黄铁矿和煤中有机质的密度差别较大,通过重力选煤方法可以脱除单体解离等部分连生体状态的黄铁矿。

(1)重介质旋流器选煤脱硫。重介质旋流器是一种结构简单、无传动部件、分选效率高的选煤设备。采用磁铁矿粉与水混合的悬浮液作为重介质,适用于处理0.2～20mm 的难选末煤。直径为 600mm 的重介质旋流器,对 0.5～45mm 的高硫煤脱除效果较好,全硫脱除率可达 85% 左右。

(2)摇床选煤脱硫。摇床选煤脱硫适宜于分选 13mm 以下中等易选的末煤,分选下限可达到 0.2mm。脱除末煤(0～13mm)中的黄铁矿,脱硫率可达 74% 左右,脱除煤泥(0～0.5mm)中的黄铁矿时,其全硫脱除率只达32%左右。摇床用于粗煤泥精选具有分选效果好、设备简单、操作方便和生产成本低等特点。

(3) 跳汰机选煤脱硫。将煤放在水中,经过机械力使水流产生上下脉动,在脉动及运行过程中,达到洗选脱硫的目的。跳汰机的单机处理量大,洗煤成本低,应用范围广,分选下限约为0.5mm,对于0.5mm以上煤矸石和0.3mm以上的单体解离黄铁矿,跳汰机能够较好地分选处理,同步实现煤产品的降灰降硫,煤的脱硫率可达37%左右。

3) 微生物脱硫技术

微生物脱硫是针对性较强的脱硫方法。通过培育出针对含硫化合物的菌种,利用煤中含硫化合物的生物化学反应,使含硫化合物氧化后,用酸洗、沥滤的方法实现脱硫。微生物脱硫主要是脱除无机硫,也可脱除元素硫或有机硫,采用嗜热、嗜酸的硫羰细菌系列,细菌可以直接吸附到黄铁矿表面,像生物酶作用一样将硫气化。美国匹兹堡能源研究中心利用氧化亚铁硫杆菌进行脱除煤中无机硫试验,当pH为2.0时,煤样粒小于0.074mm,微生物处理两周后,脱除80%的无机硫,30d(天)后可脱除95%的无机硫。

4) 煤的化学脱硫技术

煤的化学脱硫技术主要是利用强碱,强酸或强氧化剂等化学试剂,通过氧化、还原、热解等化学反应,将煤中的硫分转化为液态或气态的硫化物,然后将硫化物抽取出来,实现脱硫。此种脱硫技术可分为氧化、碱处理和溶剂萃取三种:

(1) 氧化脱硫。利用化学氧化剂与煤在一定条件下进行反应,将煤中硫分转化为可溶于酸或水的组分后,予以分离脱除。氧化脱硫的方法较多,大都具有脱除煤中无机硫和部分有机硫的能力。常用的氧化试剂有过氧化氢、氯气、高锰酸钾、铜或铁的氯化物、铜或铁的硫酸盐等。例如用过氧化氢和冰醋酸混合液在微热的温度下与煤(粒度小于0.25mm或更细)发生氧化反应,然后通过过滤,水冲洗,干燥等步骤得到脱硫后的净煤。此种方法主要脱除无机硫,脱硫率高达90%以上,对有机硫的脱除也有较明显的效果。

值得一提的是,Yurovsku早期尝试用化学反应脱黄铁矿硫是用$Fe_2(SO_4)_3$水溶液氧化FeS_2,最终得到$FeSO_4$和硫。$FeSO_4$经空气氧化再生为$Fe_2(SO_4)_3$,可循环使用,其化学总反应为

$$FeS_2 + 2\frac{2}{5}O_2 \longrightarrow \frac{3}{5}FeSO_4 + \frac{4}{5}S + \frac{1}{5}Fe(SO_4)_3 \tag{3-56}$$

该方法又称为TRW Meyers法,现已工业化,可脱除90%～95%的黄铁矿硫,燃烧值损失不大。

(2) 碱处理脱硫。用苛性碱在一定温度和压力下与煤中的硫化物产生化学反应,生成可溶性的碱金属硫化物或硫酸盐,然后通过洗涤、过滤或离心脱液的方法

把煤中的硫分脱除。采用碱熔融浸提的脱硫技术,可同时脱除煤中的无机硫和有机硫,脱硫效果好,脱硫率可达 80%～90% 或更高。

(3) 溶剂萃取脱硫。将煤与有机溶剂按一定比例混合,在惰性气体保护下加热、加压处理,利用有机溶剂分子与煤中含硫官能团之间的物理、化学作用,将煤中的硫抽提出来。溶剂萃取脱硫法的脱硫率不如碱溶法和氧化法高,但对煤的化学特性破坏轻,且相对比较经济。

5) 磁选、电选脱硫技术

(1) 高梯度磁选煤脱硫。利用颗粒物料磁化特性的差异进行分选。由于与煤共生的黄铁矿是弱顺磁性,而煤是逆磁性的,在高梯度磁场作用下黄铁矿等弱顺磁性能够被吸引在强磁场区,而煤粒则受到排斥。采用高梯度磁选分离技术,根据磁场强度大小的不同,对黄铁矿硫脱除率为 60%～90%。

(2) 静电选煤脱硫。静电分选是利用煤与矿物杂质介电性质不同而进行的分选。煤中有机质具有较低的介电常量和电导率,而煤中黄铁矿和大部分物质具有较高的介电常量和电导率,这种明显的电性差异,就产生静电选煤脱硫技术。实践中,滚筒电选对细粒煤脱硫率达 53% 左右,较适合处理粒度相对较粗(0.074～1mm)的粉煤。摩擦电选机则适合中值粒径为 0.01mm 的超细煤,可作为煤的深度脱灰脱硫精选设备。

2. 燃烧中脱硫[22]

燃烧中脱硫的方法主要有流化床燃烧脱硫、炉内喷钙和型煤固硫技术。

1) 流化床燃烧脱硫技术

(1) 流化床流态化原理:固体颗粒在流体介质的作用下表现出流体的宏观特性,就是固体的流态化。以空气作为流体介质的流态化过程如图 3-25 所示。其中图(a)是固定床,此时气体速度较低,只通过静止的颗粒之间的间隙,空隙率是一个常数 ε_0。图(b)是沸腾床,在固定床和沸腾床之间有一个临界值,该值对应着颗粒所需的最低流态化速度 U_{mf}。此时的流体特征是颗粒和气体的摩擦力之和与重力平衡,垂直方向上作用力等于零,通过床层任一截面的压力大致等于在该截面上颗粒的重量。由于

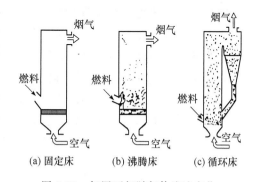

图 3-25　气固两相随气体流速变化
的不同流态

超过临界流态化所需的气体大多数以气泡的形式通过床层,沸腾床亦称为鼓泡流化床。当进一步增加气体速度到足以超过固体颗粒的终端速度时,床层上界面消

失,固体颗粒随气体从床层中带出,发展成气体输送状态。若在床层出口处用气固分离器将固体颗粒分离下来,再回送至床层中,就形成颗粒循环,如图(c)的循环。

(2) 流化床燃烧特性:流化床锅炉的燃烧特点是采用中温燃烧,一般床温控制在900℃左右,送入布风板下的风量用以流化床料。而循环流化床送入布风板下的一次风量用以流化床料循环流化床,二次风是沿着炉墙从不同高度送入用以分级燃烧,这种流化是以高扰动、固体粒子强烈的混合以及没有固定床面为其特点。被烟气携带的床料经旋风分离器后,返回床内继续燃烧。物料的再循环和炉内固体粒子的充分碰撞传热,提高了流化床锅炉的燃烧效率。

由于把物料反复送入炉内燃烧,燃烧物料与炉内固体粒子强烈的混合,使流化床锅炉可以燃用多种燃料,包括燃用劣质燃料。由于床温较低,可有效地抑制NO$_x$的产生,减少烟气中NO$_x$的排入。燃料和石灰石被送入炉内,燃料燃烧和脱硫反应在炉内同时进行,因此它又被称为环保炉。

(3) 流化床脱硫原理:其方法是采用石灰石($CaCO_3$)或白云石($CaCO_3 \cdot MgCO_3$)作为脱硫剂,在燃烧过程中石灰石或白云石分解成为石灰(Ca),在氧化性气氛下CaO与烟气中SO_2及氧反应生成硫酸($CaSO_4$),反应如图3-26所示。在煤的流化床燃烧过程中,石灰石中的钙能否被有效地用来脱硫,取决于石灰石本身的反应活性以及煤燃烧设备的运行条件,如燃烧温度、石灰石的颗粒度、反应物浓度及停留时间等。在反应过程中$CaCO_3$颗粒转变成CaO颗粒时,其摩尔体积缩小了45%,使颗粒内自然空隙扩大,有利于脱硫反应而生成$CaSO_4$。但随着$CaSO_4$的生成其摩尔体积会增大到180%左右。因此反应初期SO_2在脱硫剂的表面和大空隙中进行反应,化学反应速度是主要的控制阻力,随着钙基的消耗,表面容积扩散阻力和内部扩散阻力逐渐成为主要的影响因素。反应初期在CaO表面形成约$32\mu m$厚、致密的$CaSO_4$覆盖层会阻碍SO_2进入内部空隙。同时随着大空隙的消耗,小空隙的阻力作用对脱硫的影响越来越显著,这两种因素使得内部扩散反应越来越困难,此时质量传递的重要性是显而易见的。对高硫煤来说,由于烟气中SO_2的浓度较高,表面容积扩散和内部扩散这两者最终控制了第二阶段的反应。而对于低硫煤,由于SO_2的容积扩散阻力近乎等于脱硫剂颗粒内部扩散阻力,因而表面容积扩散本身就控制了第二阶段的反应,所以对于低硫煤而言脱硫效率更低。由此可见,提高第二阶段反应速率的关键是提高SO_2向脱硫剂颗粒表面及其内部空隙的扩散

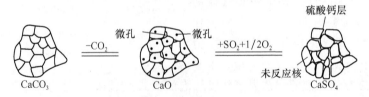

图 3-26 石灰石在燃烧过程中的脱硫原理

能力,所以在燃烧过程中采用石灰石脱硫,其钙利用率通常很低。流化床锅炉内的脱硫过程很复杂,对脱硫性能影响的主要因素有:

① 钙硫摩尔比的影响。钙硫摩尔比是脱硫剂中的钙与燃料中硫的摩尔质量的比,它是影响脱硫性能的主要参数之一,加大钙硫摩尔比,SO_2 的排放浓度不断降低,脱硫效率不断提高,但其作用效果是愈来愈弱的。当钙硫摩尔比在 114～217 时,脱硫效率可达 90% 以上。而在一般鼓泡流化床锅炉内,由于细粒石灰石的大量携带,在钙硫摩尔比为 4 时,才能达到这样的脱硫效率,循环流化床锅炉是有其优越性的,假使将床温控制得更低些,如 850℃,采用破碎的更细小的石灰石,脱硫效果还会得到提高。

② 床温对脱硫性能的影响。燃烧室内料层温度对脱硫性能有很大的影响,随着床温的提高,SO_2 的排放浓度增加,脱硫性能变差,当床温从 830℃ 提高到 930℃ 时,脱硫效率下降 10%。对于循环流化床燃烧来说,为了达到较高的燃烧效率,燃烧室内的工作温度维持的较高一些为好,如 950～1000℃,而为了获得较满意的脱硫效率,则工作温度维持在 850℃ 为宜。为了兼顾二者,宜将床温控制在 850～900℃。这样既保证了循环流化床锅炉的燃烧效率,又保证了循环流化床锅炉的脱硫效率。

③ 石灰石粒度的影响。影响循环流化床锅炉脱硫的原因很多。但作为脱硫剂本身来说,石灰石的质量、石灰石粒子的大小对循环流化床锅炉的脱硫影响也很大。若采用较大颗粒的石灰石,对相同重量的石灰石,其发生反应的表面积小,而脱硫能力会因图 3-26 中所示原因而趋向饱和,最后丧失脱硫能力。而采用过细的石灰石,其石灰石粒子极易被烟气带出锅炉,无法进行循环使用,降低了石灰石的脱硫效果。综上所述,将石灰石粒径选为 0～3mm 时,能在保证循环流化床锅炉脱硫效率的前提下,降低石灰石的耗量。

④ 燃煤含硫量的影响。对循环流化床锅炉而言,脱硫是在炉内进行的。燃煤本身的含硫量对脱硫效率影响不大,但对作为脱硫剂的石灰石有影响,对于燃用含硫量较高的燃煤,其烟气中 SO_2 的浓度就高,石灰石与 SO_2 的反应速度较快;反之,若燃用含硫量较低的燃煤,其烟气中 SO_2 的浓度也低,石灰石与 SO_2 的反应速度较慢,此时需要的钙硫摩尔比比较大,这样才能保证循环流化床锅炉的脱硫效率。

⑤ 其他因素对脱硫效率的影响。压力是影响脱硫的又一因素。实际运行表明,增加压力可以改善脱硫效率,提高脱硫反应速度。压力从常压增至 0.5MPa 时,脱硫效果明显改善,最佳脱硫湿度也上升了。目前增压循环流化床锅炉尚处于工业试验阶段,已生产安装运行的一般为常压循环流化床锅炉;煤种的影响包括硫的含量和 Ca 和 Mg 等金属杂质的含量,因为含有这些金属的煤有自身脱硫能力。燃烧硫含量比较高的煤更容易提高脱硫效率,因为高硫煤燃烧后产生的 SO_2 浓度

高,有利于脱硫反应;研究表明,过量空气系数单独对 SO_2 并无多大的影响,除非它很低或很高时导致床温下降而使石灰石利用率降低。因此氧浓度的变化主要影响脱硫温度而间接地影响脱硫效率,分段燃烧给炉膛内氧浓度分布造成很大的变化;给料方式对燃烧和气体排放都有较大影响。运行经验表明,前后墙平衡给煤时,脱硫剂利用率最高,原因是平衡给煤可使炉膛温度和燃烧产生的 SO_2 分布均匀;循环流化床锅炉的负荷在相当大的范围变化时,脱硫效率是基本恒定的,但在较为极端的情况下,如负荷率处于锅炉降负荷能力的极限时,由于床温、气速、流体动力因素及密相区烟气中析出 SO_2 浓度变化较大,可能会造成脱硫效率的明显下降。

⑥ 煤种的影响。研究发现影响 SO_2 排放量最重要的煤质参数是煤中含硫量,为了达到要求的 SO_2 排放水平,使用硫分多的煤需采用高的 Ca/S 比。同时还发现对同样的 Ca/S 比,低硫煤有更高的脱硫率。可能的解释为低硫煤由于脱硫剂给入速度低而有长的停留时间。另一个重要的参数是煤中碱性物质的含量。研究表明,不加脱硫剂时 SO_2 的排放不仅取决于硫含量(线性关系),而且取决于煤中钙的含量,因为煤中钙能有效地固硫。另外,煤灰中铁氧化物可能对 CaO 与 SO_2 之间的反应起催化作用。挥发分物质对 SO_2 排放的影响似乎不太重要。

⑦ 脱硫剂种类的影响。不同种类的脱硫剂可能对脱硫率有重要的影响。研究发现地质年代短的石灰石比地质年代久的石灰石对脱硫更有效,而且石灰石(如隐晶质多孔性 $CaCO_3$)比大理石(晶质的密实 $CaCO_3$)更有效。地质年代短有高多孔组织的石灰石对 SO_2 有高的反应性;地质年代中等有中等多孔性组织的石灰石反应性低些;而地质年代久有致密的类晶质组织的石灰石的反应性最低。

⑧ 脱硫剂尺寸的影响。脱硫剂尺寸增大使脱硫率下降,这主要是由于小颗粒有一个高的可达到的转化率和高的初始反应速率。然而,应该注意到在流化床燃烧中对脱硫率有一个最佳的颗粒尺寸。

(4) 脱硫剂的再生。脱硫剂再生的原理如下反应:

1100℃以上时

$$CaSO_4 + \frac{1}{2}C \longrightarrow CaO + SO_2 + \frac{1}{2}CO_2 \tag{3-57}$$

$$CaSO_4 + H_2 \longrightarrow CaO + SO_2 + H_2O \tag{3-58}$$

$$CaSO_4 + CO \longrightarrow CaO + SO_2 + CO_2 \tag{3-59}$$

870～930℃时

$$CaSO_4 + 4CO \longrightarrow CaS + 4CO_2 \tag{3-60}$$

$$CaSO_4 + 4H_2 \longrightarrow CaS + 4H_2O \tag{3-61}$$

540～700℃时

$$CaS + H_2O + CO_2 \longrightarrow CaCO_3 + H_2S \tag{3-62}$$

式(3-57)～(3-58)的反应称为一级再生法,式(3-60)～(3-61)的反应称为二级再生法。当再生反应生成了 CaS,可以根据下面的反应式发生分解:

$$CaS + 2O_2 \longrightarrow CaSO_4 \tag{3-63}$$

$$CaS + \frac{3}{2}O_2 \longrightarrow Ca + SO_2 \tag{3-64}$$

从上式可知,再生反应器内需要还原性和氧化性两种气氛。

2) 炉内喷钙脱硫技术

(1) 炉内脱硫的反应机理。其反应机理是钙基脱硫原理。石灰石先在高于 750℃的条件下被快速焙烧生成氧化钙;而 CaO 在 800～1200℃的温度范围内与 SO_2 相遇进行反应而生成 $CaSO_4$。

采用炉内喷钙技术的锅炉具有气固相间滑移速度很小的特点,炉膛内的温度分布基本上在 1100～1700℃。根据基本化学反应过程,气固间多相反应也经历了两个阶段和多个环节。表面容积扩散和内部扩散阻力的变化与流化床相似,但在炉内喷钙脱硫过程中脱硫剂的加入方式不同于流化床。

(2) 影响炉内喷钙脱硫的因素。

① 反应温度。一般 CaO 的有效反应温度为 950～1100℃。硫酸盐化学反应速度随温度升高而变化,在 800～850℃时反应速度最快,高于 850℃时则开始下降,因为随温度进一步升高,CaO 内的孔隙被生成的 $CaSO_4$ 迅速堵塞而阻止了吸收剂的进一步利用。在更高的温度下脱硫效果的降低还与 $CaSO_4$ 的分解有关。

② "烧僵"与脱硫剂的最佳喷射位置。"烧僵"现象表示脱硫剂在高温下微孔结构被破坏,产生氧化钙结晶,结果使脱硫剂的空隙闭塞,降低了 SO_2 的内部扩散渗透,不利于吸收。

③ 脱硫剂。研究表明,产地不同的石灰石对于"烧僵"的抵抗力变化范围很大。石灰石多是在中等温度条件下生成的多孔煅烧产物,较高温度下则生成密实的不易反应的石灰;白云石通常比石灰石易得到多孔的煅烧物;$MgCO_3$ 的煅烧温度比 $CaCO_3$ 低,容易发生"烧僵"现象。

④ 石灰石粒径对脱硫效率的影响。有关试验表明,石灰石粒径对脱硫效率有显著影响,颗粒较细(小于 0.5mm)的石灰石脱硫效果好,表现在脱硫反应的起始反应时间较短、反应维持的时间较长。这是因为小颗粒石灰石能提供更多的外表面与 SO_2 进行反应。粒径大于 0.5mm 的石灰石在脱硫反应进行一段时间后,CaO 的转化率增长缓慢,这是因为大颗粒表面生成的 $CaSO_4$ 形成了致密层,将 CaO 表面空隙堵塞,SO_2 只有通过 $CaSO_4$ 致密层才能扩散到反应界面,从而使反

应速率大大降低。石灰石粒径较大,省下的未反应核也较大(按重量份额计),但粒径过小又会使石灰石在床内停留时间较短,脱硫效率下降。故应选择一个最佳的石灰石粒径,以达到最大利用率。

⑤ 其他因素的影响。不同种类的石灰石产生的 CaO 孔隙直径分布是不同的,小孔能在单位吸收剂重量下提供较大的孔隙表面积,但其入口容易堵塞;大孔可提供通向吸收剂内部的便利通道,却不能提供多少反应表面。另外,煤质对脱硫效率也有影响,不同的煤质中碱金属含量不同,其固有的自脱硫能力也不同。

(3) 炉内喷钙尾部烟道增湿脱硫。其特点是:炉膛喷钙作为一级脱硫,在烟气流过反应器时向反应器内喷水将烟气增湿作为二级脱硫。增湿使烟气中 CaO 和 H_2O 反应生成 $Ca(OH)_2$,并与 SO_2 快速反应,提高了钙利用率和脱硫效率。其工艺主要有三种:

① LIFAC 工艺。烟气脱硫反应是在锅炉和活化反应塔内完成的,把石灰粉喷射到炉膛 $800\sim1100℃$ 的区域,Ca_2CO_3 热解成 CaO 和 CO_2,烟气中部分二氧化硫与全部三氧化硫及 CaO 反应生成 $CaSO_3$ 和部分 $CaSO_4$。粗颗粒落到炉床上,细颗粒随同飞灰通过省煤器和空气预热器后到达活化反应塔。在活化反应塔内烟气中未反应的 CaO 与雾化水反应生成 $Ca(OH)_2$,与烟气中残留的二氧化硫反应生成亚硫酸钙(Ca_2SO_3),部分被氧化成硫酸钙($CaSO_4$)。

② LIMB(limestone injection multistage burner)。其特点是在工艺中增加多级燃烧器来控制氮氧化合物的排放,同时还避免了钙基脱硫剂在炉内受高温烟气的影响,减少脱硫剂表面的“烧死”现象,提高了脱硫率。

③ LIDS(limestone injection with dry scrubbing)方法。当 $r_{Ca/S}=2,\Delta T=15℃$ 时,LIDS 系统总脱硫效率可以达到 90%。LIDS 适于锅炉容量为 $50\sim100MW$ 的中小型电厂脱硫。

3) 型煤固硫技术

型煤固硫技术是以沥青、石灰、电石渣、无硫纸浆黑液等作为粘结剂,将粉煤机械加工成具有一定形状和体积的煤。型煤燃烧脱硫可减少 SO_2 排放的 40%～60%,可提高燃烧热效率20%～30%,节煤率达 15%。

(1) 型煤固硫原理。将煤粉与脱硫剂混合,加上粘结剂和催化剂,然后压制成型,燃烧时产生的 SO_2 气体遇到脱硫剂中的 CaO 就会发生固硫反应。固硫剂的热分解合成反应除了上式外,还发生了以下反应:

热分解反应

$$Ca(OH)_2 \longrightarrow CaO + H_2O \tag{3-65}$$

固硫剂合成反应

$$Ca(OH)_2 + SO_2 \longrightarrow CaSO_3 + H_2O \tag{3-66}$$

$$CaO + SO_2 \longrightarrow CaSO_3 \qquad (3-67)$$

中间产物歧化反应

$$4CaSO_3 \longrightarrow CaS + 3CaSO_4 \qquad (3-68)$$

固硫产物的高温分解

$$CaSO_3 \longrightarrow CaO + SO_2 \qquad (3-69)$$

$$CaSO_4 \longrightarrow CaO + SO_2 + O \qquad (3-70)$$

　　型煤固硫过程还有如白云石的分解产物 MgO 及其他金属氧化物的固硫合成反应,在不同燃烧温度区段视氧化性或还原性气氛而异的多种变性反应等。研究表明,脱硫剂中的 CaO 是有效的脱硫剂,型煤加入脱硫剂后,低温燃烧阶段固定下来的硫在高温区可以从新释放。初期减少 SO_2 排放的效果越好,高温下从新分解释放的 SO_2 也越多,所以型煤固硫的关键应该是高的低温反应活性和低的高温分解速率。

　　(2) 型煤固硫率及其影响因素。影响型煤脱硫效率的因素主要是钙硫比,$r_{Ca/S}$ 越大,固硫效果越好,费用也越高。其影响因素有:

　　① 原煤含硫量的影响。原煤含硫量 $r_{Ca/S}$ 的影响如图 3-27 所示,由图中可知原煤含硫量对 $r_{Ca/S}$ 的选择影响较大。随着原煤含硫量的增加,$r_{Ca/S}$ 的增势减小。

　　② 固硫剂粒径的影响。图 3-28 为三条不同固硫剂粒径的固硫试验曲线。研究表明固硫剂颗粒直径在 $0.1\sim0.2mm$ 范围内对固硫率的影响已不明显,现在型煤的粒径范围一般为 $0.10\sim0.15mm$。

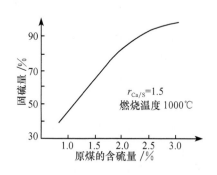

图 3-27　原煤含硫量对固硫率的影响

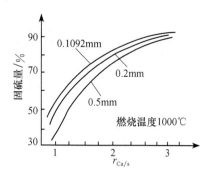

图 3-28　不同粒径固硫剂的固硫曲线

　　③ 添加剂的影响。添加剂的作用在于克服钙基固硫剂本身的局限性。出于经济因素的考虑,一般采用天然廉价矿源和工业废渣。在高钙硫比条件下,采用适量的 CaO 以免导致灰分含量升高而抑制焦炭燃烧温度,减缓 $CaSO_4$ 的高温分解。在实际使用过程中,如果添加剂的费用高于钙基固硫剂节约的费用和高灰分下的能量损失,建议不采用。

3. 烟气脱硫技术[23,24]

烟气脱硫是将煤炭燃烧后的烟气引入特定的装置或工艺中,通过化学吸收、吸附等过程将烟气中的 SO_2 脱除。它是目前防止 SO_x 污染大气的有效方法。烟气脱硫方法很多,但它的技术基础主要是因为很多金属氧化物(如碱金属、碱土金属、金属氧化物等)以及活性炭具有吸附或吸收 SO_2 的能力。把这些金属氧化物作为吸收剂吸收 SO_2 后生成中间产物,再将含硫中间产物进行再生。再生后的吸收剂可循环使用,再生过程中释放出的 SO_2 可做成硫制品加以利用。

近几十年来,国外工业烟气脱硫装置的应用发展很快。我国近十多年来也开展了烟气脱硫技术的研究。烟气脱硫技术的种类非常多,按脱硫的方式和产物的处理形式可分为干法、湿法和半干法等[25]。

1) 干法烟气脱硫(DFGD)

该法是往吸收塔或管道中注入石灰等吸收剂,与 SO_2 反应后,收集排出。具有系统简单、投资费用低、占地面积小等特点,得到了一定的应用。主要缺点是脱硫率低,吸收剂利用率不足(一般在 30% 左右)。因此,提高吸收剂的利用率、减少用量,改进吸收环境和条件,是该法的主要研究课题。影响脱硫率和吸收剂利用率的因素主要是反应温度和吸收剂滞留时间,在锅炉烟气温度低于 200℃ 的条件下,只能产生慢速亚硫酸盐的反应,如果使吸收剂与烟气中的 SO_2 充分反应,需要足够长的烟道。我国一些电厂引进的荷电干吸收剂喷射技术,在克服这两个困难方面收到了较好的效果。该技术的吸收剂为 $Ca(OH)_2$ 和灰粉,吸收过程发生下列反应:

$$Ca(OH)_2 + SO_2 \longrightarrow CaSO_3 + H_2O \tag{3-71}$$

$$CaO + H_2O \longrightarrow Ca(OH)_2 \tag{3-72}$$

$$CaO + SO_2 \longrightarrow CaSO_3 \tag{3-73}$$

干法烟气脱硫可按其吸收剂不同分为以下四种类型:

(1) 活性炭催化剂吸附法。研究发现,活性炭表面某些含氧络合物基因可作为 SO_2 吸附催化氧化的活性中心,其发达的表面积和丰富的孔结构有利于分子的扩散和传递。当烟气通过活性炭床层时, SO_2、O_2 和水蒸气首先被活性炭的活性中心活化吸附,这些被活化的分子相互反应生成硫酸,积蓄于活性炭的孔道中。烟气中的 O_2 和水蒸气的含量对 SO_2 在活性炭表面的吸附有相当的影响。在一定的气速、吸附温度和 SO_2 浓度下,当烟气中 O_2 和水蒸气含量分别为 5% 和 8% 左右时,活性炭对 SO_2 的吸附量达到最大值。在实际运用中,可通过调节它们的含量达到最高脱硫效果。

(2) 石灰石膏-飞灰干法喷雾脱硫技术。使用石灰石为固硫剂的石灰石膏法有系统简单、投资小、脱硫率高的优点。若利用飞灰碱来脱硫,还可进一步降低投资成本。研究发现,单一飞灰碱脱硫时,脱硫率约为 73%,当系统加入石灰浆时则脱硫效果更为理想。为得到对 SO_2 较好的吸收效果,可把由石灰浆和飞灰浆混合成的固硫剂雾化。

(3) 碱性铝酸盐法。该法采用碱性铝酸钠 $[NaAl(CO_3)(OH)_2]$ 作为吸收剂,利用该物质在 660℃时可被活化成表面积大,孔隙率大的干固体,在 $180\sim350℃$ 的温度范围内能脱除烟道气中的二氧化硫。烟道气经过空气预热器,并在集尘器后在 330℃的温度下进入反应塔,烟道气自下而上流动与吸收剂颗粒自上而下下落时相互接触,二氧化硫气体被吸收,吸收剂颗粒变成含有硫酸钠的废颗粒,该废颗粒可以在 660℃的再生器中再生。该方法存在两个问题:脱硫过程复杂;吸收剂颗粒磨损严重,经济性下降。

(4) 荷电式喷射脱硫法(CDSI 法)。荷电干吸收剂喷射技术是使吸收剂颗粒快速流过喷射单元,产生高压静电晕充电区,带上强大的静电荷,同种电荷互相排斥,使吸收剂颗粒很快在烟气中扩散,形成均匀的悬浮状态,增大了与 SO_2 的反应概率,提高脱硫率。同时也提高了带电颗粒的活性,降低了同 SO_2 完全反应所需的滞留时间,一般在 2s 左右即可完成慢硫化反应,从而有效地提高了二氧化硫的去除效率。

2) 湿法烟气脱硫(WFGD)

这是一种较常用的烟气脱硫方法,它是以水溶液或浆液作吸收剂,生成的脱硫产物存在于水溶液或浆液中。在该法中可按所用的吸收剂不同又可分为石灰石-石膏法、双碱法与氨法三种方法。其中石灰石-石膏法应用较多,采用的吸收剂为石灰石($CaCO_3$),烟气在除灰冷却后流入一洗涤装置中,将石灰浆溶液分级喷入,这种方法可固结极大部分 SO_2,脱硫效率高达 95%[26]吸收剂利用率可超过 90%,所产生的硫酸钙(石膏)质量较好,可用于建筑行业。烟气在洗涤装置中接触水汽,发生下列反应:

$$SO_2(气) \longrightarrow SO_2(液) \tag{3-74}$$

$$SO_2(液) + H_2O \longrightarrow HSO_3^- + H^+ \tag{3-75}$$

$$HSO_3^- \longrightarrow H^+ + SO_3^{2-} \tag{3-76}$$

吸收剂石灰石在溶解过程中消耗 H^+,促使 SO_2 吸收。

$$CaCO_3 + H^+ \longrightarrow Ca^{2+} + HCO_3^- \tag{3-77}$$

$$HCO_3^- + H^+ \longrightarrow CO_2 + H_2O \tag{3-78}$$

同时发生

$$Ca^{2+} + SO_3^{2-} + H_2O \longrightarrow CaSO_3 \cdot H_2O/2 \tag{3-79}$$

　　由于烟气中氧含量一般为 6% 左右,自然氧化要受到氧气向液相界面扩散的速度以及被吸收的 SO_2 多少的限制。因此,在实际脱硫过程中,根据控制供氧量的不同,又分为强制氧化和抑制氧化两种方法(其副产物也不同)。目前我国许多电厂采用强制鼓入过量空气,通过强烈混合,使 $CaSO_3$ 充分氧化,最终可生产出石膏。这种方法称为强制氧化,其反应过程为

$$O_2(气) \longrightarrow O_2(液) \tag{3-80}$$

$$O_2(液) + HSO_3^- \longrightarrow SO_4^{2-} + H^+ \tag{3-81}$$

$$Ca^{2+} + SO_4^{2-} + 2H_2O \longrightarrow CaSO_4 \cdot 2H_2O \tag{3-82}$$

　　从上述过程看,氧化是此方法的重要化学过程。但是,如果这种强制氧化控制不好,$CaSO_3$ 的氧化率不高,吸收塔内的石膏不能迅速增长(一般要求这个过程的氧化率在 95% 以上),反而会导致石膏散块在脱硫设备中结垢。因此,在电厂中,采用另一种与强制氧化相反的方法,即抑制氧化法。抑制氧化是通过添加抑制物质,控制 $CaSO_3$ 的氧化率低于 15%,使浆液中硫酸根的浓度远低于饱和浓度,生成少量 $CaSO_4$ 与 $CaSO_3$ 一起沉淀。能抑制 $CaSO_3$ 氧化的物质是 $S_2O_3^{2-}$,现在所用的方法是在浆液中直接添加硫乳化剂进行转化

$$S + SO_3^{2-} \longrightarrow S_2O_3^{2-} \tag{3-83}$$

$$S_2O_3^{2-} + SO_3^{2-} + O_2 + H_2O \longrightarrow S_3O_6^{2-} + 2OH^- \tag{3-84}$$

$S_3O_6^{2-}$ 同水缓慢反应,再生成 $S_2O_3^{2-}$

$$S_3O_6^{2-} + H_2O \longrightarrow S_2O_3^{2-} + SO_4^{2-} + 2H^+ \tag{3-85}$$

　　此方法可降低液相石膏的相对饱和度,大大减少结垢的发生,减少吸收塔的清洗次数,有效防止吸收塔内部构件的损坏。同时,浆液中的 Ca_2^+ 浓度降低,可提高石灰石的利用率。

　　在双碱法中,烟气与溶解的碱(如亚硫酸钠和 NaOH)溶液相接触,二氧化硫气体被吸收掉,所产生的溶液第二次与碱(通常为石灰或石灰石)反应,将吸收下来的二氧化硫沉淀成不溶性的亚硫酸钙,并使吸收液获得再生。双碱法的应用没有像石灰石-石膏法一样得到广泛应用,但是 20 世纪 70 年代在日本、美国也建成了使用该法的脱硫装置。

　　在氨法中,采用氨水作为脱硫吸收剂,氨水与烟气在吸收塔中接触混合,烟气中的 SO_2 与氨水反应生成亚硫酸铵,亚硫酸铵经过氧化反应后,生成硫酸铵溶液,经结晶、脱水、干燥后为硫酸铵。

　　3) 半干法烟气脱硫(SDFGD)

　　半干法烟气脱硫以水溶液或浆液为脱硫剂,生成干态的脱硫产物。半干法兼有干法与湿法的一些特点:其脱硫剂可在干燥状态下脱硫,在湿状态下再生(如水

洗活性炭再生流程）；或者在湿状态下脱硫，在干状态下处理脱硫产物（如喷雾干燥法）的烟气脱硫技术。特别是后者，既有湿法脱硫反应速度快、脱硫效率高的优点，又有干法无污水废酸排出、脱硫后产物易于处理的优点。图 3-29 为其简易脱硫流程图[27]，首先将脱硫剂 $[CaCO_3$、$Ca(OH)_2]$ 吹入燃烧炉内进行一次脱硫，然后再向排气中喷水，使它与未反应的 CaO 反应，进行二次脱硫。脱硫过程如下：

　　一次脱硫：脱硫剂喷入炉内，脱硫率为 30%～40%。

　　热分解　　　　　　　　　$CaCO_3 \longrightarrow CaO + CO_2$（900℃以上）

　　脱硫反应　　　$CaO + SO_2 + 1/2O_2 \longrightarrow CaSO_4$（800～1200℃）

　　二次脱硫：未反应的 CaO 和亚硫酸反应进行脱硫，脱硫率为 60%～70%。

　　亚硫酸生成反应　　　$SO_2 + H_2O \longrightarrow H_2SO_3$

　　脱硫反应　　　　$CaO + H_2SO_3 \longrightarrow CaSO_3 \times 1/2H_2O + 1/2H_2O$

　　氢氧化钙生成反应　　$CaO + H_2O \longrightarrow Ca(OH)_2$

　　脱硫反应　　　　$Ca(OH)_2 + SO_2 \longrightarrow CaSO_3 \times 1/2H_2O + 1/2H_2O$

综合脱硫率为 80%左右。副反应 $CaSO_3$ 既可以直接废弃处理，又可以进一步氧化成石膏加以利用。此法又可分为旋转喷雾干燥法和循环流化床烟气脱硫法两种。

　　（1）旋转喷雾干燥法（SDA 法）。把生石灰熟化制成消石灰浆 $[Ca(OH)_2]$，利用高速旋转雾化器，把吸收剂浆液雾化成细小液滴与烟气进行反应，生成亚硫酸钙（$CaSO_3$）和部分硫酸钙（$CaSO_4$），从而达到脱硫的目的。该法脱硫效率可达到80%～85%，虽然比湿法脱硫低，但是投资运行费用低，自 20 世纪 80 年代以后得到广泛应用。为了把这种脱硫方法与炉内喷钙脱硫技术相区别，又把这种脱硫方法称为半干法脱硫。

　　（2）循环流化床烟气脱硫法。循环流化床烟气脱硫技术（CFBFGD）是由德国鲁奇（Lurgi）公司于 20 世纪 80 年代后期开发出一种新的半干法技术。这种技术是以循环流化床原理为基础，通过对吸收剂的多次再循环，延长吸收剂与烟气的接

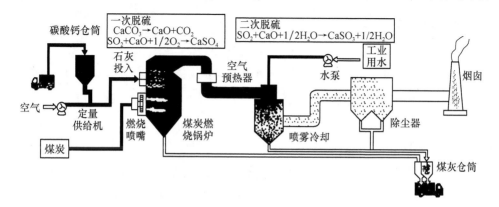

图 3-29　半干式简易脱硫流程图

触时间,大大地提高了吸收剂的利用率和脱硫效率。通常反应器内部不设任何附件,不同形式的 CFBFGD,其固体颗粒回送至反应器的方式、增湿活化以及反应器内部再循环增强传质方式等方面略有不同。如日本学者研究出一种新的半干法脱硫方法——粉末颗粒喷射床技术(powder particlespouted bed,PPSB),也称为射流床烟气脱硫技术,它通过使烟气和脱硫剂在床内的停留时间增加,从而增加脱硫效率;通过优化结构,使系统阻力降低,具有投资成本低、脱硫效率高等特点。

3.5　烟尘的生成和控制

前面已经介绍过锅炉燃烧过程中所生成的污染物质,主要有烟尘、二氧化硫和氮的氧化物。本节主要阐述烟尘生成机理及其控制技术。

3.5.1　烟尘的生成

1.烟尘种类及生成机理

燃料燃烧时生成的烟尘,按其生成机理可分为气相析出型、剩余型烟尘和粉尘三种[2]。

1) 气相析出型

气相析出型的烟尘来源于气体燃料,已蒸发的液体燃料和固体燃料中挥发分气体,在空气不足的高温条件下热分解所生成的固体烟尘,通常称为炭黑。其粒径很小,一般在 $0.02\sim0.05\mu m$ 范围内。火焰中含有这种炭黑后,辐射力增强,发出亮光,形成发光焰。由于其粒子细,容易粘附于物体而难于清除。

研究表明,这种气相析出型烟尘是经过一系列脱氢聚合反应而生成的。例如,甲烷在缺氧条件下进行热分解

$$CH_4 \longrightarrow C + 2H_2 \qquad (3-86)$$

乙烷的热分解包括一系列脱氢反应

$$C_2H_6 \longrightarrow C_2H_4 + H_2 \qquad (3-87)$$

$$C_2H_6 \longrightarrow 2C + 3H_2 \qquad (3-88)$$

除了这些反应以外,生成的乙烯还可以进一步发生下列的二次反应:

$$C_2H_4 \longrightarrow C_2H_2 + H_2 \qquad (3-89)$$

$$3C_2H_4 \longrightarrow C_6H_6 + 3H_2 \qquad (3-90)$$

在温度刚超过 500℃时主要为后一反应,即经过多环芳烃的中间阶段产生炭黑;当温度达到 900~1100℃以上时则主要为前一反应,即经过乙炔的中间阶段而产生炭黑。

可见,在热分解时,首先是烃类脱氢生成烯烃,烯烃重合成环烷烃,环烷烃脱氢成为芳香烃,芳香烃缩合形成多环芳烃,随着温度升高,反应时间延长,多环芳烃继续缩合,在缩合反应中,不断从分子中释放出氢,缩合物的分子量也逐渐增大,其中氢含量相应减少,碳含量相应增加,形成高分子的炭黑。

2) 剩余型烟尘

剩余型烟尘是液体燃料燃烧时剩余下来的固体颗粒,通常称之为油灰或烟炱,它是由重质油雾化滴在高温下蒸发产生蒸气的同时,发生缩聚反应,一面激烈地发泡,一面固化,从而生成絮状空心微珠,粒径较大,为 $100\sim300\mu m$。

另外,积炭也是一种剩余型烟尘,它是重质油滴附着在燃烧器喷口、燃烧器壁面以及炉壁上,受到燃烧器或炉内高温加热气化而剩下来的固体残渣,由于油滴附着处形状不同,附近烟气流动情况也不相同,因此积炭形状不定,但其颗粒尺寸较大。积炭量多少与燃烧火焰温度特别是壁温存在着复杂的关系,温度升高,既能使积炭增加,也能使积炭减少,最终取决于温度范围,并与燃油组成及其特性有关。

假如液态燃料雾化不好,油滴过大,油滴燃尽所需时间延长,油滴来不及燃尽就随烟气排出,产生不完全燃烧。由于不完全燃烧的残存油滴中含炭的比例大,生成的烟尘是炭形烟尘。

未燃的油滴如果附于温度较低的炉壁或管道上,温度升高就会继续燃烧;温度降低,则会结焦黏着,到一定大小会剥离,从而在排烟时以烟尘形式排出。

未燃的油滴如果剧烈受热而达到较高温度,往往来不及蒸发就产生裂化。裂化的结果是轻的分子由油滴中分离出来,以气态参加燃烧,余下的较重的分子可能呈固态的焦炭或沥青。在工业生产过程中,燃油的“结焦”现象就是裂化的结果,由于焦炭和沥青的形成,也容易形成炭形烟尘。

3) 粉尘

粉尘是固体燃料燃烧时产生的飞灰,其主要成分是炭和灰,固体燃料在燃烧之后,一部分变成炉渣,一部分以飞灰形式排入大气中。以煤粉炉为例,有 $85\%\sim95\%$ 的灰分以飞灰形式排入大气。表 3-15 列出了几种燃煤锅炉的粉尘特性。其中粉尘浓度是粉尘的一种重要特性。由于煤种不同,锅炉排烟中粉尘浓度变化也很大,当燃用高灰分劣质煤时,其粉尘浓度要比燃用低灰分优质煤高。

表 3-15　几种燃煤锅炉的粉尘特性

炉子形式	煤气中含尘浓度/(g/Nm³)	飞灰占总灰分的比例/%	粒径小于 $10\mu m$ 的含量/%
手烧炉(自然引风)	$0.6\sim2.0$	$15\sim20$	5
手烧炉(机械引风)	$1.5\sim5.0$	$15\sim20$	5
往复排炉	$0.5\sim2.0$	$15\sim20$	
链条炉	$2.0\sim5.0$	$15\sim20$	7

续表

炉子形式	煤气中含尘浓度/(g/Nm³)	飞灰占总灰分的比例/%	粒径小于10μm的含量/%
振动排炉	3.0～8.0	15～20	
抛煤机炉	5.0～13.0	20～40	11
煤粉炉	10～30	70～85	25
沸腾炉	20～60	40～60	4

此外,粉尘的粒度分布是粉尘的另一种重要特性,它与燃烧方式和炉子的结构有关。例如,煤粉燃烧所生成粉尘的粒径为 0.1～100μm,层燃飞灰粒径在 10～200μm。粉尘粒度还与煤的质量、磨煤机的结构以及燃烧工况有关。

2. 影响烟尘生成的因素

燃料在炉内燃烧,影响烟尘生成的因素有很多,主要有:

1) 燃烧种类的影响

燃烧种类不同,产生的烟尘情况也不同。对碳氢化合物燃料来说,C/H 越大,产生炭黑数量就越多;碳原子数越多就越容易产生炭黑;液体燃料的残碳含量越多,产生的烟尘就越大。通常,重油的碳原子数比轻质油的大,C/H 也大,燃烧时产生烟尘量要比轻质油的多,固体燃料在不完全燃烧时同样会产生炭黑。挥发分多的煤,其炭黑生成量要比挥发分少的煤多得多。但是煤燃烧时产生的烟尘主要是以飞灰形式出现。

2) 氧气浓度和过量空气系数的影响

由于烟尘是在富燃缺氧条件下产生的,如果碳氢化合物燃烧与足量的氧气充分混合,就能防止烟尘产生。防止烟尘所需要的氧气量,随着燃烧种类而异。图 3-30 为锅炉出口处氧浓度与烟尘浓度的关系。由图可见,烟气出口氧浓度降低,烟尘浓度将增大。即使剩余氧浓度相同,由于燃料种类不同、燃烧器形式不同,烟尘浓度也相差较多。

3) 燃烧粒径的影响

燃料粒径大,其燃尽时间也长,因而在炉内有限的停留时间内燃料滴不易燃尽,使烟尘浓度急剧增加。而且燃料滴粒径大,所生成的空心微珠也大。当燃料滴碰到炉墙时,如果炉墙温度较高,则燃料滴还可能燃烧;如果炉墙温度低,则燃料滴焦化成炭块,它们可能会脱落而随烟尘排入大气中,使烟尘浓度增加。

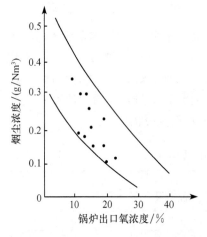

图 3-30　烟尘浓度与氧气剩余
浓度的关系图

4）温度与燃烧时间的影响

研究结果表明,炉内温度越高,燃烧时间越长,产生烟尘越少。燃烧中产生的炭黑、炭和飞灰在离开燃烧室之前都是可以燃烧的。这些物质都是固体,燃烧在表面进行,它们的燃烧速率取决于氧气向表面的扩散速度和固体表面上进行的化学反应速度。如果这些微粒的粒径小、温度高,只要考虑化学反应就可以了。而对粒径较大的焦炭,扩散速度的影响就不能忽视。总之,这些物质的燃烧时间与粒子初始直径、温度水平以及氧浓度都有关。

5）惰性气体的影响

在燃烧用的空气中加入惰性气体时,烟尘浓度降低,如加入 CO_2 效果较好。图 3-31是烟尘浓度与加上惰性气体百分比的关系。图 3-31 中同时给出了加入 N_2 和 Ar 的效果。由图可知,加入 N_2 和 Ar 的效果比加上 CO_2 的效果更好。

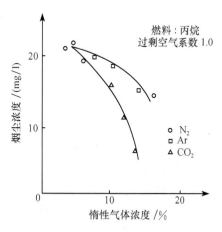

图 3-31　惰性气体对烟尘浓度的影响

3.5.2　控制烟尘的措施

1. 改进燃烧方式及改善燃烧过程

综上所述,烟尘的产生和燃烧品种、燃烧方式有密切关系。烟气中可燃物通过改进燃烧方式及进行合理的组织燃烧过程,大部分可以燃尽,这样既可减少炭黑对空气的污染,又可节约燃料。为此可采取下列措施:

（1）供给足够的空气,而燃烧温度又不能太低。选用合适的燃烧空气量十分重要,一般都采用过剩空气尽可能少的情况下进行燃烧。

（2）燃料和空气要在燃烧室内良好混合。燃料和空气的良好混合,是组织燃烧非常关键的一个环节,因此必须掌握好空气流动、燃料喷雾特性,使送风方式和燃料的供给相搭配,燃料和空气能充分地接触和混合。

（3）提高燃烧室的温度。提高燃烧温度对防止产生炭黑有显著的效果。从炭黑反应速度可知,温度从 1200℃提高到 1600℃时,燃烧速率可增加 15 倍。如果在1200℃时烧掉炭黑需要 0.1s,则在 1600℃时只需不到 0.01s 就可以了。因此,预热空气、保持炉膛温度、保证有足够的燃烧时间与空间,都可以减少炭黑的生成。

2. 加装除尘装置

各种工业锅炉即使达到了完全燃烧,烟气中仍会有大量飞灰,因此要满足烟气排放标准要求,一般都需要进行除尘。目前,在中小型锅炉上较广泛使用的除尘装置是各种旋风除尘器,其工作性能和范围见表 3-16。

表 3-16　锅炉烟气除尘器的技术性能

除尘器形式	选用范围		除尘效率/%	烟气阻力/Pa	烟气流速/(m/s)
	有效补集粒径/μm	含尘浓度/(g/m³)			
重力沉降法(干法)	＞50		50～60	94～147	0.5～0.7
水浴除尘器			～85	147～196	8～15
电除尘器	0.01～100	7～30	95～99	98～196	0.5～1.5
袋滤器	＞0.3	3～20	95～99	980～1960	0.5～2.0

传统除尘机理是除尘技术的基础,主要有质量力除尘、水滴(雾)除尘、电力除尘,根据这些除尘机理,我们可以把传统除尘设备主要分为机械式除尘器、湿式除尘器、电除尘器等。

1) 机械式除尘器

机械式除尘器是利用质量力(重力、离心力等)的作用使含尘气体中的颗粒物与气流分离并捕集的装置。包括重力沉降室、惯性除尘器和旋风除尘器三种形式。其结构原理如图 3-32 所示。

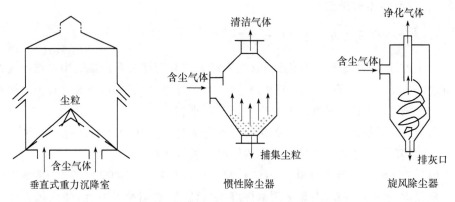

图 3-32　重力沉降室、惯性除尘器和旋风除尘器的结构原理图

重力沉降室[24]是利用除尘器通道截面积的突然扩大、气流速度降低的原理,使气体中的粉尘颗粒在自身重力作用下沉降以实现气固分离。在重力沉降室中比较常用的设备是水平气流沉降室,其中又包括单层重力沉降室和多层重力沉降室这两种类型;惯性除尘器利用含尘气流冲击挡板时产生的惯性力原理使尘粒沉降而分离出来;而旋风除尘器利用含尘气流作旋转运动产生的离心力原理,将尘粒从气体中分离出来。

在工业上,常用的旋风除尘器按结构可以分为旁路式和扩散式,它具有占地面积小、设备结构紧凑的特点,适用于净化密度较大、粒度较粗的尘粒,特别适用于净化那些非纤维性粉尘及温度在 400℃ 以下的非腐蚀性气体。但是当旋风除尘器用于处理腐蚀性含尘气体时,需采取防腐措施。

随着科学技术的发展,人们通过对旋风分离器内气、固流动状况的剖析,针对影响旋风分离器效率的顶部上涡流和下部的二次带尘,影响动力消耗的进口膨胀损失和出口旋转摩擦等因素,对旋风除尘器进行了改进,这是为了消除因上涡流而引起粉尘从出口管短路逃逸的现象。60 多年前曾有位 Van Tongeren 先生提出了一个方法:在加旁室内及时引出增浓粉尘,我国的 C 型旋风除尘器、B 型旋风除尘器、英国的 Bull 型旋风除尘器等就属此类,并且这类旋风除尘器由于设置了灰尘隔离室,旁路式分离器比普通分离器的效率高了 5% 左右。另外,早在 1968 年的时候,国外就已经研制的一种具有反向碗及水滴体的直筒型旋风子,由于反向碗的屏挡护,加上水滴体又利用了内旋流的二次分离作用,从而增强了抗返混能力。在国内,时铭显等对导叶式直筒旋风子也进行了一系列的研究,为了改善底部气固流动状况提出了分离性能较好的排尘底板结构。

2) 湿式除尘器[24]

湿式除尘器依靠尘粒与水或水滴(雾)的碰撞凝聚,产生扩散、漂移、凝聚等作用,使废气中的尘粒能够分离,并且这种除尘器兼有吸收气态污染物的作用。

在湿式除尘器中,气体与液体的接触方式有两种:与预先分散(雾化或水膜)的水(液体)接触,或是气体冲击(液体)层时鼓泡,以形成细小水滴或水磨。对于 $1\mu m$ 以上的尘粒而言,尘粒与水滴碰撞效率取决于粒子的惯性。当气体与水滴有相对运动时,由于水滴的环绕气膜作用,当气体接近水滴时,气体流线将绕过水滴而改变流向,运动轨迹由直线变为曲线,而粒径和密度大的尘粒则力图保持原来的流线而与水滴相撞,尘粒与水滴相碰状接触后凝聚为大颗粒,并被水流带走,显然,与含尘气体的接触面积越多(水滴直径越小,水滴越多),碰撞凝集效率越高;当尘粒的密度、粒径以及相对速度越大,碰撞凝集效率越高;气体的黏性、水滴直径以及水的表面张力越大,碰撞凝集效果越低;其中,影响最大的是尘粒直径,当尘粒直径很小时,效率急剧下降。此外粉尘的性质(比如亲水性或者疏水性)对凝聚效率也有较大的影响。

当气体中含有冷凝性物质(主要是水分)时,由于含尘气体经过洗涤后可能达到露点以下,冷凝物质以尘粒为核心凝结,并覆盖于其表面上。当处理高温气体(尤其是含疏水性粉尘)时,可预先加湿含尘气体或喷入蒸汽,提高净化效率。

湿式除尘设备式样很多,目前国内常用的有低能除尘器和高能除尘器两种,而低能除尘器又包括水膜除尘器、喷淋塔、冲击式除尘器等类型,高能除尘器主要是高能文氏管除尘器。低能除尘器和高能文氏管除尘器的结构原理如图 3-33 所示。净化的气体从湿式除尘器排出时,一般都带有水滴。为了去除这部分水滴,在湿式除尘器后都附有脱水装置。

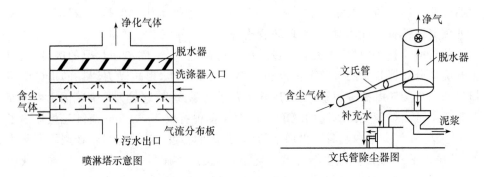

图 3-33　湿式除尘器机构示意图

　　在湿式除尘器运行的过程中,应该定期检查其喷嘴,及时清洗以防止喷嘴堵塞,对磨损严重的部位要及时修补更换,因为只有这样才能保证最佳供水条件,让气体得到充分喷淋。防止气体和喷淋泄漏,保证整个系统完好。及时清理设备淤积物、粘附物,保证水装置正常工作,使气体充分脱水后排出。

　　3）电除尘器[28~30]

　　电除尘器是一种高效除尘装置,其除尘效率可达到 99%,它的工作原理是利用静电力来使气体中的固体粒子或液体粒子与气流充分分离,并且电除尘器已经广泛的应用于冶金、化工、水泥、火电站以及轻工等行业。与其他除尘机理相比,电除尘过程的分离力直接作用于粒子上,而不是作用于整个气流上。它具有除尘效率高、能耗低、气流阻力小、耐高温、处理烟气量大、可捕集亚微米级粒子、实现微机控制和远距离操作等优点。但是其主要的缺点是一次性投资费用高,占地面积较大,除尘效率受粉尘比电阻等限制,不适宜直接净化高浓度含尘气体。

　　电除尘器的种类也很多,到目前为止应用较多的有以下几种:

　　（1）旋风电除尘器。其基本原理是在旋风分离器中增加高压电场,当含尘烟气通过时,尘粒受到静电力和离心力的作用而分离出来,这样就可以达到净化烟气的目的,它的主要特点是将旋风除尘和电除尘的优点有机结合起来。

　　（2）屋顶电除尘器。主要是针对钢铁工业转炉车间内的二次烟尘长期没有得到有效治理而提出来的。

　　（3）电-袋混合除尘技术。目前,火力发电已成为电除尘器应用的最大行业。由于电除尘器的除尘效率对粉尘性状的影响比较敏感,部分企业转而采用袋式除尘器以取代电除尘器。但是袋式除尘器占地面积大、不能处理高温烟气,这严重地制约了它在更大工业规模上的应用,所以电-袋混合除尘技术应运而生。电-袋混合除尘技术是将电除尘器与袋式除尘器进行有机地组合布置,采用袋式除尘器改善电除尘器性能的组合式装置。这种新组合式装置综合了传统的电除尘和袋式除尘技术的优点(图 3-34)。

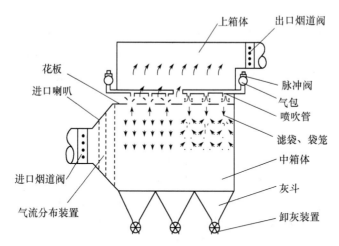

图 3-34　直通均流式设备结构原理图

（4）高频高压电源技术。高频高压电源是一个与供电电源线路频率无关的可变脉动电源,为电除尘器提供一个接近于从纯直流方式到脉动幅度很大的各种电压波形,其恒流特性可以迅速地熄灭火花并快速恢复电场能量,因而可以针对特定的工况提供最合适的电压波形来提高电除尘器的除尘效率。采用高频高压开关电源可以大幅度地提高电除尘器捕集中、低比电阻粉尘的效率,很好地消除高比电阻粉尘的反电晕现象。而且相对于常规的可控硅电源其控制电路和高频高压开关电源的操作更为简单、可靠。

3.5.3　工业锅炉炉窑的消尘除尘

工业锅炉的烟尘治理,主要是进行除尘和脱硫,影响其效果的因素很多,主要有以下几个方面[31,32]。

1. 燃用煤种的影响

许多工业锅炉的使用企业和单位按锅炉设计煤种中的有关数据选配脱硫除尘设备,效果很不理想,应该依据实际使用燃料的燃烧特性进行选择。

2. 排尘浓度的影响

工业锅炉不同的燃烧方式产生的烟尘量大不相同。即使在同一燃烧方式下,由于燃用煤种的不同和工作负荷的变化,排尘浓度也会有很大幅度的变化。因此不能简单地依据工业锅炉的设计资料,一定要测试现场排尘浓度值,才能准确地计算工业锅炉的实际排尘量。

3. 烟尘分散度的影响

工业锅炉排放烟尘的粒径范围在 $3 \sim 500 \mu m$。烟尘颗粒越细就越难从烟气中分离出来。由于工业锅炉燃烧方式不同,其烟尘的分散度也不同。只有正确合理地评价工业锅炉的烟尘分散度,才能保证选用工业锅炉脱硫除尘设备的经济性和合理性。

4. 烟气阻力的影响

工业锅炉脱硫除尘设备工作过程中,如果烟气流动阻力太大,将会造成风机烟气流量减少,锅炉出现正压燃烧;如果烟气流动阻力太小,脱硫除尘设备的结构则可能简单,效果就不会理想。因此,选用工业锅炉的脱硫除尘设备时,应计算实际烟气流动阻力,选择烟气流动阻力适当的脱硫除尘设备。

5. 烟气流速的影响

研究证明,烟气通过工业锅炉脱硫除尘设备时,在特定流速下,设备的脱硫除尘效果最佳。不同的脱硫除尘设备,对应最佳脱硫除尘效果的特定流速不同。

参 考 文 献

[1] 席胜伟.大气污染危害性分析及治理途径.科技情报开发与经济,2006,(12)

[2] 赵坚行.热动力装置的排气污染与噪声.北京:科学出版社,1995

[3] 王鲜先,韦玉良.我国城市大气污染及其防治对策.内蒙古环境保护,2006,18(1)

[4] 杨冬,路春美,王永征等.不同煤种燃烧中 NO_x 排放规律的试验研究.华东电力,2006,34(6):9~11

[5] Turner D B. Workbook of Atmosphere Dispersion Estimates(中译本:大气扩散估算手册.北京:科学技术文献出版社,1978)

[6] Blair D W et al. Evolution of Nitrogen and other Species during Controlled Pyrolysis of Coal. Sixteenth Symposium(Int.)on Combusion,1977. 475

[7] Pohl J H,Sarofirm A F. Devolatization and Oxidation of Coal Nitrogen. Sixteenth Symposium(Int.)on Combusion,The Combusion Institute,1977. 491

[8] Wang Xue-dong,Luan Tao,Cheng Lin et al. Research of boiler combustion regulation for reducing NO_x emission and its effect on boiler efficiency. Journal of Thermal Science,2007,16(3)

[9] 岑可法等.高等燃烧学.杭州:浙江大学出版社,2000

[10] 李芳,毕明树.燃煤过程中 NO_x 的生成机理及控制技术.工业锅炉,2005,(6):32~35

[11] 毕玉森,陈国辉.控制电厂锅炉 NO_x 排放的对策和建议.中国电力,2004,37(6):37~41

[12] 付国民.煤燃烧过程中 NO_x 的形成机理及控制技术.能源环境保护,2005,19(3):1~4

[13] 安恩科,史萌,朱基木.电站锅炉高效超低 NO_x 排放控制技术.锅炉技术,2006,37(2):

71～75

[14]　童艳,孙博.低 NO$_x$ 旋流燃烧器的研究进展.节能,2005,(8):11～15

[15]　秦裕琨,李争起.旋流煤粉燃烧技术的发展.热能动力工程,1997,(7):241～244

[16]　刘建忠,姚强,曹欣玉,岑可法.可控煤粉浓淡旋流燃烧器着火稳燃的简化模型及其在旋流回流区中的应用.中国电机工程学报,1999,19(10)

[17]　张海飞,张薇.煤粉燃烧技术新发展概述.工业炉,2004,26(2):14～17

[18]　徐谷衡,蒋君衍,张鹤声.煤催化着火机理.同济大学学报,1993,21(3):409～420

[19]　谭志诚.热重法研究煤燃烧添加剂的催化助燃效果及作用机理.催化学报,1999,20(3):263～266

[20]　何宏舟,邹峥.燃煤锅炉产生 SO$_x$ 的防范技术.集美大学学报(自然科学版),2001,6(4)

[21]　周桂铨.煤炭脱硫技术和环境保护.矿业快报,2006,(7):16～18

[22]　姜彦立,周新华,郝宇.国内外燃煤脱硫技术的研究进展.矿业快报,2007,(1):7～9

[23]　姜秀民,刘辉,闫澈等.超细煤粉 NO$_x$ 和 SO$_2$ 排放特性与燃烧特性.化工学报,2004,55(5)

[24]　邢宝英.收尘器技术进展.中国水泥.2003,(1):66～70

[25]　余江,陈攀江,龙炳清等.燃煤烟气中 SO$_2$ 治理方法综述.地质灾害与环境保护,2001,12(2)

[26]　沈伯雄,姚强,徐旭常.基于流态化的半干法烟气脱硫技术.煤炭转化,2002,25(2):14～16

[27]　刘伟军,马其良.SO$_x$ 污染控制技术的现状与发展.能源研究与信息,2003,19(1):1～9

[28]　俞群.电除尘器技术发展现状及新技术简介.硫磷设计与粉体工程,2006,(5):10～12

[29]　吴惠丰.电除尘器的节能设计和应用.上海节能,2005,(5):17～20

[30]　高建兵.电除尘器技术进展.维纶通讯,2008,28(2):27～30

[31]　杨磊.主要工业粉尘的状况及控制方法.太原工学院学报,2003,(3):69～72

[32]　李满昌.除尘设备的使用与维护.黑龙江生态工程职业学院学报,2007

第4章　内燃机的排放与控制

目前广泛使用的内燃机有两种：一种是四冲程循环电火花点火的点燃式内燃机，又称为汽油机，常用于轿车和轻型卡车；另一种是四冲程和二冲程循环压燃点火的压燃式内燃机，一般称为柴油机，它用于大型卡车、公共汽车、内燃机车和船舶等。现在城市中主要污染源来自汽车和卡车用的点燃式内燃机。

汽车排放的污染物主要由一氧化碳（CO）、未燃碳氢化合物（HC）和氮氧化物（NO_x）等组成，其中氧化氮（NO 和 NO_2）主要来自发动机排气，而曲轴箱排放、油箱和化油器排放（又称为蒸发排放）是未燃碳氢化合物（HC）的主要来源。汽车污染的来源和污染物种类见图 4-1[1]。由图可知，汽油机排气污染物主要是从排气管排出，排放污染物占汽油机总排放量约 65%，其主要污染成分为 NO_x、CO 和 HC等；由曲轴箱通风口排入大气中主要成分为 HC 的燃料蒸气，占总排放量约 20%；通过油箱通气口排入大气中燃料蒸气（HC）约占 5%；化油器蒸发和泄漏排入大气中燃料蒸气（HC）占 5%～10%。表 4-1 概括了汽车对城市污染的概况。由表可知，排气污染占汽车对大气污染的 65%～85%。由于汽车数量的剧增，汽车排放污染物对大气污染越来越令人注目，因此控制汽油机排放对防治城市空气污染显得更为重要。

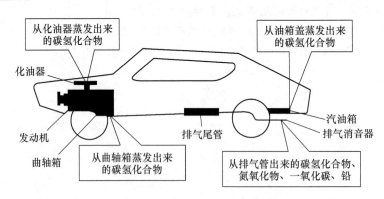

从化油器蒸发出来的碳氢化合物
从油箱盖蒸发出来的碳氢化合物
化油器
发动机
曲轴箱
从曲轴箱蒸发出来的碳氢化合物
排气尾管
汽油箱
排气消音器
从排气管出来的碳氢化合物、氮氧化物、一氧化碳、铅

图 4-1　汽车污染物的来源和污染物种类

碳氢燃料完全燃烧时，其生成物是二氧化碳和水蒸气。可是，内燃机在其燃烧条件下很难实现完全燃烧。其燃烧产物中除了 CO_2 和 H_2O 以外，还产生了其他产物，如 CO、H_2，未燃烧碳氢化合物（HC）微粒，部分氧化的烃类以及氮氧化物（NO_x）等。排气成分不仅涉及内燃机动力性能、经济性能的好坏，而且随着

表 4-1　汽车对城市空气的污染概况

污　染	影　响	排放源	汽车排放/(g/min)		汽车排放源总排放比例/%
			未控制车辆	新车型	
氧化氮 （NO 和 NO_2）	光化学烟雾成分 （其中 NO_2 有毒）	排气	4	3	65～85
一氧化碳（CO）	有毒	排气	90	15	90
未燃碳氢化合物 （HC,许多碳氢化合物）	光化学烟雾反应物	排气 蒸发 曲轴箱	9 3 4	1.5 2 0	60～80

内燃机的广泛应用,其排气中有害成分对环境的污染也日益严重,因此有必要开展对内燃机排气中污染成分的生成机理及其控制技术的研究。

内燃机的排放污染物浓度通常用三种方法来表示:其一是排气中气态污染成分的浓度常用 ppm 或%表示。其二是用每千瓦小时产生的污染物质克数[g/(kW·h)]表示。对于车用内燃机的污染物含量,也可用每公里（或每小时）排放污染物克数(g/km)或(g/h)来表示。其三是微粒的浓度可用 mg/m³、mg/kg 和 mg/L 来计量。

4.1　汽油机污染物的排放及控制

随着世界各国经济迅速发展,城市大气环境污染变得越加严重,在大中型城市中导致低层大气污染的是以机动车为主要的污染源。而在城市中汽油机车数量大,并多数密集于人口稠密的区域。相同排量时汽油机排出的污染物在所有工况下均比柴油机的大(表 4-2),因此有必要采取一系列措施来改善和控制汽油机的排放,要比柴油机更为重要。

表 4-2　相同排量的汽车用汽油机和柴油机排放污染物的比较（均采用控制污染措施）

	怠　转		加　速		中等车速		减　速	
	ppm	g/h	ppm	g/h	ppm	g/h	ppm	g/h
HC(按 CH_3 计算)								
汽油机	10000	68	6000	645	5000	127	30000	208
柴油机	1500	38.5	1000	109	800	635	1500	109
NO_x(按 NO_2 计算)								
汽油机	30	0.68	1200	417	650	545	30	0.68
柴油机	60	5	850	295	240	59	30	0.68
CO(占排气总量%)								
汽油机	9.5		10		12.5		9.5	
柴油机	0.4		0.2		0.03			

4.1.1　汽车排放标准

1. 美国排放标准

自 20 世纪 60 年代以来由于汽车尾气引起的空气污染日益严重,在工业与交通运输发达的国家更是如此。许多国家纷纷通过制定限制汽车排放法规来抑制这一现象。为此美国于 60 年代中期开始实施汽车排放标准,1996 年对汽油车尾气排放控制的限制与未控制的 1970 年前相比,汽车的 CO、HC 和 NO_x 排放量分别降低了 96%、98%、90%,美国联邦轻型汽车排放标准见表 4-3,由表可知排放标准越来越严格,美国联邦政府制定的汽车排放法规在各州都是强制实施。

表 4-3　美国联邦轻型汽车排放标准　　　　单位:g/mile

年　限	HC	CO	NO_x
～1970	10.6	84	4.1
1971～1972	4.1	34	—
1973～1974	3.0	28	3.1
1975～1980	1.5	15	3.1
1981～1994	0.41	3.4	1.0
1995～2005	0.25	3.4	0.4
2005～	0.125	1.7	0.2

注:1mile=1.609km。

2. 欧洲排放法规

1974 年欧洲出现怠速排放综合法规 ECE R15,以后每 3～4 年修订加严一次,至 1984 年修订为 ECE R15-04,1989 年又制定了 ECE R83-00 法规,1991 年将其修订为 ECE R83-01,并从 1992 年 7 月起在欧共体成员国内强制实施,欧洲联盟轻型汽车的排放标准见表 4-4[2]。

表 4-4　欧洲联盟轻型汽车的排放标准　　　　单位:g/km

法　规	生效日期	CO	HC+NO_x	法　规	生效日期	CO	HC	NO_x
欧洲Ⅰ	1992	2.72	0.97	欧洲Ⅲ	2000	2.0	0.2	0.15
欧洲Ⅱ	1995	2.2	0.5	欧洲Ⅳ	2005	1.3	0.1	0.08

由表 4.4 可知,欧洲对排放控制越来越严,欧盟在 2005 年 1 月 1 日推行了欧Ⅳ排放标准之后不久,2006 年 12 月 13 日,欧洲议会又通过了新的汽车排放标准——欧Ⅴ和欧Ⅵ标准,欧盟将进一步提高对于汽车排放量的限制,尤其是粉尘颗粒和氮氧化物的排放,欧Ⅴ标准主要针对柴油和汽油轿车及轻型商用卡车,而欧Ⅵ标准单独针对柴油轿车。

3. 我国汽车排放法规

自 2003 年起,我国已成为世界汽车第四大生产国和第三大消费国,进一步控制汽车尾气排放,不断健全和完善汽车排放标准将关系到我国汽车工业是否能迅速健康的发展,以及对大气环境的保护。为了防治汽油机车排气对大气的污染,我国于 1983 年颁布了《汽油车怠速污染物排放标准》(GB 3842—83)。此标准规定了不同类别的车用汽油机的 CO 和 HC 排放限制值,适用于装有四冲程汽油机的新生产车及在用车。此后国家环保总局根据我国国情对已颁布的标准不断加以完善与修订,如 1993 年颁布了《车用汽油机排气污染物排放标准》(GB 14761.2—93)等一系列汽车排放标准,1999 年又对 1993 年颁布的汽车排放标准进行了修订。其中车用汽油机怠速污染物排放限制值见表 4-5。

表 4-5　车用汽油车怠速污染物排放标准(1995 年 7 月 1 日起实施)

项　　目	CO(体积分数)[②]		HC(按正己烷当量体积分数)	
车别和车型	轻型车	重型车	轻型车	重型车
定型汽车	0.030	0.035	6×10^{-4}	9×10^{-4}
新生产汽车	0.035	0.040	7×10^{-4}	1×10^{-3}
在用汽车[①]	0.045	0.045	9×10^{-4}	9×10^{-3}

注:① 指实施日起生产的汽车。
　　② 北京市地方标准 DB11/044—1994 规定,高怠速体积分数对新生产汽车为 0.020,在用汽车为 0.025。

为了监控发动机状况变化造成的汽车排放恶化,近年来世界各国普遍采用了双怠速测量,其测量方法已由国际标准化组织在 ISO3929 标准中作了规定。汽油机由怠速工况加速至 70% 额定转速 n_p,维持 60s 后降至高怠速(即 $50\%n_p$)进行排放测量,然后再进行怠速排放测量。我国于 2000 年发布了《在用汽车排气污染物限值及测试方法》,规定了双怠速试验排气污染物的限制值(表 4-6)。

表 4-6　汽油汽车双怠车速试验排气污染物标准(GB 18285—2000)

车辆类型	怠　速		高怠速	
	CO/%(体积分数)	HC/ppm(体积分数)	CO/%(体积分数)	HC/ppm(体积分数)
2001.1.1 以后上牌照的 M_1 类[①]车辆	0.8	150	0.3	100
2001.1.1 以后上牌照的 N_1 类[②]车辆	1.0	200	0.5	150

注:① M_1 类指车辆设计乘车人数(含驾驶员)≤6 人,且车辆最大总质量≤2500kg。
　　② N_1 类指车辆设计乘车人数(含驾驶员)>6 人,且车辆最大总质量>2500kg,但是≤3500kg。

随着汽车数量的不断增加,我国逐步严格汽车排放法规,分别于 2001 年 4 月 16 日和 2004 年 7 月 1 日起实施了相当于欧Ⅰ和欧Ⅱ排放标准的《轻型汽车污染物排放限值及测量方法(Ⅰ)(Ⅱ)》(GB 18352.1—2001,GB 18352.2—2001),2005年4月15日我国又颁布国Ⅲ标准,即国标 GB 16352.3—2005《轻型汽车污染物排放限值及测量方法(中国Ⅲ、Ⅳ阶段)》,该标准要求 2007 年 7 月 1 日在全国实施,自实施之日起代替 GB 18352.2—2001(即国Ⅱ标准)。国Ⅲ标准与国Ⅱ标准相比,首先增加了低温(-7℃)冷启动后排气中 CO 和 HC 排放试验、双急速试验、车载诊断(OBD)系统及其功能等检测项目;其次,严格了排放限值;再次,改变了Ⅰ型试验的试验规程(见表 4-7)。要满足国Ⅱ标准,轻型车只需加装三元催化转换器并进行发动机的改进;而要达到国Ⅲ标准,则需要更多的排放控制技术,如采用更好的催化转换器活性层、催化剂加热、二次空气喷射、带有冷却装置的废气再循环系统及优化的燃烧室涡流形成等。显然,与国Ⅱ标准相比,国Ⅲ标准的排放控制技术要复杂而困难得多[1]。

表 4-7　国Ⅱ标准与国Ⅲ标准排放检测项目比较[1]

		国Ⅱ标准		国Ⅲ标准	
Ⅰ型试验测试循环		发动机启动 40s 后开始检测		发动机启动后即开始检测	
		汽油机	柴油机	汽油机	柴油机
排放限值 (乘用车) /(g/km)	CO	2.2	1.0	2.3	0.64
	HC+NO$_x$	0.5	0.7/0.9	—	0.56
	HC	—	—	0.20	—
	NO$_x$	—	—	0.15	0.5
	PM	—	0.08/0.1	—	0.05
双急速试验(只用于汽油车)				测定双急速的 CO、 HC 和高急速的 λ 值	
燃油蒸发排放(只用于汽油车)		1h 昼间换气损失, 1h 热浸损失		24h 昼间换气损失, 1h 热浸损失	
低温排放(只用于汽油车)		—		在 -7℃ 和市区运转循环 工况下的 HC、CO 排放	
车载诊断系统(OBD)		—		电控车载诊断系统(EOBD)	
耐久性要求		80000km		80000km	
在用车排放检测				行驶里程超过 15000km, 低于 80000km 的车辆	

4.1.2　点燃式内燃机燃烧过程中污染物的形成

通常内燃机排气污染物的形成与其燃烧过程有关。图 4-2 为点燃式四冲程发动机排气污染物的生成过程。由图可知,内燃机的燃烧过程可分为三个阶段。

第一阶段:活塞上升压缩可燃混合气体,当活塞靠近气缸顶部或达到冲程顶点时,火花塞发火点燃可燃气混合物,火焰在气缸中传播。当火焰靠近较冷的气缸壁时,火焰被淬熄。在气缸壁上和活塞环上面的气缸壁和活塞之间的缝隙中留下一

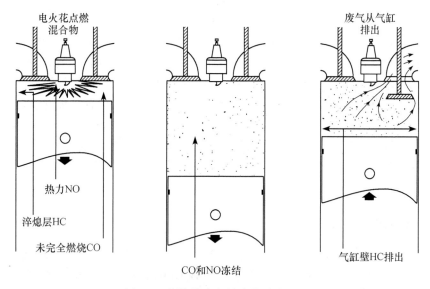

图 4-2　污染物在气缸中的形成过程

薄层未燃烧的混合物,通常称这种现象为壁淬熄。在火焰传播时,热的燃烧气体中由于高温,N_2 和 O_2 化学反应生成 NO;与此同时,在气缸内高温使部分完全燃烧产物如 CO_2 发生分解,产生 CO。

第二阶段:由于燃烧产物膨胀,推动活塞向下并做功,截留在气缸壁四周和活塞环之间,以及活塞顶部隙缝中 HC 和燃烧产物被迅速冷却,导致温度下降,使得产生 NO 与 CO 的化学反应变得缓慢,但是这些污染物浓度大大超过了按化学平衡计算得到的浓度值。

第三阶段:在活塞上升时排气阀打开,从气缸中排出包含 NO 和 CO 等污染物的燃烧产物,同时也排出部分附在气缸壁面上淬熄层内未燃碳氢化合物 HC。

决定排放的最重要的发动机工作参数之一是燃料-空气当量比 ϕ(实际油气比/化学恰当油气比)。图 4-3 定性地表示了 NO、CO 和 HC 的排放随 ϕ 的变化趋势。一般点燃式内燃机常在接近化学恰当比或富燃料下工作,以保证发动机平稳并可靠地工作,此时,NO 排放量最大,而 HC 和 CO 较少,随着混合气体变贫,产生污染物 NO 减少,但是如果混合气体过

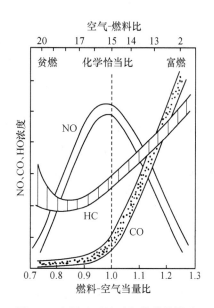

图 4-3　空燃比对汽油机排放的影响

贫,当空燃比超过 17 时,混合气体就不能点火,以致大量燃料未经燃烧而流过,因而 HC 迅速增加,发动机工作不稳定。对于一台未启动的冷发动机,因系统温度低,燃料的蒸发速度又较慢,要顺利启动,必须通过调节阀增加供油量,使在火花塞附近提供易燃的富燃料混合气体。当着火后,发动机被加热,排气阀门打开时,排出废气中 CO 和 HC 含量相当高。在巡航状态下,采用较贫混合气体燃烧,使其产生 HC 和 CO 较少,NO 适中。但是发动机为最大功率时要求混合气体的空燃比为化学恰当比,此时 NO 含量达到最大值。可见要降低和控制这三种污染物相当复杂和困难。

4.1.3　汽油机污染物生成机理

1. 氧化氮的生成

由于汽油中基本上不含氮的成分,NO_x 的生成主要来源于燃烧所用的空气中的 N_2 和 O_2,在高温下生成“热力”NO_x。尽管氧化氮 NO_x 是由 NO 和 NO_2 组成的,但大量实验数据证明,在内燃机燃烧过程中高温有利于 NO 的生成。NO 在火焰温度下形成后,当燃烧气体冷却时基本上“冻结”,接着在较低的温度下,少量的 NO 可能被燃烧气体中过量的 O_2 氧化并生成 NO_2。此反应速度随着温度降低而加快,但它还依赖于 NO 浓度的平方,而 NO 浓度随着燃烧气体与空气的混合很快减小,因此从燃烧过程排放的 NO_x 中,95％以上可能是 NO,其余的是 NO_2,在已燃和正在燃烧的气体中都存在 NO。根据 Zeldovich 提出的 NO 生成机理,得出的汽车发动机 NO 生成模型中包括最重要的化学反应为

$$N + NO \underset{}{\overset{k_1}{\rightleftharpoons}} N_2 + O + 75000 \tag{4-1}$$

$$N + O_2 \underset{}{\overset{k_2}{\rightleftharpoons}} NO + O + 31800 \tag{4-2}$$

$$N + OH \underset{}{\overset{k_3}{\rightleftharpoons}} NO + H + 49400 \tag{4-3}$$

式中,放热量的单位为 $cal/(g \cdot mol)$。反应(4-1)和(4-2)的逆反应活化能很大,因而导致 NO 生成率主要取决于温度,虽然 NO 可在火焰前锋内或焰锋后区域形成,但是对于点燃式内燃机来说,由于混合物燃烧后被压缩产生更高温度,焰锋后区生成 NO 显得更为重要。假设在已燃气体中 O、O_2、OH、H 和 N_2 已达到平衡浓度,N 处于稳定状态,则 NO 生成和分解速度方程为[3]

$$\frac{d[NO]}{dt} = \frac{2m_{NO}}{\rho}(1 - \alpha^2)\frac{R_1}{(1 + \alpha K)} \tag{4-4}$$

式中,[NO]为 NO 的质量分数,m_{NO} 为 NO 的分子量,ρ 为气体密度,$\alpha = [NO]/[NO]_e$,即 NO 浓度被平衡 NO 浓度除,$K = R_1/(R_2 + R_3)$,R_i 为在平衡条件下,$i = 1,2,3$ 时计算得到的反应 i 的正向反应速度。例如 $R_1 = k_1[NO]_e[N]_e$,如果反应(4-3)被忽略不计,方程(4-4)中 $K = R_1/R_2$。表 4-8 给出了贫燃料、化学恰当比、

富燃料混合物的 R_1、R_1/R_2 和 $R_1/(R_2+R_3)$ 的典型值。

表 4-8　R_1、R_1/R_2 和 $R_1/(R_2+R_3)$[①] 的典型值

当量比	R_1[②]	R_1/R_2	$R_1/(R_2+R_3)$
0.8	5.8×10^{-5}	1.2	0.33
1.0	2.8×10^{-5}	2.5	0.26
1.2	7.0×10^{-6}	9.1	0.14

注:① 压力为 10atm,温度为 2600K。
　　② 单位为 g·mol/(cm³·s)。

由于在点燃式内燃机条件下,ϕ 可以超过 1,忽略反应(4-3)可能影响 NO 浓度计算值,例如,$\phi=1.2$ 时,忽略反应(4-3),NO 浓度计算值增加 50%。

NO 的形成除了与温度有关,还与空燃比有关。由图 4-3 可知,当空燃比 α 在 15.5 左右时,可燃混合气体燃烧速度最快,循环温度最高,所以 NO_x 浓度最大,而当其空燃比 α 大于或小于上述值时,则 NO_x 生成反应分别受到氧的浓度和燃烧温度的限制,致使 NO_x 浓度相应降低。

此外,NO_x 浓度还与混合气体在高温下停留的时间有关,若在高温下停留时间越长,则 NO_x 的浓度越大。图 4-4 表示在不同的空燃比下点火提前角(BIDC)对 NO_x 生成率的影响。由图 4-4 可知,随着点火提前角的减小,由于最高燃烧温度的降低及燃气在高温下停留时间缩短,NO_x 生成率将随之减少。而且与富混合气体相比,在贫混合气体中,NO_x 生成率减少的效果更加明显,其原因是在富混合气体中,NO_x 基本上是在火焰初期的"瞬发"NO 反应中生成的,而在贫混合气体中,NO_x 主要是在火焰后期的已燃气体中产生的,NO 的生成速率较低,对温度依赖性很大。

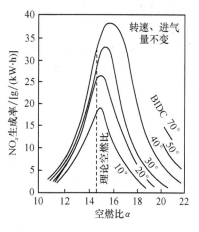

图 4-4　点火提前角对 NO_x
生成率的影响

总之,汽油机排气中 NO_x 的形成主要取决于火焰温度、火焰前锋中是否富氧以及高温停留时间的长短。凡是能够降低燃烧温度、减少火焰前锋中氧的浓度以及缩短高温停留时间的,均可降低 NO_x 的含量。通常,其措施有如下:

(1)降低最高燃烧温度的主要措施有降低压缩比、减小点火提前角、降低进气温度、降低转速(传热损失相对增大,紊流减弱)、降低进气压力(残余废气增多)、废气再循环、喷水或使用乳化油、使用过富或过贫的混合气体等。

(2)减少火焰前锋中氧的浓度的主要措施有应用富混合气体和采用分层充气燃烧方式等。

（3）使用三元催化净化技术，使排气中 NO_x 通过还原反应生成 N_2 和 O_2。

2. 一氧化碳的排放

常用的点燃式内燃机的 CO 是不完全燃烧产生的，它的排放浓度主要与燃料-空气当量比有关，其他因素影响不大。当量比对排气中 CO 排放量的影响如图 4-3 所示。排气中 CO 浓度因氧气不足，随着当量比增加而增加，而对于贫燃混合气体，CO 浓度随着当量比变化不大，其值数量级约为 10^{-3} 摩尔分数。但是，在所有当量比下，汽油机排气中 CO 的实际浓度都比相应排气温度、压力下平衡浓度要高，并且随着混合气体变贫其差值越大。其原因之一是混合气体不可能是完全均匀混合。在实际燃烧室内，混合气体的当量比以及残余废气的浓度都存在着差异，从而影响混合气体的燃烧性能，使 CO 的浓度增大，而且当混合气体的当量比越接近熄火边界，CO 的浓度增长越多；其次是位于燃烧室壁面附近的淬熄层内混合气体，因为受低温壁面淬熄作用的影响，火焰难于传播，燃烧不完全，致使 CO 浓度增大；再者是 CO 氧化反应速度较小，即使在膨胀过程中较高的温度条件下，部分 CO 也能保持高温"冻结"状态。虽然到目前为止对 CO 的排放机理还未完全了解，但可以初步认为，假设在火焰后燃烧产物中循环温度接近峰值（2800K）和压力为 $15\sim40atm$ 的条件下，碳-氧-氢系统达到平衡，这样 CO 也接近平衡，在碳氢化合物-空气火焰中 CO 的基本氧化反应为

$$CO + OH \rightleftharpoons CO_2 + H \tag{4-5}$$

由于此反应与燃烧产物的温度及冷却条件有关，在膨胀和排气过程中，反应（4-5）也可能不平衡。为此，Newhall[4] 假设气缸压力达到峰值时燃烧产物是均匀的且达到化学平衡，并对发动机膨胀行程进行一系列化学动力学计算，控制 CO 反应速度的化学反应中有三个原子基团合成反应较为重要：

$$H + H + M \rightleftharpoons H_2 + M, \quad H + OH + M \rightleftharpoons H_2O + M$$
$$H_2 + O + M \rightleftharpoons H_2O + M \tag{4-6}$$

这些双分子反应和 CO 的氧化反应（4-5）都进行得很快，以至于可以不断地平衡，仅仅在膨胀行程快结束阶段所预计的 CO 浓度偏离平衡值。实验研究进一步证实，对于富油混合气体排气中 CO 浓度实验值接近于局部平衡计算值；对于接近化学恰当比混合气体在平衡条件下预测的 CO 值与实验值基本相符，并略大于相应排气状况下 CO 的平衡浓度；对于贫燃混合气体 CO 浓度实验值明显地大于局部平衡条件下预测值，这可能是因为在燃烧室壁面火焰淬熄，燃烧不完全而产生 CO。此外，在排放过程中 HC 的局部氧化也可产生一部分 CO。

3. 未燃的碳氢化合物的排放

内燃机的未燃碳氢化合物 HC 的排放与发动机工作参数，例如，空燃比、点火

时间、压缩比、燃烧室几何形状、发动机转速等有关。其中空燃比是决定 HC 排放的最重要因素。发动机 HC 排放随空燃比的变化如图 4-3 所示。无论是贫燃混合气体还是富燃混合气体,HC 排放量都很高,只有当空燃比为 18 时,HC 的排放量才最小。当空燃比减小时,由于氧气不足,燃烧不完全,使未燃烧碳氢化合物生成量增加。如果混合气体过富,发热量增大,燃烧室内温度上升,有一部分不能和氧反应的碳氢燃料在高温下发生分解,生成各种分子量低的碳氢化合物分子。当混合气体变贫时,由于不完全燃烧,HC 排放量增加。如果空燃比较大时,在发动机膨胀过程中混合气体被冷却降温,火焰传播速度降低,碳氢燃料氧化速度缓慢,以致在燃烧反应停止之前,燃烧仍未完成,导致 HC 产生。当混合气体过贫时,混合气体就不能被点燃,使得大量燃料未经燃烧而流出。对于点燃式内燃机未燃 HC 的生成与排放有以下三个渠道:

1) 燃料的不完全燃烧

在急速及高负荷工况下,当混合气体过浓时,由于空气不足,燃烧不完全,排气中的浓度会上升;当混合气体过稀或缸内废气过多时,会出现火焰不能传播整个燃烧室,部分地区由于混合气体过稀或缸内废气过多而不能燃烧,出现混合气体淬熄,引起燃烧不完全,使 HC 排放剧增。

2) 壁面淬熄作用

在发动机正常工况下,HC 的主要来源是气缸壁的淬熄层和气缸壁面隙缝处(图 4-5)。

为什么在发动机正常工作时,气缸内气体完全燃烧情况下,还会有一些燃料在气缸中留下来而不完全燃烧呢? Daniel 等[5]用照相法发现靠近气缸壁面火焰亮度降低,火焰不能传播到靠近燃烧室壁 $0.005 \sim 0.03$cm 厚的混合物中出现壁淬熄,这是因为火焰传播到气缸壁附近,靠近壁面未燃混合气体向气缸冷壁面散热以及火焰中的活性自由基被破坏,燃烧反应链中断,使这薄层混合气体在还未完全燃烧之前就被熄灭,此层混合气体

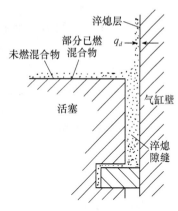

图 4-5 气缸内淬熄层和淬熄隙缝示意图

中燃料仅被加热但没有完全燃烧,形成未燃 HC,并残留在这层内,称此薄层为淬熄层。在点燃式内燃机排放物中某种典型的碳氢化合物成分示于表 4-9 中。这些不同的碳氢化合物其化学活泼性不相同,其中含烯烃和芳香烃成分高的燃料将产生较活泼的未燃 HC 的排放。

图 4-5 中淬熄层厚度 q_d 与淬熄发生时未燃混合气体压力 P 和温度 T_u 以及空燃比有关,它可用下式估计:

$$q_d = q_r (P_r/P)^a (T_r/T_u)^\beta \tag{4-7}$$

式中,$P_r = 287\text{psia}$,$T_r = 540°\text{R}(300\text{K})$,下标 r 代表参考条件。由 Daniel 给出 q_r、α、β 的值见表 4-10[6]。

表 4-9　排放 HC 成分及其化学活泼性

HC 种类	平均摩尔成分	化学活泼性
烷烃	0.44	0.16
烯烃	0.42	0.64
芳香烃	0.14	0.20
整体	1.00	1.00

表 4-10　淬熄层中 q_r、α、β 值

空 燃 比	$q_r/(10^{-3}\text{in})$	α	β
20	3.8	0.55	0.89
14.7	3.1	0.52	0.56
12.6	2.7	0.66	0.71

3) 狭缝效应

未燃碳氢化合物另一个来源是由于燃烧室隙缝太狭小,可燃混合气体挤入各隙缝中,因为这些小容积具有很大的表面与体积比,进入隙缝中的气体与温度相对较低的壁面通过热交换很快被冷却,使火焰传不进去,其中最重要的隙缝是活塞与第一个活塞环上面的气缸壁之间的隙缝,如图 4-5 所示。在隙缝入口,火焰被冷的壁面淬熄;在阀门周围,活塞表面与气缸头部之间隙缝淬熄大都被消除;在淬熄隙缝中形成未燃碳氢化合物,质量 m_{qc} 可由下式给出:

$$m_{qc} = V_{qc} F \rho_u(p, T_u)/(1 + F) \tag{4-8}$$

式中,V_{qc} 为淬熄隙缝的体积,F 为油气比,ρ_u 为在隙缝进口处发生火焰淬熄时的压力和温度下的可燃混合气体的密度。

Tabaczynski 等[7]概括了内燃机中未燃碳氢化合物的排放过程,如图 4-6 所示。当火焰在燃烧室内熄灭时形成三个不同的淬熄层(1～3)和一个淬熄隙缝(4)[图 4-6(a)],在膨胀行程的末尾,淬熄层扩张,在活塞顶部和气缸壁之间淬熄体积(4)中的气体膨胀,并且延伸到气缸壁,当排气阀门打开时[图 4-6(b)],靠近排气阀门头部和缸体壁间淬熄层内未燃碳氢化合物被气缸气体挟带而离开气缸,在排气行程中活塞向气缸上部运动,在气缸壁边界层中过剩的碳氢化合物卷成一个旋涡[图 4-6(c)]。图 4-7 表示活塞是在图左边的垂直面,当活塞向上升到达气缸壁时形成旋涡(或称滚涡),在典型发动机雷诺数下涡流尺寸是隙缝高度的几倍,这样接近排气行程的末尾,富 HC 涡流主要部分离开气缸。

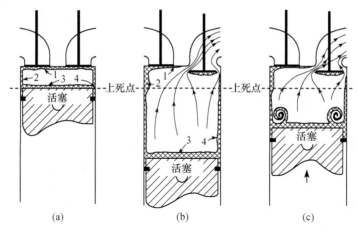

图 4-6　内燃机中碳氢化合物排放过程

图 4-8 为 Daniel 等实验测定的排放碳氢化合物浓度随曲轴转角的变化。当排气阀打开时，燃烧室开始排空，碳氢化合物的浓度很快下降到 100ppm，活塞上升，当它接近上死点顶部时，碳氢化合物浓度很快上升到 1200ppm，到达这一点后碳氢化合物浓度立刻降到 600ppm，起先碳氢化合物浓度低，最

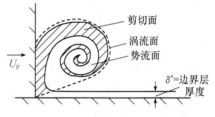

图 4-7　活塞刮过气缸壁时形成旋涡

有可能是由于气体选择性地从燃烧室中心排放。当活塞上升时，靠近气缸壁的气体排放比例上升，随之碳氢化合物浓度增加到 1200ppm；排气阀门刚好关闭时，碳氢化合物浓度从 1200ppm 降低到 600ppm，看来是接近排气行程末尾时反方向气流造成的。已排放的低碳氢化合物浓度的气体，通过离气缸排气阀 5cm 处的进气阀流回。

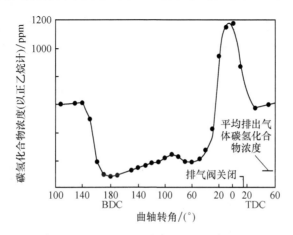

图 4-8　在排气阀下游 5cm 处碳氢化合物的浓度测量值随曲轴转角的变化

表 4-11 列出了发动机不同工况对 HC 排放的影响。由表可知,富燃料工况下排气中 HC 浓度最高,贫燃料工况下最低;关于淬熄层 HC 与隙缝中 HC 之比,对于富油最低(因为淬熄层最薄,而隙缝中燃油质量分数最高),而在贫油时正好相反;对于富油混合气体,随着火焰淬熄之后,HC 的氧化很少发生,但是对于贫油混合气体就有大量的氧化反应发生了。其结果,在贫油时 HC 排放最低。但必须注意,当混合物过贫时,发动机启动不起来或者在膨胀过程冷却气体和熄火之前火焰不能以足够快的速度传播来完成燃烧,使 HC 排放迅速增加。

表 4-11　在发动机贫油和富油工况下 HC 的排放[6]

空 燃 比	排气中 HC /ppm	HC%来自		HC% 气缸内反应	未反应 HC% 进入排气	反应 HC% 进入排气	HC% 进入大气
		淬熄	隙缝				
12.6	680	39	61	12	55	3	47
15.7	425	44	56	38	55	10	31
20.1	320	59	41	38	55	26	26

因此,发动机的设计和工作参数对 HC 排放的影响可以归纳为四个方面:①在燃烧室 HC 淬熄区形成;②在燃烧室内熄火后氧化;③HC 离开燃烧室的百分率;④在排气系统中氧化。表 4-12 列出了影响 HC 排放的各发动机的设计和工作参数。由表可知,HC 整个排放过程是非常复杂的。发动机设计和工作参数对 HC 排放的影响概述如下:

表 4-12　影响 HC 排放的发动机设计和工作参数[3]

1. HC 淬熄区形成	2. 燃烧室内熄火后氧化	3. 离开燃烧室的 HC 百分数	4. 排气系统中氧化作用
(a) 有效表面/体积比 i. 压缩比 ii. 燃烧室设计 iii. 点火时间 iv. 燃烧速率	(a) 与大量气体混合 i. 速度 ii. 进气道设计 iii. 燃烧室设计	(a) 发动机几何形状 i. 压缩比 ii. 燃烧室设计 iii. 气门重叠	(a) 氧的浓度 i. 混合比 ii. 在排气口空气喷入
(b) 淬熄层厚度 i. 混合比/EGR① ii. 负荷 iii. 壁面温度 iv. 壁面粗糙度 v. 沉淀 vi. 热量损失	(b) 氧的浓度 i. 混合比	(b) 工作参数 i. 负荷 ii. 排气压力 iii. 气流速度	(b) 排气温度 i. 压缩比 ii. 点火时间 iii. 负荷 iv. 混合比/EGR v. 燃烧速率
(c) 淬熄隙缝 i. 燃烧室设计 ii. 混合比/EGR① iii. 沉淀	(c) 在膨胀过程中平均气体温度 i. 压缩比 ii. 点火时间 iii. 负荷 iv. 混合比/EGR v. 燃烧速率	(c) 壁面温度	(c) 停留时间 i. 排气系统容积 ii. 排气流量 (d) 排气反应器 i. 热反应器 ii. 催化反应器

注:① EGR 为废气再循环率。

（1）空燃比。空燃比是影响 HC 排放的重要因素。空燃比增加，HC 排放减少。这是由于减少了隙缝中未燃烧的燃料，减少燃烧室中不反应的淬熄气体和隙缝气体，以及减少排气系统中不反应气体。

（2）燃烧室壁温。冷却水温的影响如图 4-9 所示，水温越高，HC 排放越少。

（3）燃烧室内沉淀物。如果炭及其他沉淀物固定在燃烧室壁面上，HC 就会增加，将其去除后烃就会减少。

（4）燃烧室表面积（S）与体积（V）之比。S/V 越大，淬熄层内混合气体所占的比例就越大，并且热损失也越大，因而燃烧气体温度降低，HC 就增加（图 4-10）。

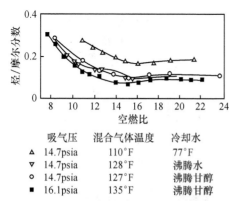

	吸气压	混合气体温度	冷却水
△	14.7psia	110°F	77°F
▽	14.7psia	128°F	沸腾水
○	14.7psia	127°F	沸腾甘醇
■	16.1psia	135°F	沸腾甘醇

图 4-9　冷却水温、空燃比及烃排放浓度

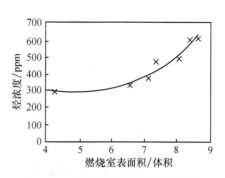

图 4-10　燃烧室表面积（S）/体积（V）对烃排放的影响

另外，在燃烧室壁面的微小凹处以及活塞的顶部台肩（位于第一活塞环上的圆筒面）附近，也由于 S 增加而出现火焰淬熄现象，HC 增加。

（5）发动机转数。如图 4-11 所示，对烃的排出浓度影响较大，这是由于气缸内混合气体紊乱，废气温度上升等原因造成的。

（6）点火时间。如图 4-12 所示，如果点火时间推迟，烃就会减少，这是由于废气温度上升，促进 HC 氧化的缘故。

（7）压缩比。如图 4-13 所示，HC 浓度随压缩比的增大而增加。

（8）气门重叠。由于新混合气体直通而使烃浓度增加。

表 4-13 列出了设计发动机时各种因素对排气中烃浓度的影响程度。

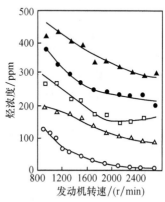

空燃比	点火提前角（°BIDC）
□	15.5	20
○	18.0	2
△	18.0	38
●	12.5	2
▲	12.5	38

图 4-11　发动机转速与烃的排放浓度

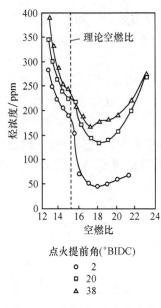

点火提前角(°BIDC)

○　　2
□　　20
△　　38

图 4-12　空燃比、点火提前角
与烃的排放浓度

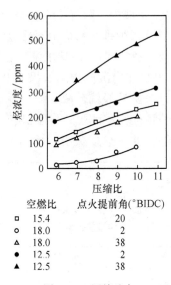

空燃比	点火提前角(°BIDC)
□　15.4	20
○　18.0	2
△　18.0	38
●　12.5	2
▲　12.5	38

图 4-13　压缩比与
烃的排放浓度

表 4-13　对汽油机排气中烃浓度有影响的因素及其影响程度

因　　素	影响程度
使用贫油混合比	减少—影响程度 大
点火时间推延	减少—影响程度 大
燃烧室表面积与体积比减少	减少—影响程度 中
去除燃烧室中的沉淀物	减少—影响程度 中
发动机转速增大	减少—影响程度 中
发动机负荷增大	减少—影响程度 小
冷却水温增大	减少—影响程度 小
发动机反压增大	减少—影响程度 小

4.1.4　汽油机排放控制技术

　　改善汽油机的排放特性,实质上就是控制汽油机的污染排放,其基本原则是:合理地组织燃烧过程,控制汽油机的混合气体浓度及其均匀性,降低污染成分的生成率;对排气进行后处理,减少污染物排放浓度。汽油机的排放控制技术可分为三类:①机内净化技术,它以改进发动机气缸内的燃烧过程为核心;②排放后处理技术,即在尾气排放系统中利用化学或物理的方法对已生成的有害排放物进行净化;③非尾气污染控制技术,即对由发动机曲轴箱和供油系统产生的有害排放物进行净化。其中后两类技术统称为机外净化技术。

1. 汽油机机内净化技术

机内净化技术是控制汽油机排放的主要方法之一,由于混合气体形成和燃烧过程对污染物排放有着直接的联系,机内净化技术是对那些与混合气体形成和燃烧影响大的因素进行最佳调整与控制。下面对几种很有发展前途的机内净化方法,如电子燃油喷射、可变气门机构、废气再循环、改进点火系统以及燃烧系统优化设计等做简要介绍。

1) 电子燃油喷射(electronic fuel injection,EFI)

为了适应汽车排放标准,电子燃油喷射系统已在汽车发动机上得到广泛的应用,该系统与化油器相比,具有以下优点:①满足发动机各种工况对空燃比和点火提前角的不同要求;②各缸混合气体分配均匀性好(多点电喷汽油机);③没有化油器中的狭窄喉管,减少了节流损失,提高了进气密度,改善了充气效率;④具有良好的瞬态响应特性,改善了汽车的加速性;⑤由于采用压力喷射,汽油雾化质量比化油器大为改善,有利于快速和完全燃烧。

EFI 系统最主要的控制功能是对喷油、点火和怠速进行控制。喷油控制又分喷油时间和喷油量(空燃比)的控制。该系统可利用传感器检测发动机的各种状态,经微机判断、计算,使发动机在不同工况下均能获得合适空燃比的混合气体,从而使污染物排放降到最低。

电子燃油喷射主要有单点喷射(single point injection)和多点喷射(multi-point injection)两种形式,控制模式可分为开环控制和闭环控制两种。当进行开环控制时,汽油机电控单元根据发动机各传感器送来的信号,按照事先标定好的数据控制燃油喷射的时间和数量;闭环控制实际上是一种反馈控制,按该控制,汽油机的电控单元可根据 O_2 传感器实测到排气中氧的含量来判断需增大或减少喷油量,精确控制空燃比,从而限制了排气中有害气体的排放。由于开环与闭环控制各有特点,现代发动机的电控制系统大都同时采用两种控制方式,把开环控制作为基本控制手段,而把闭环控制作为精确控制手段,两种系统相互协调配合工作。

因 EFI 可根据每一工况的需要,改善喷油定时,以便在低油耗下降低 NO_x 的排放,目前已成为控制汽车排放污染物的一种有效措施。自 1995 年以来,国外汽油机几乎 100% 采用 EFI 系统,而其中绝大多数是多点电喷汽油车。目前,我国已停止生产化油器式汽油车。

2) 可变气门机构(variable valve actuation)

可变气门技术是改善传统汽油机经济性,提高动力性和降低排放的最为有效技术措施之一[8],可变气门是指通过凸轮轴来改变气门的升程和相对于点火的气门开闭时间。通常,可变气门机构可分成变化气门正时的相位和变化气门升程等两类可变机构。一般汽车发动机只有一组凸轮驱动,那样气门的升程和开闭时间是固定的。而采用可变气门机构的发动机有分别针对中低转速和高转速的两组不同的气门驱动凸轮,并通过电子控制系统进行自动转换,改变进气流通截面,改善中速运转及部分负荷时的汽油机性能,控制燃烧速率。采用可变配气定时系统调节缸内剩余废气量,降低 NO 的排放,改善怠速性能。满足发动机在中、低和高转速工况下不同的配气相位和进气量要求,使发动机在不同工况下其动力、经济和低排放等方面性能都达到最佳。为此国外已研制出一系列比较实用的可变气门机构,广泛应用于各公司开发的多种机构上。如文献[9]针对 HCCI 汽油机的需求,采用已生产的可变气门机构组成一套进气门升程和相位、排气门升程和相位等 4个参数均可独立控制的全可变气门机构,研究表明采用全可变气门机构能提高汽油机的燃烧效率,降低 10% 的燃油消耗,提高 5% 的转矩输出[10]。Toyota 公司新开发的 V6 汽油机(V 型、6 缸、排量 3.0/2.5L),通过采用缸内直喷,高压缩比及进、排气连续可变气门正时机构等技术的同时,结合降低机械摩擦的技术,该发动机系列实现了 3.0/2.5L 级发动机中最高的功率性能和最低的油耗水平。在2000r/min 到最大功率转速之间的宽广转速范围内可产生最大扭矩的 90%,实现了低排放[11]。研究表明全可变气门机构也是目前在车用汽油机上实现 HCCI 燃烧方式的最为实际有效的途径,在世界范围内受到广泛的关注[8]。

　　3) 废气再循环(exhaust gas recirculation,EGR)

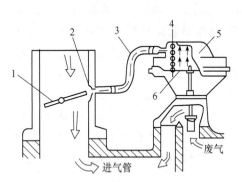

图 4-14　废气再循环的基本结构

1-化油器节气门　2-真空孔　3-真空管

4-弹簧　5-EGR 阀　6-膜片

在发动机工作过程中,将一部分废气再送回到进气管与吸入的新鲜混合气体混合进入气缸,再进行循环燃烧的方法称为废气再循环法。其基本结构如图 4-14 所示,将 EGR 阀与化油器连在一起,根据化油器节气门开度的大小,利用真空度的变化控制再循环的废气量。该法是目前降低汽油机 NO 排放量的最有效措施之一,试验研究表明 EGR 率为15% 时,NO 的排放可以减少 50% 以上;EGR 率为 25% 时,NO 的排放可以减少80% 以上[12]。

　　EGR 的优点在于,在不增加过量氧(由它生成 NO)的情况下就能稀释混合气体。这是因为废气的主要成分是 CO_2、H_2O 及 N_2 等惰性气体,它们具有较高的比热容。采用废气再循环,将一部分废气从排气管引入进气系统,在每次循环燃料放热量不变的条件下,可以降低最高燃烧温度。同时,由于废气对新鲜混合气体的稀释,也将减少混合气体中氧的浓度,从而可以有效地抑制 NO_x 的生成。但是,随着废气再循环率[$EGR = G_r/(G_a + G_r)$,G_r 为每次循环再循环废气的质量流量,G_a 为每次循环新鲜混合气体的质量流量]的增大,进气充量中含氧量相应减少,

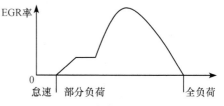

图 4-15　EGR 随发动机负荷变化曲线

燃烧速度变慢,燃烧稳定性变差,在 CO 与 HC 浓度上升的同时,还会导致内燃机动力性能及经济性能的恶化,因此必须对 EGR 率加以适当的控制。控制 EGR 率的一般原则是随着发动机负荷变化而改变(图 4-15),这是因为 NO_x 的生成率随着负荷的上升而增大,所以应相应地增加 EGR 率;在节气门全开的大负荷下为了获得较好的动力性能,不进行废气再循环;在怠速及低负荷下,NO_x 的生成率较低,加之为保持燃烧的稳定性,也不进行废气再循环。

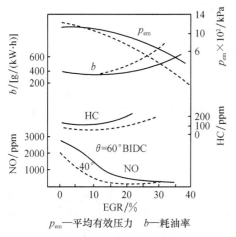

图 4-16　废气再循环对汽油机性能的影响

图 4-16 给出 EGR 对汽油机燃烧性能影响的实验结果。实验表明,废气再循环对抑制 NO_x 的生成有明显的效果,但当 EGR 大于 15% 时汽油机的动力性能及经济性能会急剧恶化。Campau[13] 概述了使用 EGR 的效果,其摘要见图 4-17。当再循环量超过 20% 时,就会引起较大的燃料经济损失,动力性能下降,HC 和 CO 的排放量增加。因此该法只宜在部分负荷时采用,以便 HC 不会明显增加。要最大限度地减少 NO 含量,又不影响汽油机经济性和 HC 的排放,需采取有效调整装置来优化整个工作范围内的废气再循环,电控技术是解决这一矛盾的有效手段。最近国外电控 EGR 技术获得了成功,并已成为现代汽油机的有机组成部分,我国现已开始应用电控 EGR 技术。

4) 改进点火系统

(1) 加大点火能量。点火能量与点火时间对汽油机的燃烧性能有很大的影响,为了保证混合气体的正常燃烧,点火系统必须提供在可燃混合气体中着火,传播火焰所需的最低的点火能量。若能加大点火能量,则可扩大着火范围,从而实现贫混合气体稳定燃烧,这对于降低油耗、减少 CO 和 HC 的排放有利,为此国外采用高能点火系统的汽油机日益增多,尤其在稀薄混合气体燃烧时配合高能点火可促进火焰形成,提高点火性能。另外,延长火花持续时间也可以增加火焰稳定性,改善燃烧过程,减少 HC 的生成率,其实验结果如图 4-18 所示。

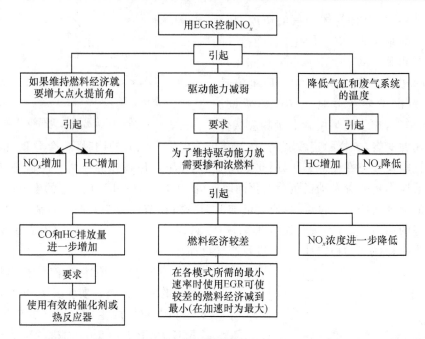

图 4-17　废气再循环的效果

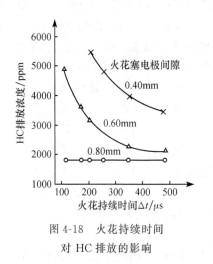

图 4-18　火花持续时间
对 HC 排放的影响

（2）电子控制点火系统。电控点火系统主要由三大部分组成：监测发动机运转状况的传感器、处理信号并发出工作指令的 ECU 和执行 ECU 指令的执行器；此外还包括点火器、点火线圈、分电器的火花塞等。其工作原理如图 4-19 所示[14]，在发动机工作时把各种传感器给出的发动机曲轴位置和转速、负荷以及冷却水温度等信号输入 ECU 中，CPU 根据传感器信号控制点火时间和线圈通电时间，由点火线圈感应产生高压电，经分电器直接送到火花塞，点燃混合气体。电控点火系统能使发动机在所有工况下均可获得最佳点火定时，因而使发动机在动力、经济和排放等方面性能得到提高。又因其结构简单，安装方便，电子控制点火系统是近年来汽油机点火系统的发展方向。

（3）延迟点火。适当减少点火提前角，延迟点火时间。由于点火延迟，燃烧较多地在膨胀行程中进行，使最高燃烧温度降低，抑制 NO_x 的生成。而排气温度提高，在排气过程中 HC 的氧化反应增强，使 HC 的排放量减小，但在降污的同时还需考虑汽油机的经济性。

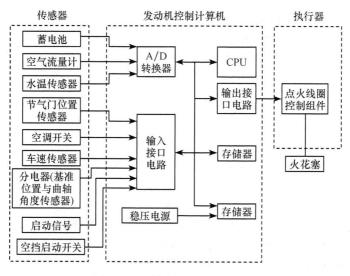

图 4-19　电控点火系统原理框图

（4）新型点火系统。由于均匀贫混合气体燃烧的关键在于可靠地点火和提高火焰传播速度,对点火装置提出了更高的要求。近几十年来,新型点火系统主要有等离子射流点火系统和燃烧射流点火系统,其基本思想是首先生成进行燃烧反应的自由基,然后将活化自由基喷入可燃混合气体作为点火源,从而扩大了初期火焰前锋的表面积,使燃烧效率提高。日本 CVCC 发动机就是利用燃烧射流进行点火。等离子高速射流可以有效地点燃贫混合气体,并加快火焰传播速度。Wern-bery[15]使用燃料作为等离子介质燃料在等离子室内热裂化为氢原子,氢原子可以迅速氧化,从而加快火焰传播速度。Oppenbeim[16]发现等离子射流所产生的紊流混合区,就像多个点火核心一样,促进了火焰核心的形成。射流混合区的容积越大,对火焰形成和火焰传播速度促进作用也越大。另外,激光点火也是一种新型点火系统,它不仅可以有效地促进火焰核心的形成,提高火焰传播速度,而且还可以控制点火位置,但激光点火目前还处于实验阶段。

5）燃烧室及化油器优化设计

优化化油器的结构,改善化油器的化油作用,严格控制混合气体的空燃比及其分配,这不仅是改善汽油机排放性能的基本要求,也是采用贫油混合气体燃烧技术及废气再循环排放净化措施的重要前提。其主要措施是通过结构改进来改善低温启动,冷态运转,急速工况与减速工况时混合气体浓度的控制及采用废气再循环时混合气体浓度控制。合理选择燃烧室的结构参数、减少燃烧室的散热面积及燃烧室壁的熄焰作用,对加快火焰传播速度、降低 CO 及 HC 的浓度也有重要影响。这是因为燃烧室形状不同,其表面积与体积之比(S/V)也不相同,因此燃烧室设计的重要原则之一就是面容比要小,即结构尽量紧凑,燃烧室散热损失小。火花塞尽可能布置在燃烧室中央,缩短火焰传播距离。燃烧过程加快、燃烧速率增加,可使汽油机的热效率提高;燃烧得到改善,淬熄效应减小,CO 及 HC 的排放下降。但另一方面燃烧迅速将导致燃烧温度升高,可能使 NO 生成量增加,因此紧凑燃烧室的快速燃烧与推迟点火提前角和 EGR 联用,可同时降低 NO 的排放,给出动力性、经济性以及 NO 排放之间的最佳折中。

2. 汽油机低排放技术的新发展

稀薄燃烧是指采用稀混合气体(空燃比≥18)时,有大量的富氧存在,如火焰能正常传播,燃料可燃烧完全,烃及其他污染物排放减小,同时稀混合气体导致燃烧温度降低,使 NO_x 下降,因此稀薄燃烧技术是将来汽油机车辆的主导技术。可是,当均匀混合气体变稀时,点火困难且容易熄火,燃烧速度降低,难以达到正常燃烧。为了使汽油机能实现稀薄燃烧,当前正在研究和发展的新燃烧技术有缸内直喷、分层燃烧以及均质冲量压缩燃烧(HCCI)等。

1) 缸内直喷(gasoline direct injection,GDI)

缸内直喷式的汽油机既具有柴油发动机低燃料消耗的特点,又具有汽油机高输出的优势,冷启动时不再需要过量供油,并可采用稀薄分层燃烧技术,在大部分负荷范围内可以实现无节气门控制,避免节气门的节流损失,有效降低 HC 等有害排放。由于直喷时油滴蒸发主要是靠从空气中吸热而不是从壁面吸热,混合气体温度和体积将下降,提高了充量系数,缸内直喷汽油机的爆燃倾向也大为降低,可采用高压缩比。在保持动力性指标的同时,具有很好的燃油经济性。它是提高汽油机燃油经济性的重要手段之一。试验表明 GDI 汽油机比常规进气道喷射(port fuel injection,PFI)汽油机的最大扭矩可提高 6%～8%,燃油消耗率可降低 20%。

对于汽油机缸内直喷的工作方式在 20 世纪 70 年代曾在福特的 PROCO 系统中采用过,这些早期发动机大多基于每缸 2 气门和碗形活塞燃烧室,依靠进气涡流或滚流实现混合气体分层。在大部分负荷范围内实现无节气门控制,其燃油经济性接近非直喷柴油机。但这类系统使用机械供油系统。在全负荷工况下,燃油是在压缩行程后期喷入气缸的,从而影响功率输出,其空燃比限制在 20 以下。

现代直喷式汽油机燃油喷射系统至少要能提供两三种不同的操作模式,以适应不同的负荷要求。其喷油器雾化水平高,可以实现精确的空燃比控制,能在较窄的脉冲宽度内喷出所要求的燃油,以确保喷油推迟不影响分层燃烧的实施。并采用先进电子控制技术解决了早期直喷发动机的控制和排放等问题。为此,2004 年通用公司开发了采用可变气门定时技术的分层稀燃直喷发动机;2006 年宝马公司开发了实现分层稀燃的 R6 直喷发动机;2007 年大众公司为第二代奥迪(Audi)A3 轿车开发了一种燃油分层直接喷射(fuel stratified injection,FSI)发动机,德国奔驰开发缸内三次喷射的直喷式发动机,该机采用三次喷射可改善燃烧噪声,而且排放满足当前所有废气排放标准。

由于排放、燃烧稳定性、燃油品质及可靠性等问题限制了 GDI 发动机的推广应用,但因 GDI 的突出优点,它对 NO_x 排放的控制主要依靠 EGR 和稀燃催化转化器来实现,该发动机的技术如按照图 4-20 所示的方向发展[17],预计可成为今后轿车发动机的主导产品。

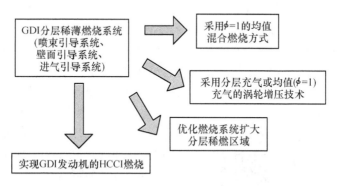

图 4-20　GDI 发动机的燃烧技术发展趋势

2) 分层进气燃烧

按燃烧供给方式,可将稀薄燃烧分为均质和非均质两种。由于均质稀薄燃烧稳定工作范围的空燃比小于 25,以及均质混合气体易产生爆燃等缺点,目前大都采用非均质稀薄燃烧,而分层进气燃烧是实现非均质稀薄燃烧的主要方式。

分层进气燃烧的基本特点[图 4-21(a)]是依靠进气涡流或采用机械方法,使进入气缸的混合气体由浓到稀依次分层,也可通过预燃室达到分层进气的效果[图 4-21(b)]。在火花塞周围为易于点燃的空燃比 $α$ 为 12~13.5 的浓混合气体,在燃烧室的其余区域为稀混合气体,而局部地方甚至只是空气。这样,燃烧室内混合气体总的空燃比平均在 18 以上,汽油机工作时,首先点燃火花塞附近的浓混合气体,

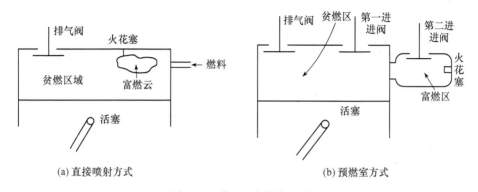

(a) 直接喷射方式　　　　　　　　　　　　(b) 预燃室方式

图 4-21　分层进气燃烧系统

然后依靠它燃烧后产生的高温、高压和气流运动,使火焰迅速地向稀混合气体区域传播,从而保证燃烧过程稳定地进行。因此,将燃烧室内混合气体浓度分成各种层次,逐层进行燃烧称为分层进气燃烧。

通常分层燃烧的汽油机可在空燃比为 20～25 的范围内稳定工作,而分层燃烧的缸内直喷发动机空燃比的极限可提高到 40 以上。此种燃烧方式在小负荷工况下不需要关小节气门来限制进气量,基本上避免了发动机换气过程中的泵气损失。在高空燃比情况下,由于混合气体物性的改变,绝热指数增加,传热损失减少,发动机的热效率可进一步提高。由于汽车发动机经常在小负荷工况下工作,其平均油耗可降低 15%～20%,NO_x 也显著降低[18]。典型的分层充分燃烧室有直接喷射式(如德士古 TCCS、福特 PROCO)和预燃室式(如本田 CVCC 系统,德国波舍尔 SKS 系统)两类。

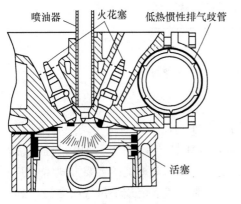

喷油器　火花塞　低热惯性排气歧管

活塞

图 4-22　福特 PROCO 燃烧系统

(1) 福特公司的 PROCO 系统。美国福特公司的 PROCO 是 GDI 稀燃方式中应用较早的系统,如图 4-22 所示。其层状燃烧采用汽油直接喷射,利用螺旋形气道形成涡流,汽油由喷油器直接喷入燃烧室内,喷油器两侧各装有一只火花塞,在火花塞附近分层为浓混合气体,利用涡流和滚流进行油气混合。喷油随负荷提前,使混合气体近于均匀。燃油在缸内雾化要吸收热量,使混合气体温度下降,充量提高,并可使用较高压缩比($\varepsilon=15$)。低速时功率可增加 5%～10%,部分负荷和怠速时的油耗可分别降低 5% 和 12%。与进气管单点喷射相比,NO_x 和冷启动 HC 排放降低。可在空燃比为 25 的条件下工作。

(2) 波舍尔 SKS 系统。德国波舍尔 SKS 燃烧系统的燃烧室,如图 4-23 所示,燃烧室分为主燃室和预燃室两部分。预燃室容积约为燃烧室总容积的 20%,火花塞安装在点燃室内,在火花塞区内无强烈涡流,便于形成火焰核心。预燃室内为浓混合气体,活塞位于压缩上止点时,预燃室及其喷口附近的主燃室部分以等容燃烧产生强烈的涡流,点燃主燃室内稀混合气体(过剩空气系数为 1.5～3.0)。主燃室内的混合气体在膨胀行程中的燃烧几乎是在等温下进行的,降低 NO_x 排放量,较高的膨胀温度使未燃烧的 HC 与 CO 氧化。主燃烧室内的稀混合气体在进气系统中形成,预燃室没有清扫,留有大量残余废气,在进气行程时,高压喷射泵把燃料直接喷入预燃室,到压缩行程时,主燃室的稀混合气体有一小部分被挤入预燃室,最后在预燃室形成浓混合气体。试验证明,预燃室混合气体浓度在过剩空气系数为

$0.4\sim1.2$ 时可点燃,而在 0.7 附近则最为稳定。

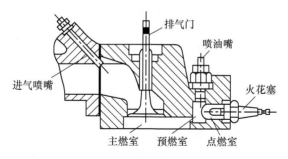

图 4-23　波舍尔 SKS 燃烧系统原理图

此外,Toyota 公司于 2003 年底开发出一种新型 3.0L V6 发动机,该机采用单槽喷嘴喷油器和可变进、排气正时系统,用活塞的椭圆形凹坑壁引导分层混合气体,单槽喷嘴喷油器能产生扇形喷雾,分散范围广并有适当的贯穿度。该燃烧系统分层燃烧工作范围宽,并且采用化学当量比直接喷射,能获得高的全负荷性能和热效率以及低的排放[19]。

因分层燃烧可实现贫燃和分级燃烧,降低最高燃烧温度,从而降低 NO_x。贫燃本身增加了供氧量,可降低 CO 排放量。分级燃烧可抑制 HC 的排放率。但为了获得更好的排放性能,分层燃烧系统通常配置 EGR 和 HC 尾气处理装置。总之,汽油机实现分层进气与普通发动机相比,不仅可降低污染物排放,而且可改善其工作过程和燃料的经济性。

3) 均质冲量压缩燃烧(homogeneous charge compression ignition,HCCI)

随着发动机控制技术的发展,均质冲量压缩燃烧技术在内燃机节能和降低排放方面的潜力引起了内燃机界的高度关注,并大力开展了这项技术的研究工作。该技术与传统的汽油机均质点燃预混燃烧、柴油机非均质压燃扩散燃烧以及直喷式发动机分层稀薄燃烧方式有相似与不同之处(图 4-24)。HCCI 发动机虽采用均质混合气体,但它不同于常规汽油机的单点火方式,它是通过提高压缩比、采用废气再循环、进气加温和增压等手段提高缸内混合气体的温度和压力;用压燃代替火花塞点火,在缸内形成多点火核心,有效维持了着火稳定燃烧,缩短了火焰传播距离和燃烧时间;HCCI 方式与传统的柴油机相比,虽采用压缩自燃,但混合气体是均质的,在着火之前已经均匀混合,进行预混燃烧,不存在因局部混合气体过浓的高温反应区,导致碳烟和 NO_x 的生成。因此,HCCI 发动机兼有传统汽油机和柴油机的优点,它是一种预混燃烧和低温燃烧相结合的新型燃烧方式。该方式在进气过程中形成均匀混合气体,当压缩到上止点附近时均匀混合气体自燃着火。由于它以均质稀燃混合气体方式进行工作,不存在局部高温区和富油区,有效地抑制了 NO_x 的生成,几乎做到了无烟燃烧。

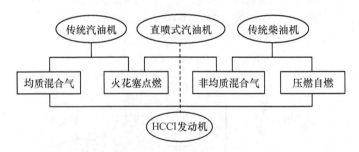

图 4-24　HCCI 发动机与现有内燃机的关系

　　由于 HCCI 采用稀燃混合气体,在一般情况下,CO 的排放很低,远低于电喷汽油机的水平。但当负荷下降、空燃比增加到 70 或 80 时,燃气最高温度将低于1200℃,CO 不易进一步氧化,使 CO 排放急剧增加,从而影响燃烧效率和热效率。因此,要扩大 HCCI 工作区域至低负荷区,必须采取措施控制 CO 的排放。HCCI的 HC 排放介于电喷汽油机和分层燃烧直喷汽油机之间。

　　HCCI 技术实现了一种新的内燃机燃烧模式,并具有热效率高、经济性好、有害排放物低等优点,有着极其广阔的发展前景。它是近几年来汽油机研究的重点,也是进一步提高汽油机排放性能的研究方向。例如,1996 年丰田汽车公司研究的HCCI 汽油机,压缩比提高到 17.4,空燃比设计值为 33～44[20]。研究表明,它的缸内平均指示压力与 GDI 汽油机和柴油机相当,而燃油消耗率水平甚至超过直喷柴油机水平(180～200g·kW/h),并且随着进气温度的提高,HCCI 的燃烧稀燃界限可拓宽至空燃比为 80 以上。IPF 公司也开发了应用 HCCI 技术的二行程发动机[21],在该发动机中,HCCI 被用来改进部分负荷的稳定性和燃油经济性,减少HC 的排放。文献[22]在四冲程发动机上进行了 HCCI 试验,通过高的 EGR 降低了 HC 和 CO 的排放;文献[23]采用高的 EGR 和稀的混合比较好地控制燃烧速率。

　　但由于 HCCI 燃烧难于实现着火时间和放热速率的控制以及适用工况范围窄,因而 HCCI 发动机目前尚未推广应用,它的研究还有待于进一步深化[24]。今后 HCCI 的发展方向将是开发与其他燃烧方式结合的混合燃烧模式发动机,而GDI 与 HCCI 方式的有机结合可能是未来低污染汽油机的发展方向。

　　4) 开发电子化内燃机

　　为了适用节约能源及控制排放的严格要求,伴随着电子技术的发展及微型电子计算机应用的普及,将常规的机械手段和电子控制技术结合起来,开发电子化内燃机是进一步改善内燃机性能的必由之路。所谓电子化内燃机,就是利用电子技术,对发动机的燃油和空气供给、点火、排放等系统实现精确控制,对应于内燃机运转条件的变化,及时调节混合气体的浓度、点火时间及怠车转速等参数,以便保证内燃机始终处于最佳状态下工作。电子控制系统主要包括以下四个方面:

（1）电子控制供油系统。汽车发动机供油系统的电控装置可对发动机的供油量、喷油压力、喷油率等实现精确控制，以便保证供油系统在任何工况下都能达到最佳供油量和供油时间；发动机在低速时喷油压力升高，减少排气烟度；着火前少喷油，着火后多喷油，实现了分层燃烧。

（2）电子控制加速用空气喷射系统。电控加速用空气喷射系统使得发动机排放烟度及其加速取得了最佳配合，在满足工况要求的情况下可以减少排放烟度，降低油耗。

（3）电控点火系统。该系统可对点火时间（点火提前角）和线圈通电时间等实现控制，使发动机在所有工况下均可获得最佳点火定时，现代汽油机大都采用了电子控制的无触点点火系统。

（4）电子控制排放系统。电子控制废气再循环、催化转换、二次空气喷射以及可变气门配气相位和气门升程机构等排放系统，大大降低了废气中 HC、CO、NO等的排放。

随着电子技术的发展，电控装置在发动机上得到了普遍使用，大大降低了油耗，改善了排放状况。电子化发动机几乎把所有最新技术都与电控系统相结合，这样汽油机不再需要节气门，冷车加热的时间可缩短，运行中刹车能量可回收，提高了发动机的经济性。未来的电子化内燃机除了还需燃料燃烧及曲柄连杆机构输出动力之外，其余部件均可由电子与液压系统来控制。

3. 清洁燃料与能源

近几十年来，国内外在研究汽油机排放控制技术的同时，也在开发低排放的代用燃料。其目的不仅是为了降低汽车污染排放，也是为了节省能源和开发新的汽车能源。可作为汽车发动机用的新清洁燃料与能源有天然气、酒精、二甲醚、生物柴油、氢、燃料电池、太阳能等。目前甲醇、乙醇、天然气和液化石油气，已在汽车上获得应用。虽然使用以上各种能源的汽车都有，但大多数还存在一定的缺点。由于汽车燃料的更换是一个社会问题，即使新清洁燃料汽车技术过关，也要受到社会配套设施的制约，因此，新清洁能源汽车是未来汽车发展的方向，但离全社会普及还相当遥远。

1）液化石油气（LPG）

液化石油气是原油炼制汽油、柴油过程中的副产品，其主要成分为丁烷和丙烷，因为可以液态储存及气态使用，较易把汽油机改装成液化石油气发动机，与汽油发动机相比，其排气污染物明显下降，其中 HC、CO 与 NO_x 分别减少了 38%、86% 和 25%，所以在许多国家得到了推广与应用[25]。

2）压缩天然气（CGN）

天然气是多种气体混合物，其中主要成分为甲烷，作为车用燃料，为了携带方便,将其压缩成为压缩天然气,因其储量大,而且可以减少排气污染,受到普遍重视,据估计目前世界上已有60万台压缩天然气发动机在运行,其中大部分用在轻型车辆上。

3) 氢燃料

氢的燃烧产物是水,没有炭烟,不产生二氧化碳,也不产生除氮氧化物以外的污染物。因此氢作为一种热值高、来源广的清洁燃料越来越受到人们的关注,但是氢的制作过程需要消耗能源,如果所消耗的能源是太阳能、水力势能或风能等,则可以降低 CO_2 的排放。虽然氢的能量密度低,体积大,储存与携带不方便,而且制造成本很高,但随着技术的进步,特别是太阳能的高效廉价利用、燃料电池技术的进步以及储氢技术的突破,使氢在汽车上开始获得了应用,如宝马研制的 BMW 氢能7系是世界上第一款可供日常使用的氢动力驱动轿车,该车装备了使用液氢燃料和汽油的 6.0 升 V12 发动机,采用双模驱动,最大输出功率为 191kW,其排放几乎接近于零。但大量使用氢作为能源的动力装置可能会是在本世纪中期,目前对于氢的研究热点是制氢、储氢及其应用技术。把氢作为汽车替代燃料的最大可能性是采用氢氧燃料电池发电。

4) 燃料电池及混合动力汽车

(1) 燃料电池。燃料电池因无噪声和无污染排放,并能产生电力,成为理想的汽车动力。国外已研制出陶瓷型燃料电池、钙钛矿型氧化物燃料电池、高分子型燃料电池等高效的燃料电池。以氢为能源的燃料电池,被称为21世纪汽车的核心技术,因此世界各国都对其展开了大量的研究。

氢氧燃料电池实际上是在燃料电池中氢和氧通过电化学反应生成水,同时释放电能。因此其基本结构是由阳极、阴极、电解质和外部电路四部分组成。图 4-25 是氢氧燃料电池的工作原理图[26],其阳极为氢电极,阴极为氧电极,为了加速电化学反应,一般在极板上涂有贵金属(如 Pt)作为催化剂,两极之间是电介质。把氢作为燃料,氢的储存有液化、金属氢化物与纳米碳三种存储方式。现有的

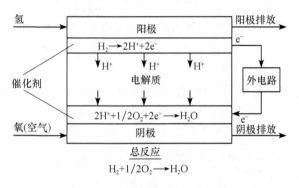

图 4-25　氢氧燃料电池工作原理图

燃料电池车(fuel cell electric vehicle, FCEV)有通用汽车公司的氢动 1 号与 3 号、福特汽车公司的 P2000 燃料电池汽车,日本丰田汽车公司的 RAV4 燃料电池汽车(镍氢动力电池)等。但目前燃料电池车尚未进入商品车。预计 2010~2015 年在解决了氢的储存材料和制氢的基础设施等问题之后,有可能实现新车比率为 10%~15%。

(2) 混合动力汽车(hybrid electric vehicle, HEV)。燃料电池汽车是将燃料直接送入电池系统,将燃料的化学能直接转变为电能,为汽车提供动力,但电池的能量密度与汽油相比差上百倍,远未达到人们的要求。而混合动力汽车是由几种能量转换器来提供驱动力的混合型电动汽车,该类车具有排放低、经济性好、续驶里程长和综合性能好等优点。在燃料电池技术方面还有许多问题尚未解决的情况下,它是目前汽车发展的主要方向之一。

混合动力汽车在启动和低速行驶时,可由电池提供动力;超过一定速度后,转为内燃机驱动;加速和高速行驶时,可由内燃机和电动机联合驱动;正常行驶或减速刹车时,可对电池充电,故在正常情况下,混合动力汽车不需要通过外部电源充电或只需较短的外部充电时间。混合动力汽车的内燃机还可采用压缩天然气、甲醇、液化石油气等代用燃料,不仅能降低车辆对石油的依赖,而且能有效地减少尾气中的有害物质。

根据内燃机是否与驱动轮有直接的机械连接,分为串联式混合动力汽车(SHEV)、并联式混合动力汽车(PHEV)和混联式混合动力汽车(PSHEV)三种。串联式混合动力汽车是发动机和驱动轮之间无直接的机械连接,该系统利用发动机提供电能,带动发电机发电,发动机始终在最优效率和低排放工况点附近工作。当汽车功率需求较小时,发出的电能一部分用于驱动汽车,另一部分则给电池充电。当汽车的需求功率较大时,发电机和蓄电池均向电动机提供电能以驱动汽车。由于该系统不受汽车行驶工况的影响,适合于城市中常见的频繁启动、加速和低速运行工况运行的车辆,如城市大客车。并联式结构特点是以发动机为主与电动机共同驱动汽车,发动机通过变速器驱动汽车。蓄电池通过电动机并联驱动汽车,因发动机和驱动轮之间无直接的机械连接,所以发动机的运转受驱动工况的影响,但该系统不需要发电机,因此提高了能量转化效率。这种系统的主要代表车型有日本本田公司的 Civic 和德国大众公司的 Touram 混合动力汽车。Civic 动力装置布置如图 4-26(a)所示。混联式系统是综合了串联和并联的结构特点,组成混合驱动模式。采用该形式可降低整车质量、排放更少,主要代表车型是日本丰田公司的 Prius 和 Estima。Prius 车的动力装置布置如图 4-26(b)所示。

研究表明,因混合动力汽车保证在不同的行驶工况下,燃料转换装置、储能装置和电动机尽可能多地工作在高效率区域,它与传统内燃机汽车相比,其燃油消耗可降低 30%~40%,尾气排放量能降低 50%~60%,为此近年来发展很快,如 2008

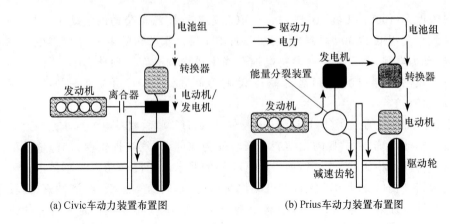

(a) Civic车动力装置布置图　　　　　(b) Prius车动力装置布置图

图 4-26

年德国戴姆勒-克莱斯勒公司已大量生产锂电池混合动力车,但这种汽车还要使用汽油发动机作为主要动力来源。

5) 太阳能

为了减轻汽车对环境的污染和应对能源危机,太阳能是一条以新清洁能源代替传统的石油燃料的有效途径,我国拥有的太阳能资源十分丰富,把太阳能运用到汽车上具有十分广阔的前景。太阳能在汽车上的应用主要有两个方面:一是作为驱动力;二是作为汽车辅助设备的能源。

(1) 作为驱动力。一般采用特殊装置吸收太阳能,再转化为电能驱动汽车运行。按照太阳能应用的程度又可分为两种:①汽车完全用太阳能作为驱动力,此类汽车已经没有发动机、底盘及变速箱等构件,而是由电池板、储电器和电机组成,利用贴在车体外表的太阳电池板,将太阳能直接转换成电能,再通过电能的消耗,驱动车辆行驶,车的行驶快慢只要控制输入电机的电流就可以解决。目前此类太阳能车的车速最高能达到 100km/h 以上,而无太阳光最大续行能力也在 100km 左右。②太阳能和其他能量混合驱动汽车。因太阳能辐射强度较弱、光伏电池板造价昂贵以及受蓄电池容量和天气的限制,使得完全靠太阳能驱动的汽车实用性较差,难于推广。为此,出现了一种采用太阳能和其他能量混合驱动的汽车。此种混合能源汽车外观与传统汽车相似,只是在车表面加装了部分太阳能吸收装置(车顶电池板)供蓄电池充电用或直接作为动力源。这种汽车既有汽油发动机,又有电动机,汽油发动机驱动前轮,蓄电池给电动机供电驱动后轮。电动机用于低速行驶。当车速达到某一速度后,汽油发动机启动,电动机脱离驱动轴,汽车便像普通汽车一样行驶。由于该系统采用了混合驱动形式,所以蓄电池的容量只要供一天使用即可,与全用蓄电池的车相比,其容量可减少一半,减轻了车重。

(2) 作为汽车辅助能源。传统的小轿车,功率一般在几十千瓦左右,而太阳辐射功率至多 1kW/m,目前的光电转换效率小于 30%。因此全部用太阳能驱动传统的轿车,需要几十平方米的接收面积,显然难以达到。但在传统汽车上用太阳能作为辅助动力,可减少常规燃料的消耗,满足现代汽车因电器化程度日益提高,各辅助设备对耗电量急剧增加的需求。这方面的应用主要有以下几种形式:①太阳能用作汽车蓄电池的辅助充电能源,在轿车上加装太阳电池后,可在车辆停止使用时,继续为电池充电,从而避免电池过度放电,节约能源。②用于驱动电风扇,汽车在阳光下停泊,若加装太阳能风扇等,则可以为车辆在停泊期间提供新风并降温。③用于汽车空调系统,车用空调系统是改善舒适性的重要部分之一,但其能量消耗相当大,故在传统汽车上加装太阳能空调系统有着广阔的应用前景。④在车辆、交通服务领域内应用,太阳能在汽车上的应用不应局限于汽车本身,而应推广用于交通指挥、道路指示以及道路照明等各系统领域。

　　虽然太阳能用在汽车上前景宽广,但至今还存在着不少问题,影响其推广的速度。例如:①提高光伏电池的转换率。目前现有的光伏电池主要存在光电转换率低、造价高昂的问题。一般光伏电池的光电转换率在 10%～30%。提高转换率已成为太阳能在汽车上应用的关键。②制造成本昂贵。这是因为太阳能车所采用的材料昂贵,所以迫切需要开发新的、经济的替代材料。但随着科学技术的不断进步与发展,太阳能在汽车上的商业化应用将为时不远。

4. 汽油机机外净化技术

　　前述主要是采用以改善发动机燃烧过程为主的各种机内净化技术。这些技术尽管对降低排气污染起到了很大的作用,但也在不同程度上对汽车的动力和经济性带来了一些负面影响。随着排放标准的不断提高,人们开始采用各种机外净化技术。其中主要是废气净化技术,即在排气系统中安装附加装置,用化学或物理方法对排气进行净化,排气中的 CO、HC、NO 分别被氧化或还原,生成无毒的 CO_2、H_2O、N_2。其中常用的方法有热反应器、催化反应器、NO_x 吸附还原催化器和二次空气喷射等。

1) 热反应器(thermal reactor)

　　从发动机排出的废气温度在 600℃ 以上,在氧气充足的条件下发生氧化反应,可以把 HC 和 CO 转换成 CO_2 和 H_2O。热反应器是促进氧化反应并使废气中的烃和 CO 降低的装置,通常设在图 4-27 所示的排气管出口上。为了促进热反应器内的反应,进行有效净化作用,应尽可能使废气保持高温并

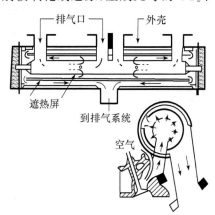

图 4-27　热反应器示意图

且和氧良好地混合,且要有充分的反应时间。

　　热反应器无论在富油混合气体时还是在贫油混合气体时都可以使用。当用于比理论空燃比更富的混合气体时,虽 NO_x 生成量少,但 CO 和 HC 却增多。由于产生热量多,可保持高温,反应容易发生,发动机运行性能好,输出功率大,可是燃料经济性差 10%～20%。反应器内温度高达 950～1100℃,要求使用昂贵的镍铬合金等耐热材料,故成本高。如果使用在贫混合气体时,需要对反应器加以更好保温,且延迟点火时间,提高废气的温度,但因采用的是贫混合气体,废气中已有氧,则不用导入二次空气,或导入少量空气。

　　2) 催化反应器与三元催化转换器

　　为了使排气中的 CO 及 HC 能利用排气中剩余空气在较低的温度(约 300℃)下以较高的速度进行氧化反应,可以采用氧化催化反应器,常用的催化反应器(catalytic converter)如图 4-28 所示。它是在氧化铝等颗粒状或蜂窝状载体中充填铂、钯等贵金属或铜、镍、铬以及这些金属的合金作催化剂,催化剂具有能在较低的温度下促进 CO 及 HC 氧化反应的作用。通常,温度越高,反应越快,而催化剂本身不随反应发生变化。其催化作用是靠废气本身的热量激发的,它的工作范围以催化作用开始的温度为下限,以因过热引起催化剂烧结、老化的极限温度为上限。当催化反应开始后,因氧化反应放热,催化剂便自动保持较高的温度,使 CO及 HC 的氧化过程能正常进行:

$$4HC + 5O_2 \longrightarrow 4CO_2 + 2H_2O$$
$$2CO + O_2 \longrightarrow 2CO_2$$
$$2H_2 + O_2 \longrightarrow 2H_2O$$

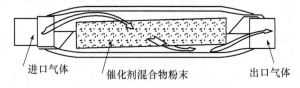

进口气体　　　　催化剂混合物粉末　　　　出口气体

图 4-28　催化反应器示意图

　　由于氧化催化剂不能使 NO_x 减少,为了在发动机内降低 NO_x,有必要设置在过富或过贫的空燃比条件下工作,发动机在富燃料下进行,虽然发动机输出功率没有降低,但燃烧时产生大量的 HC、CO、H_2 和很低浓度的 NO,可以利用废气再循环方法使 NO 保持较低的浓度,再在催化反应器中对 CO 和 HC 进行氧化。为了能得到充足的氧气供应,需用空气泵供给二次空气,保证反应顺利进行。可是由于使用过富混合气体,必然会造成发动机热效率低,燃料经济性变坏。

　　若设置在过贫的空燃比下工作,则发动机输出功率在某种程度上降低。可是HC 和 CO 含量也比较少,由于废气中含有氧气,只需供给少量空气即可,燃料的经济性比使用过浓混合气体时好,但为了保持稳定燃烧,设置过贫的空燃比是有困难的。

为了对内燃机排气中的 CO、HC 及 NO$_x$ 进行综合处理,三元催化转换器,(three way catalytic converter)又称三效催化转换器,是一种理想的净化装置,它除了具有上述氧化作用外,还同时具有还原作用,三元催化转换器由外壳和芯子构成(图 4-29),芯子是浸渍催化剂的载体,现在几乎都采用整体式陶瓷载体,为了在较小的体积内有较大的表面,载体中有很多方形细孔(称为蜂窝陶瓷)。三效催化剂的主要活性材料是贵金属铂(Pt)和铑(Rh),它的工作原理是,发动机在理论空燃比附近运行时,废气中烃、CO、NO$_x$、H$_2$ 和 O$_2$ 等共存。在三元催化转换器的氧化铝等颗粒状或蜂窝状载体中填充铂-铑系催化剂的作用下,利用排气中的 CO、HC 和 H$_2$ 作为还原剂使 NO 还原成 N$_2$:

$$2NO + 2CO \longrightarrow 2CO_2 + N_2, \quad 4NO + CH_4 \longrightarrow CO_2 + 2H_2O + 2N_2$$
$$2NO + 2H_2 \longrightarrow 2H_2O + N_2$$

在上述反应中,还原剂 CO、CH$_4$ 和 H$_2$ 被氧化,而氧化剂 NO 被还原。在同一催化剂下,为了能同时有效地处理三个成分,必须使这三个成分在一定范围内达到平衡,形成氧化和还原性气体。也就是说,为了去除烃和 CO,要有氧气的氧化性;为了去除 NO,要有还原性气体如 CO、H$_2$ 和 HC 等。因此空燃比允许范围较窄,要求在 ±0.25 左右。如图 4-30 所示,当空燃比处于低浓度一侧时,NO$_x$ 的转化率变差,而当空燃比处在高浓度一侧时,烃和 CO 的转化率下降达不到严格的控制值。

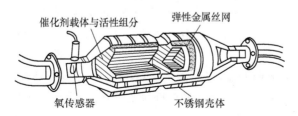

图 4-29　三元催化转换器示意图

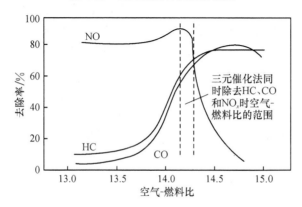

图 4-30　三元催化法中空燃比对 HC、CO 和 NO$_x$ 转化率的影响

三元催化转换器可使汽油车排放的 CO、HC 和 NO_x 同时降低 90% 以上。为此,大部分汽油车都采用三元催化转换器,特别是汽油机轿车和轻型卡车采用三元催化转换器的比例分别为 91.6% 和 100%,而电控汽油喷射加三效催化转化器已成为国际上汽油车排放控制技术的主流。能满足目前欧 I 和欧 II 的要求。虽然三元催化转换器的优点是净化效果及经济性较好,但其缺点是成本较高,对空燃比进行精密控制方法还需进一步研究。

3) NO_x 吸附还原催化器

在高度富氧的稀薄燃烧条件下,HC 和 CO 得到充分氧化,排放量已比较低,经过三效催化器后,均可全部净化。但在稀薄燃烧尾气中含有大量的 O_2,使得传统的三元催化剂对 NO_x 的净化效率大大降低,几乎不起净化作用,无法满足对汽车尾气治理所提出的新排放法规的要求。目前降低稀薄燃烧过程中 NO_x 排放技术主要有:用废气再循环、NO_x 分解和选择还原催化法以及 NO_x 吸附还原催化器等。其中,废气再循环 EGR 虽可以降低 NO_x 的排放量,但在 EGR 率高时会降低火焰传播速度而使燃油消耗率增大;NO_x 分解和选择还原催化法在汽车尾气的特殊情况下,无论是 NO_x 催化转化率,还是催化剂耐热稳定性等都难以达到实用要求;而 NO_x 吸附还原催化器可以在较宽的温度范围内高效地净化 NO_x,并且对稀燃汽油机的燃油经济性恶化较小[27]。

日本丰田最早采用 NO_x 吸附还原催化器[28],所采用的催化剂为 NO 储存和还原催化剂(NSR),其主要是由贵金属(Pt)、碱土金属(Na、K、Ba)和稀土金属(主要是 La_2O_3)组成。该法的作用原理如图 4-31 所示。当发动机在稀薄燃烧状态下工作时,即在富氧状况下,贵金属(Pt)作用使 NO 与 O_2 氧化生成 NO_2,然后与 NO 储存物发生反应形成硝酸盐,以硝酸离子(NO_3^-)状态暂时被吸附在 Ba 等吸附材料 M 中,即 NO_x 的吸附过程,其较长时间按稀燃状况运行,这样储存一定量氧气,使排气中的氧浓度降低,此时 CO 和 HC 生成 CO_2 和 H_2O,并排出机外。当发动机在贫氧条件下工作时,会产生多余的 CO、HC 和 H_2,由硝酸盐分解释放出 NO_x,在催化剂上与 CO、HC 和 H_2 反应生成 CO_2、H_2O 同时,再将 NO_x 还原成 N_2,即 NO_x 还原过程,其短时间按浓燃状况运行,使得以碱土金属再生,重新获得储存氧气的能力。

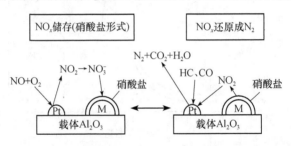

图 4-31　NO_x 吸附还原催化器的工作原理

为了使 NO_x 吸附还原催化器在稀燃发动机中,交替工作在稀燃和浓燃之间,借助电控手段每隔 50~60s 自动控制节气门减小开度,使空燃比由 22~23 变到 10 左右,这一期间持续 5~10s。通过合理调节浓混合气体燃烧和稀薄燃烧的比例和绝对时间长短,其 NO_x 净化效率可达 70%~90%,燃油经济性的恶化可控制在 1% 以内[29]。NSR 技术是迄今为止最有效的消除稀燃条件下 NO_x 的方法。该技术已在日本实现了商业化,如 Toyota 的 $Pt/BAO/Al_2O_3$ 体系[30]发展的 NSR 催化剂已能通过耐久性整车试验。但此法还存在所用的催化剂稳定性差、温度操作窗口窄等缺陷。今后应致力于研制在贫燃条件下控制 NO 排放的三元催化剂。

4)二次空气喷射

用空气泵向排气门出口喷入二次空气,使排气中的有害成分在高温下继续进行氧化反应,减少 CO、HC 和醛的排放,达到降低排放的目的,一般在混合气体偏浓时,效果较为明显。但驱动压缩机要多消耗一些功率,燃油消耗率约增加 10%。目前常与三元催化转换器配合使用,由 ECU 根据发动机的工作温度控制二次空气的喷射,将新鲜空气引入排气歧管或三元催化转换器中,实现对 NO_x、CO、HC 的转变,以减少污染物的排放。根据我国在红旗轿车上的试验,采用废气再循环,NO_x 净化率可达 60%。在供给二次空气条件下,应用铂-钯氧化催化剂,可使 CO 净化率达 95%,HC 净化率为 60%。上述措施全部采用,则净化效果分别是:CO 为 97.7%,HC 为 93.4%,NO_x 为 82%。

4.2　压缩式内燃机污染物的排放与控制

由于柴油发动机具有低油耗、高寿命、良好的经济性和动力性等优点,已广泛应用于中型和重型卡车、内燃机和船舶中。特别是近几年来,随着柴油机的迅速发展,汽车柴油化已经成为一个不可逆转的趋势。虽然柴油机排气中 CO 和 HC 比汽油机少得多,其 NO_x 排放量与汽油机相近,但还具有噪声大和颗粒排放高等缺点,并且其排放技术的研究也落后于汽油机,从而限制了车辆柴油化的实现,因此,如何降低柴油机排气中有害成分对环境的污染,也越来越受到人们的重视。

4.2.1　国内外的柴油车排放法规

为了解决柴油机排放的污染问题,从 20 世纪 70 年代初开始,发达国家就相继制定了汽车排放标准,以控制汽车尾气排放对人类生存环境带来的日益严重的危害。目前,世界上主要有美国、欧洲和日本三大排放标准体系。其中,美国和欧洲排放标准体系被各国广泛采用。

1. 美国排放法规

美国自 1968 年开始控制汽车排放,美国联邦汽车排放测试循环规范有 FTP-75

和 S-FTP,1994 年起逐步实施美国联邦汽车排放的控制阶段(不包括重型车):US Tier1。2001 年起在联邦范围内实施 NLEV,2004 年起实施 US Tier2 排放(表 4-14)。而其重型柴油汽车排放限值如表 4-15 和表 4-16 所示。

表 4-14　美国联邦轻型柴油汽车排放限值

年份(车型)	CO/(g/mile)	NMHC①/(g/mile)	NO$_x$/(g/mile)	PM/(g/mile)	蒸发物/(g/test)
1987	3.4	0.41	1.0	0.2	2.0
1994(US-Tier1)	3.4	0.25	1.0	0.08	4.0
2004(US-Tier2)	1.7	0.125	0.2	0.08	4.0

注:① 非甲烷碳氢化合物。

表 4-15　美国联邦重型柴油发动机排放限值　　单位:g/(ps·h)

年　份	NMHC	CO	HC+NO$_x$	NO$_x$	PM
2004	1.3	15.5	2.4		0.10
2006 起	0.14		0.016(甲醛)	0.2	0.01

表 4-16　2007 年起美国联邦重型柴油车排放限值　　单位:g/mile

汽车类别	NMOG	NO$_x$	CO
HDT GVWR=8500~10000lb	0.28	0.9	7.3
HDT GVWR=1000~14000lb	0.33	1.0	8.1

注:1lb(磅)=0.453592kg。

2011~2013 年,美国联邦重型柴油汽车 PM 限值将加严为 0.011~0.02g/(ps·h),2011~2014 年,NO$_x$ 限值将加严为 0.3g/(ps·h)。美国联邦柴油车的排烟法规采用包括加速、全负荷和加载减速的 EPA 试验循环,用 PHS 型不透光烟度计测量。加速、加载减速和峰值的限值分别是 20%、15% 和 50%。

2. 欧洲排放法规

欧洲(Europe)汽车的排放标准是由欧洲经济委员会(ECE)和欧共体(EEC)的排放指令共同组成。欧共体(即现在的欧盟)自 1988 年以 88/77/EEC 指令控制总重 3.5t 以上的柴油车排气污染物,分阶段实施欧Ⅰ和欧Ⅱ,生产一致性试验限值如表 4-17 所示。同时对所有柴油车和柴油机,均需按照 ECER24 法规或 72/306/EEC 指令进行烟度检查。

表 4-17　生产一致性试验限值

实施阶段	实施日期(年.月.日)	试验工况	限值/(g/kW·h)				
			CO	HC	NO$_x$	PM(≤85kW)	PM(>85kW)
	1989.1	ECE R49	12.3	2.6	15.8	—	—
欧Ⅰ	1993.10.1	ECE R49	4.9	1.23	9.0	0.68	0.4
欧Ⅱ	1996.10.1	ECE R49	4.0	1.1	7.0	0.15	0.15

欧盟(EU)自 2000 年起,总重 3.5t 以上的柴油车试验项目和限值已分阶段实

施欧Ⅲ(A 阶段)、欧Ⅳ(B1 阶段)、欧Ⅴ(B2 阶段)和 EEV(C 阶段)阶段限制。试验项目由 ESC(欧洲稳态测试循环)、ELR(欧洲负荷烟度试验)、ETC(欧洲瞬态循环)和控制区内 NO_x 检查等四部分组成。欧Ⅲ(A 阶段)的柴油机进行 ESC 和 ELR 试验,其试验限值见表 4-18。装有先进的排气后处理装置增加 ETC 试验。欧Ⅳ、欧Ⅴ和 EEV 阶段柴油机进行 ESC、ELR 和 ETC 试验。ETC 试验限值见表 4-19。

表 4-18　ESC 和 ELR 试验限值

实施阶段	CO /[g/(kW·h)]	HC /[g/(kW·h)]	NO_x /[g/(kW·h)]	PM(微粒) /[g/(kW·h)]	烟度[①] /(m^{-1})
A(2000 年)	2.1	0.66	5.0	0.10,0.13[②]	0.8
B1(2005 年)	1.5	0.46	3.5	0.02	0.5
B2(2008 年)	1.5	0.46	2.0	0.02	0.5
C(EEV)	1.5	0.25	2.0	0.02	0.15

注:① 消光式烟度计测定烟度,用消光系数 $k(m^{-1})$ 表示烟度。
　　② 对每缸排量低于 0.75dm³,及额定功率转速超过 3000r/min 的发动机。

表 4-19　ETC 试验限值　　　　　　　单位:g/kw·h

实施阶段	CO	NMHC[①]	NO_x	PM(微粒)[②]	CH$_4$[③]
A(2000 年)	5.45	0.78	5.0	0.16,0.13[④]	1.6
B1(2005 年)	4.0	0.55	3.5	0.03	1.1
B2(2008 年)	4.0	0.55	2.0	0.03	1.1
C(EEV)	3.0	0.40	2.0	0.02	0.65

注:① 非甲烷碳氢化合物。
　　② 不适用于欧Ⅲ、Ⅳ和Ⅵ阶段的燃气发动机。
　　③ 仅对天然气发动机。
　　④ 对每缸排量低于 0.75dm³ 及额定功率转速超过 3000r/min 的发动机。

表 4-20 为欧洲重型车用柴油机各阶段排放限值,对比试验表明同一柴油机用 ECER49 循环和 ESC 循环测得的排放量有如下的对应关系:CO 为 1∶0.75,HC 为 1∶0.85,NO_x 为 1∶1.03,PM 为 1∶0.91。因此,表 4-20 列出的欧洲Ⅲ标准 ESC 排放限值经过上述对应关系修正后,实际上比欧洲Ⅱ下降了 30% 左右[31]。

表 4-20　欧洲重型柴油机和客车发动机排放标准　　　单位:g/kW·h

实施阶段	实施时间	测试循环	CO	HC	NO_x	PM
欧Ⅰ	1992,<85kW		4.5	1.1	8	0.612
	1992,>85kW	ECE R-49	4.5	1.1	8	0.36
欧Ⅱ	1996.1		4	1.1	7	0.25
	1998.1		4	1.1	7	0.15
欧Ⅲ	1990.10 EEVs(只有)		1.5	0.25	2	0.02
	2000.1	ESC & ELR	2.1	0.66	5	0.1
欧Ⅳ	2005.1		1.5	0.46	3.5	0.02
欧Ⅴ	2008.1		1.5	0.46	2	0.02

　　鉴于我国目前的城市道路和车流密度与上世纪末欧洲的情况相近,我国借鉴了欧洲在较早阶段所采用的排放法规,计划于 2007 年实施欧Ⅲ限值,2010 年以后逐步与国际水平接轨。

4.2.2　柴油机有害污染物的生成

　　在柴油发动机中空气和燃料不在气缸之前混合,空气通过进气门吸入,当空气被压缩到高温时,燃料在高压下以精确的量喷入气缸内并与空气混合。当活塞接近气缸顶部位置时,压缩过程产生的高温和压力引起混合物点燃,而不是借助于火花塞点火。点燃时间取决于燃料喷入时间,功率的输出是由每个循环中喷入燃料量来控制的。为了加速可燃混合物的形成,燃料喷射装置由喷油泵、高压油管和喷嘴组成。通常,柴油机的空气燃料混合物要比点燃式发动机贫些。

　　在直接喷射式柴油机(特别是高速柴油机)中,燃油大都是喷入旋转气流中,由于油束由许多尺寸大小不一的油粒组成,尺寸相对较大的油粒(约 $50\mu m$)集中在油束的核心部分和尾部,尺寸较小的油粒(约 $2\mu m$)分散在油束的边缘部分。在高速的空气涡流作用下,油束形成如图 4-32 所示的分布状况,各处的局部过剩空气系数都不相同。从油束最边缘的 $\alpha=\infty$ 不断向核心减小,Henein[32] 把整个油束分成五个区域。

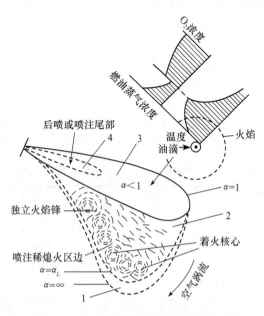

图 4-32　喷入旋转气流的油束燃烧机理

(1) 贫燃熄火区:它处于油束的最边缘部分,其中油粒尺寸最小,油粒间的空间距离最大,在开始着火之前,这些油粒都已汽化,但混合气体太贫以至于不能着火或维持燃烧。该区因某些燃油受热分解和氧化不完全而产生未燃碳氢化合物和不完全氧化物,该区的厚度与燃烧室中混合气体的温度、压力、空气涡流、燃料性质等因素有关。

(2) 贫燃火焰区:这一区域尺寸略大于贫燃熄火区,它们在着火前已完全汽化,但形成的混合气体并不均匀,局部过剩空气系数从贫燃着火极限 α_L 到 $\alpha=1$,混合气体在适合于着火条件处形成着火核心,并点燃周围混合气体形成预混火焰,在此贫燃火焰区内混合气体进行完全燃烧,在局部氧浓度较高的区域形成 NO_x。

(3) 油束核心:这一区域包含油束中的大部分燃油,油粒较大,燃烧时形成扩散火焰。这部分油粒的燃烧反应的程度,主要取决于局部过剩空气系数。在发动机部分负荷时,由于氧气充足,燃烧完全,因高温而产生大量的 NO_x;当接近全负荷时,在油束核心部分富油区燃烧不完全,可能出现简单脱氢反应,即

$$H + C_n H_{2n+2} \longrightarrow H_2 + C_n H_{2n+1}$$

以及烃基之间重新组合的中间产物。在该区除了未燃烃外,当接近全负荷时还可能形成 CO 和碳等。

(4) 油束尾部和后喷射:这一区域的燃油是主喷油过程快结束或结束后喷入气缸的,此时喷油压力下降,气缸内压力又较高,因此燃油贯穿深度不大,在油束尾部,由于燃油雾化不良,气缸内又处于高温,油滴容易蒸发、分解和部分氧化反应,产生 CO、未燃烃以及碳烟等。

(5) 沉积在壁面油膜:由于燃烧室较小,有些燃油被喷射到壁面形成壁面油膜,其数量与发动机的负荷或空燃比有关,油膜的蒸发速度与壁面温度、气体温度、速度、压力和燃油性质有关。

在贫燃熄火区和贫燃火焰区的交界面上,由于火焰温度的影响,碳氢燃料开始转变成 CO、H_2、H_2O 以及各种自由基和不饱和碳氢化合物,其反应按以下方式进行:

$$OH + C_n H_{2n+2} \longrightarrow H_2O + C_n H_{2n+1} \longrightarrow C_{n-1} H_{2n-2} + CH_3$$

所形成的不饱和烃很快与氧反应生成饱和的碳氢化合物。如果反应进行得完全,则像贫燃火焰区那样,生成 CO_2 和 H_2O;如果火焰熄灭,则像贫燃熄火区那样,会留下未燃烃、含氧碳氢化合物、CO 和其他中间产物。

当燃油不与壁面碰撞时,在油束不同区域污染物形成情况如图 4-33 和图 4-34 所示。柴油机的污染物除 NO_x 可在燃烧室各处生成外,其他污染物如 HC、CO、甲醛、碳烟等都是在油束特定区域生成的,并随着过程的进行有所消失。

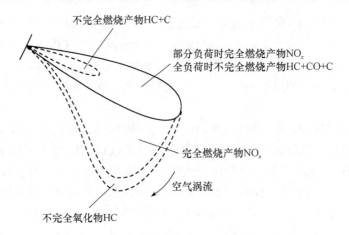

图 4-33　在油束中心部分污染形成

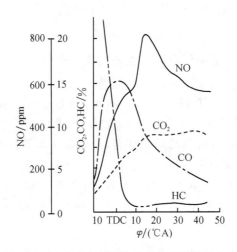

图 4-34　油束在空气涡流中燃烧时污染物生成

4.2.3　柴油机的排放特性及其控制

1. 柴油机的排放特性

柴油机中可燃混合气体的空燃比在 4.5 以上,属于扩散火焰燃烧。其燃烧情况比汽油机复杂,但排气中 CO、HC 及 NO_x 的生成机理与汽油机的相同。图 4-35 (a)、(b)给出了混合气体浓度对柴油机排放特性影响的一般规律。但由于柴油机所用的燃料以及其燃烧过程与汽油机不相同,排放后污染物含量也不相同。表 4-21 列出各种汽车内燃机排放的污染物量。

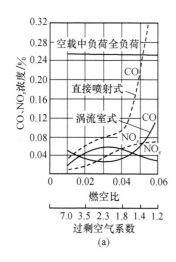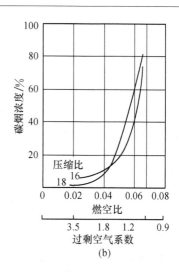

图 4-35　空燃比对柴油机排放特性的影响

表 4-21　汽车内燃机的排气有害成分　　　　　　　单位:g/km

排气成分 内燃机类型	未燃碳氢(HC)	碳　烟	碳氢不完全氧化物 (HCHO)	一氧化碳(CO)	氮氧化合物 (NO_x)
轻型汽车	15.4	微量	0.056	23.5	0.41
汽油车	5.50	微量	0.037	17.82	2.22
液化石油气汽车	3.44	微量	0.096	13.22	4.27
柴油客车	1.10	1.07	0.086	5.92	11.49
轻型卡车(汽油车)	5.82	0.05	0.039	33.40	4.75
重型卡车(柴油车)	1.23	0.56	0.069	5.40	5.26

在柴油机中,随着负荷的加大,因空燃比减小,易导致燃烧不完全,因此 CO 浓度增大,而且过剩空气系数 $\alpha < 1.5$ 时,CO 会急剧上升。因为柴油机的空燃比一般比较大,所以柴油机排气中 CO 的浓度比汽油机的低(表 4-21)。

柴油机排气中 HC 的浓度要比汽油机的低,这是因为在柴油机燃烧室壁面附近淬熄层内的气体主要是空气,而不是可燃混合气体,从而降低 HC 的生成。在柴油机中产生 HC 的原因有:混合气体不均匀,混合气体可能局部过富或过贫而处于可燃边界附近;因雾化不良或过后喷射所引起的不完全燃烧;喷溅在燃烧室壁面上的燃料急冷及润滑油的不完全燃烧等。

因为柴油中含氮量很低,所以排气中的 NO_x 主要是按"热力"NO 反应机理产生的。从表 4-21 可知,柴油机排气中 NO_x 的浓度和汽油机差不多,但由于其燃烧室中空燃比及温度的分布不均匀,故有关 NO_x 的生成反应很难预测,但可以认为在预混燃烧期内燃烧温度很高,而且燃烧产物在高温下的停留时间也较长,则有相当多的 NO_x 是在这一阶段生成的。一般来说,当空燃比小时,因燃烧温度较高,所

以 NO_x 浓度上升,并在某一空燃比下达到其最大值;而当空燃比继续减少时,因氧浓度的减少,NO_x 又开始下降。

柴油机排气中的微粒可表示为 PM(particulate matter)或 PT,主要是由于碳氢燃料不完全燃烧而生成的。按照美国环境保护局(EPA)的定义:PM 是指经空气稀释后的排气,在低于 51.7℃ 时,在涂有聚四氟乙烯的玻璃纤维滤纸上沉积的除 H_2O 以外的物质。这种微粒主要是由碳粒(碳烟)、可溶性有机成分(SOF)以及硫酸盐等组成。碳粒占 PM 组成的 50%～80%,其中可溶性有机物 SOF 来自不完全燃烧燃料和润滑油。研究表明由润滑油产生的微粒在有机可溶成分中占有重要地位。此外柴油机排气微粒中还含有硫酸盐成分,其排放量随燃油中含硫量和燃烧情况而变。通常,燃油含硫量为 2%～6% 是以硫酸盐的形式从微粒中排出。

在汽油机中排气微粒主要来自含铅汽油的铅和汽油中硫生成的硫酸盐及碳烟,目前因使用贵金属三效催化剂以及无铅汽油,当然不再有铅微粒排放。在汽油机正常运转时也不排放碳烟,此外汽油含硫量一般都很低,故可以认为汽油机基本上不排放微粒。

柴油机排气中的碳粒浓度很高,约为汽油机碳烟浓度的 30～80 倍。这是因为在扩散燃烧中,部分混合气体过浓,产生脱氢反应或聚合反应,在膨胀过程中仍不能充分燃烧。另外,部分雾化不良,喷溅在低温壁面或过后喷射的燃料也是生成碳烟的一个原因。显然,形成碳烟条件也容易导致 CO 的产生。

柴油机的碳烟主要是一些类似石墨状的含碳物质,其中凝聚和吸附了一定数量的高分子有机物质。通常可将碳烟分为白烟、蓝烟和黑烟三种。白烟是柴油机在低温启动或怠速运转时,因燃烧室温度过低、燃料不能完全燃烧而随排气排出的直径在 $1\mu m$ 以上的油珠。蓝烟是柴油机在低温下运转时,燃料或润滑油没有燃烧或部分燃烧而处于热分解状态下,从气缸排出的直径在 $0.4\mu m$ 以下的油珠。白烟和蓝烟都是液态微粒,它们并无本质区别,呈现不同的颜色仅是由于颗粒的直径不同引起光线不同折射的缘故。黑烟通常简称为碳烟,它是柴油机在高负荷下运行时,部分混合气体因高温、缺氧而使燃料发生脱氧裂解反应,生成氢和乙炔,而氢的单独燃烧及乙炔的聚合会导致碳烟的产生。碳烟是一种直径在 $0.05\mu m$ 左右的固态粒子,它是多种有机物质的聚合物,其中 85% 左右是碳,还有少量的氧、氢和一系列多环芳香烃化合物。

2. 改善柴油机排放特性的措施

在柴油机中,由于混合气体的空燃比很大,排气中 CO 及 HC 的浓度要低些,降低污染主要是抑制 NO_x 及微粒的排放。从 NO_x 的形成机理来说,控制 NO_x 生成的措施与减少 PM、提高内燃机的动力性能的要求在一定程度上是矛盾的,因此在采用排放控制措施时,必须综合考虑,力求在不影响内燃机动力性能、经济性能的前提下,抑制污染物排放。由于柴油机的排放特性与混合气体的形成及燃烧过程密切相关,可通过改善混合气体质量,合理选择燃烧室与喷油器的结构参数,适当组织气流运动,正确地实现燃料喷雾、气流与燃烧室三者之间的搭配来改善燃烧过程。其主要措施有:

1) 优化燃烧系统

柴油机的燃烧室形式、形状和结构参数对柴油机的燃烧和污染物生成具有重要的影响,现代柴油机必须在节油、低污染、高输出功率方面进行综合的优化设计,其设计的基本原则是使燃烧室与进气涡流、喷油方式相互匹配,以减少污染物的生成。根据混合气体形成及燃烧室结构特点可分为直接喷射式与间接喷射式(即分隔式)两种燃烧室。

由表 4-22 可知,分隔式燃烧室的排放污染物浓度要比直接喷射式燃烧室的低。这是因为在分隔式燃烧室中,由于其副燃烧室的壁温较高,滞燃期较短,燃烧压力不大高,从而最高燃烧温度降低。在副燃烧室中过剩空气系数 α 小,使燃烧在缺氧条件下进行,这些均抑制了 NO_x 的生成。当燃气进入主燃烧室后,因主燃烧室中大量空气的冷却以及活塞开始下行,对 NO_x 的生成更不利,故分隔式燃烧室 NO_x 含量要比直喷式燃烧室低 $1/3 \sim 1/2$。分隔式燃烧室利用二次涡流促进主燃烧室的混合气体形成和燃烧,在主燃烧室中减少或避免高温局部缺氧的不利影响,所以其 HC 和 CO 的含量也较低。但它的散热与流动损失大,致使燃油消耗率较高,经济性较差。因此随着多气门技术和增压技术的推广,通过优化燃烧室形状,改进喷油系统(如延迟喷油,定时、高压喷射等)以及喷油系统的小型化、高压化和高速化,使直喷柴油机高速适应性大为改善,再加上经济性好,与分隔式燃烧室相比,现代直接喷射式柴油机得到更广泛的应用。

表 4-22　柴油机的排放特性

组分 燃烧室类型	CO		HC		NO_x	
	ppm	g/(kW·h)	ppm	g/(kW·h)	ppm	g/(kW·h)
直接喷射式	1000~1500	4.1~10.9	500~1500	2.0~5.4	1500~2500	16.3~21.8
分隔式	700~1000	2.7~6.8	200~300	0.7~2.7	300~500	5.4~10.8

2) 采用涡轮增压中冷

涡轮增压技术是提高柴油机功率、经济性及降低污染物排放量的最有效的措施之一。柴油机采用了废气涡轮增压后,提高了进气压力,增大了空气的供给量,过剩空气系数以及进气温度上升,使整个循环的平均温度提高,燃烧完全,因而降低了 HC 和 CO 的生成,颗粒排放量也降低了 50% 左右。但增压不带中间冷却时,由于进气温度较高,燃烧温度也相应地提高,引起 NO_x 增加。只有采用增压带中间冷却器时,使进气温度降低到非增压柴油机程度,这样不仅降低了柴油机的热负荷,同时降低了最高燃烧温度,减少 NO_x 的生成(图 4-36),而且还可降低 CO 和微

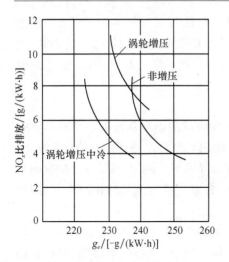

图 4-36　增压中冷对柴油机
排放特性的影响

粒的生成,改善柴油机的动力性和经济性。与非增压发动机相比,增压中冷发动机功率一般可提高 20%～50%。目前,欧美重型柴油机基本上都采用此技术。

3) 适当减少喷油提前角

由于点火推迟,燃烧过程较多地在膨胀过程中进行,这可使最高燃烧温度降低,且燃气在高温下停留时间缩短,因此 NO_x 会降低。但是过早点火燃烧,因扩散燃烧期延长,在直接喷射式柴油机中,碳烟、CO 及 HC 都会显著增大。此外,因燃烧过程滞后,有效膨胀比减少,故柴油机的动力性能及经济性均随之下降。在分隔式燃烧室柴油机中,随着喷油提前角的减少或喷油延迟角的增加,其动力性能及经济性能相应下降,但碳烟、CO 及 HC 的浓度增加不多,NO_x 减少量也较小。图 4-37 给出了喷油提前角对柴油机排放性能影响的变化规律。

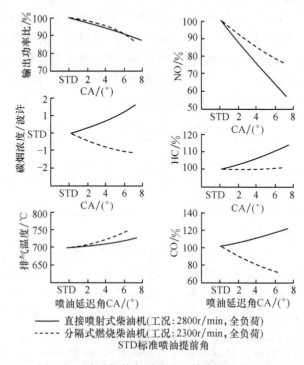

　　　　直接喷射式柴油机(工况:2800r/min,全负荷)
- - - - 分隔式燃烧柴油机(工况:2300r/min,全负荷)
STD标准喷油提前角

图 4-37　喷油提前角对柴油机排放特性的影响

由图可知,减少喷油提前角或增加喷油延迟角,可以有效地控制 NO_x 的生成,而为了抑制因燃烧滞后所引起的碳烟增加及经济性恶化,应适当选择燃烧室形式。

4) 燃料改进措施

燃料方面改进措施主要有:采用代用燃料、提高燃料的十六烷值、减少柴油中含硫量和芳香烃含量等,这些技术措施都可降低尾气中有害污染物的排放。

(1) 代用燃料。采用代用燃料是控制柴油机排放的重要方法之一,目前,代用燃料主要有天然气、液化天然气(LNG)、液化石油气(LPG)、甲醇、二甲醚(DME)、碳酸二甲酯(DMC)及生物柴油等,其中甲醇、天然气和液化石油气被认为是很有发展前途的代用燃料,而 DME 是近年来备受关注的柴油机代用燃料,它可从煤、天然气和生物物质废料中制得。DME 自燃性很好,可直接代替柴油;具有与一般柴油机相同或略高的动力性能和经济性;能够消除排烟,NO_x 排放比柴油机低 30% 以上,若同时采用废气再循环时,可将 NO 排放进一步降低到一般柴油机的 50%,同时降低 PM 和 NO。

(2) 燃油的改性。

① 提高十六烷值。柴油的十六烷值越高,着火延迟期越短,点火质量越好;各种污染物的排放一般随柴油十六烷的增加而下降,增加柴油的十六烷值,能有效地降低发动机尾气颗粒 PM、CO 和 NO 的排放。

② 降低芳香烃在燃油中的含量。芳香烃的密度比较大,着火性比较差,燃烧过程中会产生更多的炭黑,使尾气中的 CO、HC、NO 以及 PM 都有所增加。因此,降低芳香烃的含量可以有效地控制有害污染物的排放。

③ 降低燃油中的含硫(S)量。在燃烧过程中柴油中的 S 有 1%~3% 转化为硫酸盐排出;其余的主要转化为 SO,研究表明,在直喷式柴油机中,燃油中 S 分从 0.30% 降低 0.05%,微粒排放量将减少 10%~30%。

5) 柴油掺水燃烧

在柴油机中掺水并借助于乳化剂的作用,使油水混合形成均质乳化油。在燃烧过程中,乳化油的水分急剧汽化,体积膨胀,产生"微爆",它可以促进油滴细化及其与空气的进一步混合,从而使燃烧得到改善。此外,由于水分的汽化、分解($H_2O \longrightarrow H + OH$),以及水分与燃油中碳原子发生的水煤气反应($C + H_2O \longrightarrow CO + H_2$)都是吸热反应,可以适当降低最高燃烧温度,因此柴油机掺水燃烧,对于降低燃油消耗率、排气温度,减少氮氧化物以及碳烟浓度都有较好的效果。但是,由于燃烧温度降低,使 CO 和 HC 的排放量有所提高。图 4-38 列出了柴油机掺水燃烧时,掺水量对排放特性影响的试验结果[33]。

实验证明,当喷水量等于燃油量时,NO_x + HC 的排放将降低 50% 左右,而功率仅仅降低 4%;但是,进气管喷水会造成进气管、气缸的腐蚀增加,油底壳易积水。为了保证柴油机有个较好的综合排放特性,较好的启动性能与在低负荷下

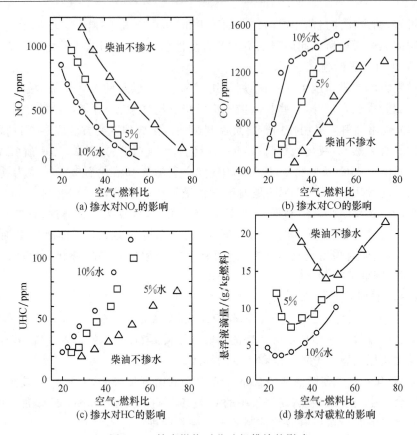

图 4-38　掺水燃烧对柴油机排放的影响

燃烧的稳定性,柴油机掺水量一般控制在 20% 以内。此外,因掺水燃烧可能会加剧润滑油的稀释变质及燃烧室有关零部件的腐蚀等缺点,使其应用受到限制。

6) 采用废气再循环(EGR)

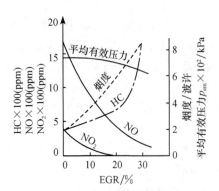

图 4-39　废气再循环对柴油机特性的影响
试验机型:直接喷射式柴油机转速 1500r/min

柴油机和汽油机一样,也可采用废气再循环 EGR 降低氧浓度和最高燃烧温度,从而可明显地减少 NO_x 浓度,因此国外的客车和轻型卡车用柴油机已普遍采用了 EGR 技术。重型卡车柴油机也在逐渐采用 EGR[34]。图 4-39 所示的试验结果表明,EGR% 增加到 15% 时,NO 的排放浓度可减少 2/3。但是废气再循环导致局部缺氧燃烧。碳烟及 HC 的浓度增加,动力性能及经济性也会降低。与汽油机相比,柴油机废气中大量的 PM 和其他污染物被直接引入气缸不但会增加活塞环和缸套的磨损,还会稀释润滑油并加速其变质。柴油机采用 EGR 相当于将一定数量的 CO 和水蒸气添加到进气空气中而成为一种稀释剂,并使进气工质的密度和 O_2 浓度下降,因而缸内可燃混合气体的燃烧速度和燃烧温度均有所降低,最终导致发动机的动力性和经济性下降,HC、CO 和 PM 的排放量增加。为了提高 EGR 的效果,有必要对 EGR 废气进行中冷却,即让废气通过 EGR 冷却器冷却后再进行废气再循环,这样因进气温度与燃烧温度降低,致使 NO 的生成量减少,同时可以减轻颗粒排放。研究表明,冷却 EGR 仅在中等负荷下的效果突出。小负荷(节气门开度 35%)时,EGR 冷却与否对 NO_x 的排放无显著影响。当负荷超过节气门开度 75% 时,虽然 EGR 仍可进一步减少 NO 排放,但会造成发动机性能大幅度下降。故大负荷工况时不宜采用 EGR。为了满足不同的动力性能和经济性能需求,有必要对柴油机不同工况下的 EGR 率分别进行优化控制,即根据发动机的转速及负荷大小,针对启动、怠速及高速、油门全开以及加减速等不同工况的特点,并考虑温度、气压等因素对 EGR 的影响,对引入进气岐管的废气量进行综合控制。其控制的基本原则是:在发动机启动、加速以及大负荷高速行驶时停止 EGR;而在低、中等负荷时 EGR 率应随负荷的增大而增大。为了解决控制因素的多样性和参考工况的复杂性,目前 EGR 系统主要有三种:机械式、气电式和电控式(图 4-40)[35]。电控式 EGR 与机械式及气电式 EGR 相比,具有动态响应好、调节精度高、排气回流量大及结构简单等优势,因此成为 EGR 系统的主要发展方向。

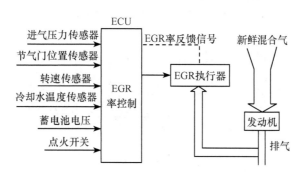

图 4-40　电控式控制原理图

涡轮增压柴油机在 30%～50% 负荷以上的工况下,平均排气压力低于平均进气压力。故废气再循环难以实现。为此,各国学者提出了多种在增压柴油机上实现废气再循环的方案。主要有:通过调整正时实现内部 EGR;在进气管或排气管内装节流阀,通过节流来降低进气压力或提高排气压力;通过辅助装置或活塞本身的压力将废气压入进气管;通过在进气管加装文丘利管(Venturi pipe),降低 EGR 接头处的进气压力;利用压力波动等。其中采用文丘利管 EGR 能较方便地在高工况下实现排气再循环,并且附加泵气损失少、成本不高,有很大的优越性。

3. 柴油机尾气净化技术

柴油机尾气中氧含量较高,HC 和 CO 的含量比汽油机低得多,其主要有害物是 NO_x 和微粒,因此柴油机尾气净化的重点是降低 NO_x 和减少碳烟。后处理措施有微粒净化装置、选择性还原催化器及脉冲电晕等离子体化学处理技术等。其中,选择性还原催化转化器在富氧条件下还原 NO_x,用氧化催化器降低 HC、CO 的排放量和颗粒 PM 状物质中的有机成分;用微粒过滤装置收集柴油机排气中的颗粒状物质等。

1) 采用微粒净化装置

在柴油机中排放的碳烟中,含有许多微小的液态、固态粒子,为了减少碳烟对环境的污染,可以在排气系统中安装微粒净化装置(又称捕集器),以除去排气中的碳烟粒子。通常,这种装置可将柴油机的微粒减少 $70\% \sim 90\%$,满足大气污染标准对颗粒排放的限制。

图 4-41 为催化剂金属网净化器。排气通过附有催化剂的金属网时,将排气中的微粒捕捉不使其排出,再利用 CO 和 HC 的氧化反应热使碳烟颗粒燃烧。因其实用性较好,目前应用较广。图 4-42 是陶瓷净化器,它是利用多孔陶瓷滤除碳烟颗粒,净化效果较好,平均过滤效率达到 90%,但流动阻力大。为了防止碳烟颗粒在其中的积聚,可采用燃烧的方法使净化器中的陶瓷滤芯再生,但结构复杂,且可能造成陶瓷芯的烧结损失,因而在使用上受到一定限制。

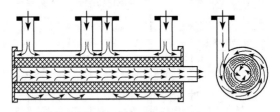

图 4-41　催化剂金属网净化器

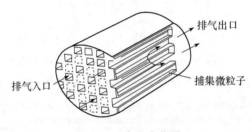

图 4-42　陶瓷净化器

2) 选择性催化还原系统(SCR)

为了进一步降低 NO_x,可以采用机后处理。目前最佳的机后处理方法是选择性催化还原系统。该系统以氨或尿素(urea)为催化还原剂,在发动机运转时,直接向排气管的催化器中喷入适量的浓度为 40% 的尿素水溶液。在大于 200℃下产生氨(NH_3),再与 NO_x 反应生成无毒的氮和水蒸气:

$$(NH_2)_2CO + H_2O \longrightarrow 2NH_3 + CO_2, \quad 4NO + 4NH_3 + O_2 \longrightarrow 4N_2 + 6H_2O$$
$$6NO + 4NH_3 \longrightarrow 5N_2 + 6H_2O$$
$$2NO_2 + 4NH_3 + O_2 \longrightarrow 3N_2 + 6H_2O, \quad 6NO_2 + 8NH_3 \longrightarrow 7N_2 + 12H_2O$$

一般情况下 SCR 可使 NO_x 的排放量降低 85%,在温度为 300~450℃时,该系统的效率最高,可使 NO_x 的排放量降低 90%~95%,使颗粒减少 50%,因此得到了较广泛的应用。但温度过低,NO_x 还原反应速率慢;而温度过高,会造成催化转换器损伤和生成新的 NO_x(在高温下 O_2 和 NH_3 发生氧化反应)。使用 SCR 降低 NO_x,要求柴油含硫量越少越好。因为硫会通过 $S \longrightarrow SO_2 \longrightarrow SO_3 \longrightarrow NH_4HSO_4$ 或者 $(NH_4)_2SO_4$ 的途径生成硫酸氢铵或硫酸铵,它们沉积在催化剂表面上会使其失活。为了进一步减少 CO、HC 和颗粒的排放,可在 SCR 后部设辅助催化器,使剩余的 NH_3 进一步发挥作用。

3) 脉冲电晕等离子体净化技术

脉冲电晕等离子体净化技术利用 5~20eV 的高能电子轰击反应器中的气体分子 NO_x、SO、O、HO 等。经过激活、分解、电离等过程产生很强的自由基 COH、HO、O 和臭氧等,强氧化物迅速氧化掉碳粒、NO_x 和 SO,在水的作用下生成硝酸和硫酸,加入适当的添加剂(NH 等)则生成相应的铵盐,可通过滤清器和静电除尘收集产物,从而达到减少污染的目的。但由于本过程产生了新的盐类和其他化学成分,有可能形成二次污染,目前尚处于理论研究和实验室内的应用。

4.3　内燃机排放控制的试验规范

内燃机排气污染成分的测定,除了与环境条件及运用工况有关外,还与试验方法及检测仪器有关。为了评价各类内燃机的排放水平,并对其有害排放污染物进行有效的控制,必须制定相应的试验规范,以便明确试验工况、取样方法、分析仪器及数据处理等方面的具体要求。自 20 世纪 50 年代美国洛杉矶地区出现汽车排放引起的烟雾污染以后,各国提出了许多排放控制的试验规范。现就其中一些有代表性的规范做简要介绍。

4.3.1　轻型车用汽油机排放的试验规范

1. 美国 CVS(Constant Volume Sampling)规范

CVS 是美国于 1972 年后开始执行的规范。它是模拟汽车在一段商业区街道上的实际行驶状态。试验规范有 LA-4C 冷启动工况和 LA-4CH 冷热启动工况两部分组成,用定容取样法取样,其规范内容如图 4-43 所示。

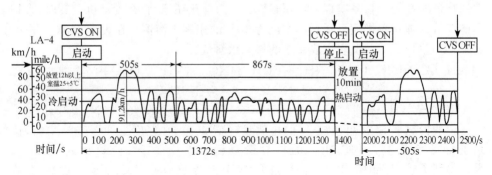

图 4-43　CVS 试验规范

　　LA-4C 冷启动工况规定实验车在 15.5～30℃的室温下停放 12h 后启动,并按图 4-43 所示的模式运行一个循环。最高车速为 91.2km/h,全程约 12km,历时 1372s。试验时需测量冷启动、运转后及最后一次减速停止点火后 5s 内的排放量,其结果以 g/km 表示。LA-4CH 冷热启动工况与 LA-4C 冷启动基本相同,它先按 LA-4C 模式运转一个循环,在室温下隔 10min 再热启动运行 505s 停车,试验时需加测热启动的排放量。最后取 43%LA-4C 工况的排放量与 57%LA-4CH 工况的排放量之和作为 CVS 规范的计算排放量。

　　2. 欧洲 ECE-15 排放测试规范

　　从 1975 年起欧洲经济委员会 ECE 为模拟欧洲城市内汽车运行情况而制定的一个汽油车排放测试规范,ECE-15 法规。试验车在 20～30℃的室温下放置 6h 后开始,行驶试验规定按图 4-44 所示的 ECE-15 工况模式运转,连续重复 4 次循环,每一个循环持续 195s,相当于行驶 1.01km,最高车速为 50km/h,历时 780s。1995 年欧洲经济委员会 ECE 与欧洲经济共同体 EEC 实施新的汽车排放规范,它是由市区 ECE-15 的工况循环(相当于图 4-45 的 1 部)和 1 个郊区行驶工况模式 EUCD

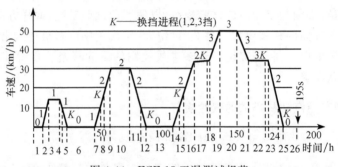

图 4-44　ECE-15 工况测试规范

(相当于图 4-45 的 2 部)组成的,其中 1 部由 4 个单元串接。

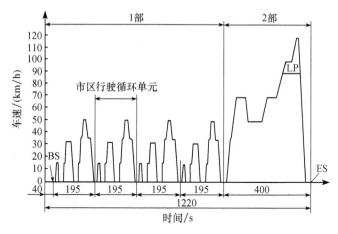

图 4-45 欧洲汽车排放测试规范

BS—取样开始 ES—取样结束 LP—低功率车辆最高车速

4.3.2 柴油机排放的试验规范

1. 美国重型车用柴油机 13 工况规范

该试验规范最初是加利福尼亚州政府于 1971 年提出的,1974 年经美国联邦政府认可,成为世界上第一部柴油机排放试验法规。它规定柴油机先在(90 ± 10)%标定功率下运行 50h,然后按表 4-23 所示的试验模式运行一个循环,采用直接取样法,测得污染成分浓度以克/(马力·小时)表示。

表 4-23 美国柴油机 13 工况规范

运转工况	转速/(r/min)	负荷率[①]/%	运转时间/min	累计时间/min	加权系数
1	急速	0	10	10	1,7,13 工况均为 0.2
2	中间转速(系最大扭矩转速和 60%标定转速二者中的最大值)	2	10	20	0.08
3		25	10	30	0.08
4		50	10	40	0.08
5		75	10	50	0.08
6		100	10	60	0.08
7	急速	0	10	70	1,7,13 工况均为 0.2
8	标定转速	100	10	80	0.08
9		75	10	90	0.08
10		50	10	100	0.08
11		25	10	110	0.08
12		2	10	120	0.08
13	急速	0	10	130	1,7,13 工况为 0.2

注:① 负荷率是指标定功率特性上,相应转速下全负荷的百分数。

由于试验是在柴油机稳定运转工况下进行的,不能反应非稳定运转下的排放性能。在非稳定运转工况下因燃烧不正常,排放性能一般较差。为了严格控制非稳定运转时的排放质量。美国自1985年起开始采用联邦环境保护局(EPA)重型柴油机瞬态试验循环,即与颗粒排放一起采用CVS取样系统及相应的试验规范。有关重型车用柴油机的污染物排放标准见表4-16。

2. 欧洲稳态测试循环

从开始实施欧标后,采用了一种新的13工况法称为欧洲稳态测试循环(European steady state cycle,ESC),见表4-24,ESC测试循环的测试转速有以下三个:
$$A = n_{lo} + 0.25(n_{hi} - n_{lo}), \quad B = n_{lo} + 0.50(n_{hi} - n_{lo}), \quad C = n_{lo} + 0.75(n_{hi} - n_{lo})$$
式中,n_{lo}为柴油机工作转速范围的下限转速,n_{hi}为柴油机工作转速范围的上限转速。

表 4-24　重型车用柴油机排放测试用的欧洲稳态测试循环(ESC)

工况序号	柴油机转速	负荷百分比	加权系数	运行时间/min
1	怠速转速	0	0.15	4
2	A	100	0.08	2
3	B	50	0.10	2
4	B	75	0.10	2
5	A	50	0.05	2
6	A	75	0.05	2
7	A	25	0.05	2
8	B	100	0.09	2
9	B	25	0.10	2
10	C	100	0.08	2
11	C	25	0.05	2
12	C	75	0.05	2
13	C	50	0.05	2

3. 我国柴油机排放的试验规范

我国按照国际排放规范并结合国内具体情况,制定了GB 6456—86(汽车及工程机械用)及GB 8189—87(地下矿车、机车、传播及其他工农业机械用)两个柴油机排放试验规范。其中汽车及工程机械用柴油机排放规范中规定了:"如柴油机的最大扭矩在标定转速的60%~75%,则取最大扭矩;如最大扭矩转速低于标定转速的60%,取60%为标定转速;如最大扭矩高于标定转速的70%,取75%为标定转速"。表4-25介绍了机车用柴油机的排放试验规范。

表 4-25　内燃机柴油机排放试验工况

运转工况	转速/(r/min)	负荷率[①]/%
1 2	最低工作转速	0 25
3 4	转速 n_1[②]	100 25
5 6 7	转速 n_2[③]	25 50 100
8 9 10 11 12	标定转速	100 75 50 25 10

注：① 标定功率特性上、相应转速下全负荷的百分数。
　　② $n_1 = n_s + 0.5(n_b - n_s)$。
　　③ $n_2 = n_s + 0.5(n_b - n_s)$，$n_s$ 为标定功率速度特性上能稳定运转的最低转速，n_b 为标定转速。

参 考 文 献

[1]　严伯昌. 解读"国Ⅲ"标准及汽车尾气排放治理. 汽车维修,2007,(8):2

[2]　张雨. 汽油机瞬态排放分析. 长沙:国防科技大学出版社,2005

[3]　Heywood J R. Pollutant formation and control in spark-ignition engines. Prog Energy Combust Sci,1976,1:135

[4]　Newhall H K. Twelfth Symposium(Int.)on Combustion. The Combustion Institute,1968. 603

[5]　Daniel W A,Wentworth J T. Exhaust gas hydrocarbons-genesis and exodus,in vehicle emissions. SAE Technical Prog. Series,1964,(6)

[6]　Daniel W A. SAE Trans. Paper 700108,1970,79

[7]　Tabaczynski R J et al. SAE Trans. Paper 72112,1972,83

[8]　Stokes J,Lake T H et al. Gasoline engine operation with twin mechanical variable lift(TM-VL)valvetrain stage Ⅰ:SI and CAI combustion with port fuel injection. SAE Paper 2005-01-0752,2005

[9]　周能辉,谢辉. 全可变气门机构闭环控制试验研究. 机械工程学报,2006,42(10):132~137

[10]　Flierl R,Klüting M. The third generation of valvetrains-new fully variable valvetrains for throttle-free load control. SAE Paper 2000-01-1277,2000

[11]　川崎昌美,广渡载治,生驹卓也等. 新型 V6 汽油机的开发(一). 国外内燃机,2007,(2):27

[12]　庄兵,彭飞舟,黄贤龙. 内燃机废气再循环(EGR)率评价方法分析. 小型内燃机与摩托车,2007,36(4):31

[13]　Campau R M. Low emission concept vehicles. SAE J,1971,(80):1182

[14]　程至远,解建光. 内燃机排放与净化. 北京:北京理工大学出版社,2000

[15]　Weinberg F C et al. Nature,1978,271:341

[16]　Oppenheim A K et al. SAE Paper 780637,SAE Trans,1980

[17]　杨世春,李君,李德刚. 缸内直喷汽油机技术发展趋势分析. 车用发动机,2007,(5):8

[18]　周玉明,胡健丽,刘家全. 缸内汽油直喷稀薄燃烧技术. 内燃机,2006,(4):35

[19]　Shinji S,Masanori S,Hirohisa K. 新型 V6 高性能化学计量比直喷汽油机的开发. 国外内燃机,2007,4:19

[20]　Aoyama T et al. An experimental study on premixed—charge compression ignition gasoline engine. SAE Paper 96008,1996

[21]　Duret P,Venturi S. Automotive calibration of the IAPAC fluid dynamically controlled two-stroke combustion process. SAE Paper 960363,1996

[22]　Zheng J C. The effect of active species in internal EGR on pre-ignition reactivity and on reducing UHC and CO emissions in homogeneous charge engine. J SAE,2003,(05)

[23]　Thomas W R,Timothy J C. Homogeneous charge compression ignition of diesel fuel. SAE Paper 961160,1996

[24]　纪常伟,何洪等. 均质充量压缩燃烧(HCCI)的研究进展与展望. 黑龙江工程学院学报(自然科学版),2006,20(4):37

[25]　许建民,李岳林,刘志强. 车用汽油发动机排放控制技术浅谈. 汽车运用,2007,(5):29

[26]　中山幸夫. Development of a 1. 3 L 2 plag engine for the 2002 year model fit. Honda R&D Technical Review,2001,13(2):43

[27]　Brogan M S,Clark A D,Brisley R J. Recent progress in NO_x-trap technology. SAE Paper 980933,1998

[28]　Miyoshi N,Matsumoto S,Katoh K et al. Development of new concept three-way catalyst for automotive lean-burn engines. SAE Paper 950809,1995

[29]　许建民,李岳林,肖志华. 车用汽油机排放控制技术,公路与汽运,2007,(118):5

[30]　Matsumoto S,Ikeda Y,Suzuki H et al. NO_x storage-reduction catalyst for automotive exhaust with improved tolerance against sulfur poisoning. Applied Catalysis B:Environmental,2000,25(2,3):115

[31]　刘巽俊. 内燃机的排放与控制. 北京:机械工业出版社,2003

[32]　Henein N A. Combustion and emission formation in fuel sprays injected in swirling air. SAE Paper 710220,1971

[33]　Herzog P L et al. SAE Technical Paper,920470,1992

[34]　王吉华,居钰生,王鹏等. 柴油机电控 EGR 系统的研究. 现代车用动力,2007,(125):20

[35]　邹敏,孙跃东,张振东. 柴油机 EGR 系统的应用技术分析. 机械设计与制造,2006,(11):82

第5章　燃气涡轮发动机的排气污染和控制

随着我国航空事业的迅速发展,军用和民用航空燃气涡轮发动机的性能不断提高,发动机向大气排放的污染物日益增多,特别是大城市中飞机场周围地区大气污染更为严重。燃气轮机排放的污染物主要有一氧化碳(CO)、氧氮化物(NO_x)、冒烟、未燃碳氢化物(HC)和硫氧化物(SO_x)等,这些有害物质对人类及其依存的生态环境造成了严重的危害。由于飞机在高空飞行,燃气涡轮发动机在空中所排放的污染物比地面动力装置排放的污染物对大气的影响更为明显,更容易导致温室效应和全球气候的变化。故应了解它们的生成机理,研究排放控制技术以及燃烧室工作过程对污染物生成的影响,并把其排放水平作为评价燃气轮机性能的一个重要指标。

为了使燃气涡轮发动机具有更强的竞争力与更高的环境友好性,满足世界卫生组织日益严格的环保要求,在提高燃气轮机性能的同时,必须降低油耗,降低污染物排放,发展低污染燃烧技术是促使空运迅速发展的一项十分重要的关键技术。为了控制发动机排放对环境造成的影响,美国环境保护局(EPA)对各种航空燃气轮机作了一系列强制性的污染标准的规定,从事航空研究的制造工厂、研究单位都必须按照这些规定研制生产发动机。国际民航组织(ICAO)于1981年通过了《航空发动机排放物》标准,我国民航总局也对污染物排放作了相应的规定。

5.1　排气污染的标准

5.1.1　污染量的指标

排气污染量通常可用下列几个指标来衡量。

1. 排放指数 EI

在发动机排气污染排放中,通常可用排放指数来表示排放量,其定义为每公斤燃油所产生的污染物的克数。

2. 排气污染物参数 EPAP

在一个规定的起飞-着陆循环(landing take-off,LTO)中,每 1000lb(磅)推力小时所排放的污染物(CO、HC、NO$_x$)的磅数,称为排气污染物参数,用 EPAP 来表示[1]。

$$\text{EPAP}_i = \frac{\sum_{j=1}^{4}\left(\dfrac{t_j}{60}\right)\left(\dfrac{W_{fj}}{1000}\right)(\text{EI}_{ij})}{\sum_{j=1}^{4}\left(\dfrac{t_j}{60}\right)\left(\dfrac{F_{N_j}}{1000}\right)} \quad [\text{lb}/(1000\text{lb 推力} \cdot \text{h})] \qquad (5\text{-}1)$$

式中,EI 为排放指数[lb/(1000lb 燃料)],F_{N_j} 为 j 状态下推力(lb),W_{fj} 为 j 状态下燃油流量(lb/h),t_j 为 j 状态下运转时间(min),i 为污染物(CO、HC、NO$_x$),j 为发动机工作状态(慢车、进场、爬升和起飞)。

在文献[2]中,按额定推力计算污染物排放标准是:在上述同一规定的起飞-着陆循环中按额定推力(而不是按循环相加的推力小时)规范化排放量来表示,该标准用 SI 单位制表示,因此 EPAP 计算公式为

$$\text{EPAP}_i = \sum_{j=1}^{j} \frac{(60t_j)(W_{fj})(\text{EI}_{ij})}{F_r} \quad [\text{g}/(\text{kN 推力})] \qquad (5\text{-}2)$$

式中,EI 为排放指数(g/kg 燃料),F_r 为额定推力(kN),W_{fj} 为 j 状态下燃油流量(kg/s),t_j 为 j 状态下运转时间(min)。对于 CF6-50C 发动机,相应于 CO、HC 和 NO$_x$ 的 EPAP 允许值分别为 36.1g/kN、6.7g/kN 和 39.3g/kN。

从污染观点来看,用 EPAP 来表示污染物排放量是满意的,但是通常用 EI 来表示燃烧室污染性能更为方便,如果发动机燃油消耗量已知的话,这两种指标可以转换。

3. 发烟指数 SN

发烟指数用 SN 表示,它是用来测量排气中未燃的固体碳粒,把所取的烟粒通过规定的指示过滤纸的反射率来测定

$$\text{SN} = (1 - R_s/R_w) \times 100 \qquad (5\text{-}3)$$

式中,R_s 为有烟痕过滤纸的绝对反射率,R_w 为清洁过的过滤纸的绝对反射率。如果 SN 为零,则表示排烟中无碳粒,SN 小于 25 时为无烟。

5.1.2　排气污染的标准

1. 国际民航组织排气污染的标准

国际民航组织(International Civil Aviation Organization,ICAO)在 1981 年颁布了《航空发动机的排放》标准,其中规定的排放污染物为:一氧化碳(CO)、未燃碳氢化合物(HC)、氧化氮(NO$_x$)和烟四种。制定标准时着重考虑污染物对机场及其

周围环境的影响。为此,标准只考虑发动机从其进场航线的某一高度处着陆至起飞到同样高度时这一段时间内的排放量,即起飞-着陆循环(LTO)过程中的排放量。在国际标准中排气污染参数定义为在起飞-着陆循环期间排放污染物与起飞推力 F_∞ 之比,用 D_p/F_∞ 来表示,其单位为 g/kN,参数 $D_p/F_\infty = \sum W_{fj} \cdot EI_j t_j / F_\infty$,可近似写成 $D_p/F_\infty \approx KC_s EI$,作为排放指数 EI(代表燃烧室技术水平)与耗油率 C_s(与发动机循环有关)的乘积。

为了加强对环境的保护,1983 年国际民航组织成立了其下属的航空环境保护委员会(Committee Aviation Environmental Protection,CAEP)。该委员会在1986 年召开了第一次会议,制定了排放标准 CAEP1;1993 年召开了第二次会议,在会上规定对原来的 HC、CO 和冒烟标准保持不变,而对 NO_x 的排放标准进行了修订,制定了 CAEP2 标准,要求把氮氧化物排放量降低 20%。以后 CAEP 相继在1999 年第四次会议和 2004 年第六次会议上分别制订了 CAEP4 和 CAEP6 标准,要求进一步降低 NO_x 的排放量,加强对氮氧化物排放的限制,同时考虑到高增压比发动机虽然会增加氮氧化物的排放,但对提高发动机的整体性能有利,所以允许适当放宽对增压比大于 30 的发动机的氮氧化物排放量的要求。下面对 CAEP 标准中涡轮喷气和涡扇发动机部分做简要介绍。

1) 涡喷和涡扇发动机的标准 LTO 循环

航空发动机分为亚音速飞行和超音速飞行两类,它们的标准 LTO 循环的运行状态、推力设置和每个运行状态下的运行时间如表 5-1 所示[3,4]。其运行状态可分为发动机起飞、着陆、爬升、进场和地面滑行等,两类发动机的标准 LTO 稍有不同。

表 5-1　涡喷和涡扇发动机的标准 LTO 循环

运行状态	作亚音速飞行的发动机		作超音速飞行的发动机	
	推力设置	状态运行时间/min	推力设置	状态运行时间/min
起飞	100% F_∞	0.7	100% F_∞^*	1.2
爬升	85% F_∞	2.2	65% F_∞^*	2.0
进场	30% F_∞	4.0	34% F_∞^*	2.3
滑行、地面慢车	7% F_∞	26.0	5.8% F_∞^*	26.0

在表 5-1 中 F_∞ 为在海平面(ISA)静止状态发动机不喷水以正常工作状态起飞时可用的最大功率或推力(额定输出),F_∞^* 是使用加力时的额定输出。

2) CAEP 排放标准

在 CAEP 排放标准中,排放物的规定值为在 ISA、绝对湿度为 0.00629kg 水/kg 干空气时的值。

(1) CAEP1 标准排放规定值如下：

① 作亚音速飞行的航空发动机污染物排放的规定值为：

烟　在任何推力值时，发烟指数 $SN = 83.6(F_\infty)^{-0.274}$ 或取 50，或者取两者中数值为小者，此规定适用于 1983 年 1 月 1 日以后出厂的发动机。

气体污染物　下述规定适用于 1986 年 1 月 1 日以后出厂的额定输出大于 26.7kN 的发动机。

$$HC: D_p/F_\infty = 19.6, \qquad CO: D_p/F_\infty = 118$$
$$NO_x: D_p/F_\infty = 40 + 2\pi_\infty$$

式中，π_∞ 为海平面静止状态时起飞推力额定值的压比。

② 作超音速飞行的航空发动机污染物排放规定值为：

烟　在任何推力值时，发烟指数 $SN = 83.6(F_\infty)^{-0.274}$ 或取 50，或者取两者中数值为小者。

气体污染物　下述规定适用于 1982 年 2 月 18 日以后出厂的所有发动机。

$$HC: D_p/F_\infty^* = 140(0.92)^{\pi_\infty}, \qquad CO: D_p/F_\infty^* = 4550(\pi_\infty)^{-1.03}$$
$$NO_x: D_p/F_\infty^* = 36 + 2.42\pi_\infty$$

(2) 在 CAEP2、4 和 6 标准中，NO_x 排放规定值[5]分别为：

① CAEP2 标准中规定适用于 1995 年 12 月 31 日以后制造的发动机。

$$LTONO_x: D_p/F_\infty = 32 + 1.6\pi_\infty, \qquad CAEP2$$

② CAEP4 标准中规定适用于 2003 年 12 月 31 日以后制造的发动机。

对于发动机 $30 < \pi_\infty < 62.5$，起飞推力为 $26.7kN < F_\infty \leqslant 89kN$ 时，

$$LTO\ NO_x: D_p/F_\infty = 42.71 + 1.4286\pi_\infty - 0.4013F_\infty + 0.00642\pi_\infty \times F_\infty, \qquad CAEP4$$

起飞推力为 $F_\infty > 89kN$ 时，

$$LTO\ NO_x: D_p/F_\infty = 7 + 2\pi_\infty, \qquad CAEP4$$

③ 标准 CAEP6 中规定适用于 2007 年 12 月 31 日以后制造的发动机，对于发动机 $30 < \pi_\infty < 62.5$，起飞推力为 $26.7kN < F_\infty \leqslant 89kN$ 时，

$$LTONO_x: D_p/F_\infty = 42.16 + 1.4286\pi_\infty - 0.5303F_\infty + 0.00642\pi_\infty \times F_\infty, \qquad CAEP6$$

起飞推力为 $F_\infty > 89kN$ 时，

$$LTO\ NO_x: D_p/F_\infty = -1.04 + 2\pi_\infty, \qquad CAEP6$$

因氮氧化物 NO_x 的排放对环境污染越来越严重，所有标准中对 NO_x 的规定也日趋严格，以 CAEP1 为基准，分别与 CAEP2、CAEP4 和 CAEP6 标准相比，相对前一个标准，后者 NO_x 的排放分别降低 20%、16.5% 和 12%（图 5-1）。而对于 CO、HC 以及冒烟的规定保持不变。

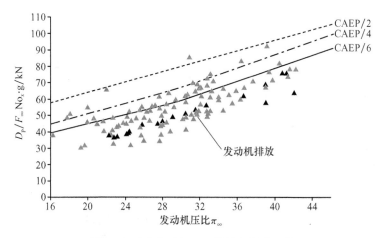

图 5-1　现有发动机 NO 排放与标准比较

2. 我国民用航空总局排气污染的标准

2002 年我国民航总局(Civil Aviation Administration of China,CAAC)对作亚音速飞行的所有涡扇和涡喷发动机以及作超音速飞行的新发动机污染物排放规定值为:

烟的排放不得超过:$SN = 83.6(F_\infty)^{-0.274}$ 或 $\leqslant 50$。

2002 年 4 月 19 日及以后制造的额定输出等于或大于 26.7kN 作亚音速飞行的新发动机气体污染物排放值不得超过:

$$HC:D_p/F_\infty = 19.6, \quad CO:D_p/F_\infty = 118, \quad NO_x:D_p/F_\infty^* = 32 + 1.6\pi_\infty$$

2002 年 4 月 19 日及以后制造的每台作超音速飞行的新发动机排出的气态污染物不得超过:

$$HC:D_p/F_\infty^* = 140 \times (0.92)^{\pi_\infty}, \quad CO:D_p/F_\infty^* = 4550 \times (\pi_\infty)^{-1.03}$$
$$NO_x:D_p/F_\infty^* = 36 + 2.42\pi_\infty$$

式中,F_∞^* 为使用加力时在标准大气条件下起飞时的最大功率或推力,π_∞ 为额定输出时达到的燃烧室进口压力和发动机进气压力之比。

3. 美国环境保护局排气污染的标准

美国环境保护局(EPA)在 1973 年颁布了《控制飞机和航空发动机引起的大气污染》标准,并从 1974 年、1976 年、1978 年 1 月 1 日起分别开始实行对不同种类、不同情况的发动机排气冒烟的控制。表 5-2 为 EPA 在 1979 年制定的飞机喷气发动机排气污染标准,其量值为燃烧 1kg 燃料产生的污染物克数(EI)。

表 5-2　　1979 年 EPA 排气污染标准　　　　　　（g/kg 燃料）

发动机类别	HC 总量（慢车）		CO 总量（慢车）		NO$_x$ 总量（慢车）		烟（起飞）	
	目前	标准	目前	标准	目前	标准	目前	标准
低于 3600kg 额定推力	14～50	5	45～200	25	8～15	12	40	<32
推力超过 3600kg	7～75	4	30～77	22.5	13～40	13	20～65	<25
JT8D、JT3D 发动机	7～75	2①	30～77	14①	13～40	13①	20～65	<25①
涡轮螺桨发动机	6～12	4	20～30	26.8	8～13	10	55	<50

注：① 为 1981 年的标准。

　　目前大多数航空发动机还达不到美国 1979 年规定的排气污染物标准。如表 5-3 所示为 JT8D—17 发动机排气污染物与规定值的比较，表 5-4 所示为 CF6—5C3 发动机的排气污染物排放。可见，如何降低发动机排气污染并达到标准是一项很重要的工作，尤其是随着未来发动机压比的继续增高，在采用同一燃烧室技术的情况下，NO$_x$ 排放将相应增加，这就加大了达到污染标准的难度。

表 5-3　　JT8D—17 发动机排气污染物

发动机工作状态　　　　　污染物含量	慢　车		进　场		爬　升		起　飞		EPAP（g/推力/h）	
	目标	实际	目标	实际	目标	实际	目标	实际	目标	实际
CO/(g/kg 燃料)	12.2	44.5	1.1	7.5	0.2	0.89	0.16	0.55	4.3	16
HC/(g/kg 燃料)	2.1	12.8	0.4	0.67	0.13	0.04	0.11	0.03	0.8	4.4
NO$_x$/(g/kg 燃料)	3.2	3.7	4.2	8.5	5.1	20.0	5.2	24.4	3.0	8.2
燃烧效率 η	0.9951	0.9769	0.9993	0.9976	0.9998	0.9998	0.9999	0.9998		

表 5-4　　CF6—5C3 发动机污染物排放

污　染　物	发动机工作状态	目　　标	现　　状
NO$_x$（按 NO$_2$）(g/kg 燃料)	起飞	10	34.7
CO/(g/kg 燃料)	慢车	20	32.6
HC/(按 C$_m$H$_{1.9m}$)(g/kg 燃料)	慢车	4	5.35
冒烟，SAE 的 SN 数	起飞	15	11.8

4. 军用飞机污染目标

　　由于军用飞机与民用飞机用途不同，它们的基本设计思想也不相同，对于军用飞机来说，飞机性能和污染排放之间的折中方案是无法接受的，因此空军规定污染目标仅是规定排放量，并使它与燃烧效率有关。

$$\eta = 1 - \frac{(EI_{CO})Q_{CO} + (EI_{HC})Q_{HC}}{Q_{fu} \times 10^3} \tag{5-4}$$

式中，η 为燃烧效率，EI_i 为 i 成分的排放指数（g/kg 燃料），Q_i 为 i 成分的低热值。

文献[6]提出了燃烧效率的计算基于另一种假定，即总的未燃碳氢燃料浓度按热值折算相当于多少甲烷数量，计算公式为

$$\eta = 1 - \frac{4343EI_{CO} + 21500EI_{HC}}{18.4 \times 10^6} \tag{5-5}$$

5.2　燃气轮机燃烧室排气污染物的形成及其控制

5.2.1　污染物的生成机理

在燃气涡轮发动机排气中，大部分污染物浓度与燃烧室内气流温度、成分变化以及发动机工作状态有关，发动机在不同工作状态下污染物测试结果如图 5-2 所示[7]，其中 CO 和未燃碳氢燃料 HC 浓度在低功率状况下最大，随着功率的增加，CO 浓度下降。相反，氧化氮 NO_x 的浓度在低功率时较小，而在高功率时达到最大值。对于无加力发动机，冒烟量最大可能出现在高功率状况，对于涡扇发动机，它的冒烟很少，甚至看不见。主要污染物生成机理如下。

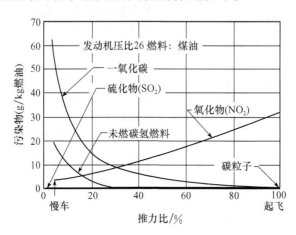

图 5-2　涡轮风扇发动机的排气污染特性

1. 一氧化碳（CO）

CO 是一种不完全燃烧产物，通常在主燃区中大量形成，在主燃区后中间区被氧化成 CO_2。如果航空发动机燃烧室主燃区设计成富油，那么因缺乏氧气，不能完全燃烧生成 CO_2，而产生较多的 CO；如果主燃区设计成化学恰当比或稍贫油，那

么相当大量的 CO 的存在是因为主燃区温度高,CO_2 高温热分解造成的。但是随着主燃区下游内外环冷空气的不断掺入,降低燃气温度可以使 CO 减到最小。

实际上 CO 的排放在低功率时达到最大,可能是在此状态下燃烧室内气流温度与油气比较低,燃油雾化不好,停留时间太短,因而使燃烧速度太低,燃料不完全燃烧造成的;也可能是因为贫油主燃区内空气多,燃油和空气混合不好,使有些局部区域混合气体太贫不能进行燃烧;或混合气体太富,氧气不足而产生 CO。此外,如果主燃区火焰筒壁面冷却空气过多,发生骤熄燃烧过程或气膜冷却气体的淬熄作用,导致 CO 生成 CO_2 的反应中断,使 CO 含量增多。此外,在燃烧过程中 CO 还可被氧化成 CO_2,它的氧化速度取决于燃油在燃烧室内的停留时间与气流的温度。

2. 未燃碳氢燃料(HC)

燃油中有一部分碳氢化合物只是蒸发,没有来得及参加燃烧反应就通过了燃烧室。因此,在燃烧室出口未燃碳氢燃料以油珠或油蒸汽的形式出现,或者是燃油被加热分解成低分子量的甲烷或乙炔,形成 HC。由于 HC 的氧化速度比 CO 快,它的含量比 CO 少。它产生的原因是雾化不好,燃烧速度太低。火焰筒壁面冷却空气导致燃烧过程骤熄等。随着发动机功率的增大,HC 的排放减少,因此可通过改善燃油雾化,提高空气温度和压力,来加大主燃区内混合气体的化学反应速度,从而控制 HC。图 5-3 为进口压力对污染物 HC 和 CO 含量的影响[8]。由图可知,HC 生成机理与 CO 相似,因而控制 HC 含量的各措施,同时也可控制 CO 含量。

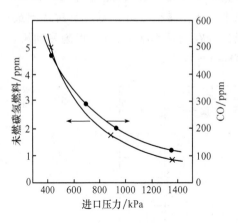

图 5-3　进口压力对排放量的影响

由于 CO 和 HC 都是燃油燃烧的中间产物,它们的排放量多少直接与燃油的氧化速度有关,而燃油的氧化反应取决于气流压力与温度、局部的油气混合比以及停留时间、燃烧室工作条件对 CO 和 HC 的影响,可以用气动载荷参数 Ω 来估算(图 5-4 和图 5-5),该参数综合反映了燃烧压力 P_B、进口温度 T_B、空气流量 W_a 和燃烧室容积 V 的影响[7,9]。

影响 CO 和 HC 生成的综合因素是燃烧效率。燃烧效率高时,HC 在所有发动机中都是很低的,当燃烧效率接近于 1 时,效率损失的产物主要是 CO。低功率或慢车状态时,燃烧效率一般在 90% ~ 96%,随着发动机功率的增大,相应的燃烧效率还会增加,CO 和 HC 与燃烧效率的关系见图 5-6。

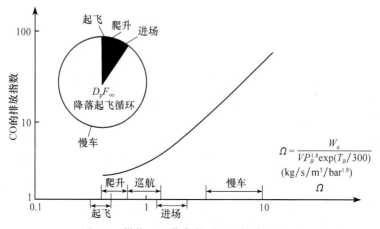

图 5-4　燃烧室工作条件对 CO 排放的影响

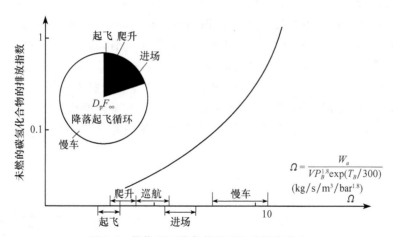

图 5-5　燃烧室工作条件对 HC 排放的影响

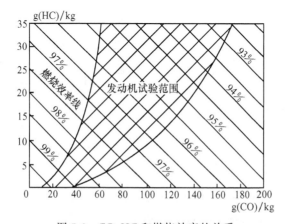

图 5-6　CO、HC 和燃烧效率的关系

3. 氮的氧化物 NO_x

由前述可知,燃料在燃烧过程中生成的 NO_x,按它的生成机理不同可分为"热力"、"瞬发"和"燃料"氧化氮三种[10],由于燃气轮机燃料大部分都是轻质油(如航空煤油等),燃料中含氮量低,因此 NO_x 产生的原因主要来自于"热力"NO 和"瞬发"NO,前者主要出现在高温贫油情况,而后者主要是在低温富油条件下产生。

研究表明,NO_x 的生成主要取决于发动机燃烧室内主燃区当量比 Φ、停留时间以及火焰温度,而这些因素又与发动机工作状态有关。图 5-7 表示在贫油范围内,NO 随着当量比的增加而增加。在富油范围,NO 随着当量比的增加而减少,只有当主燃区的当量比接近 1.0 时,由于此时火焰温度接近最高并且氧气充足,NO 排放量最大,而在贫油或富油范围工作时 NO 排放量都较低。实际上火焰筒内部油气比分布是不均匀的,化学反应过程是受局部温度和油气比的控制,油气比的影响取决于主燃区内油气混合质量,改善混合程度,可降低 NO 排放。

根据许多涡扇发动机的测试结果得出了燃烧室火焰温度与 NO 排放指数的关系曲线(图 5-8)[11]。随着火焰温度提高,NO 的排放也相应增加。燃烧室进口温度是影响 NO 排放的另一主要因素,图 5-9 表示的是燃烧室进口温度对 NO 排放的影响,NO 排放量随进口温度增加而很快地增加,这是因为进口温度增加,火焰温度也相应增加的缘故。根据测试结果,NO 与燃烧室进口温度 T_3(K)的关系为[11]

$$EI_{NO_x} = 4 \times 10^{-9} T_3^{3.64} \tag{5-6}$$

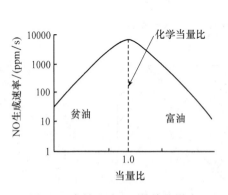

图 5-7　当量比对 NO 排放的影响

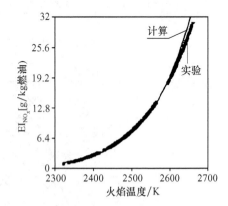

图 5-8　火焰温度与 NO 排放量的关系

NO 的生成量与燃烧室内压力的关系如图 5-10 所示,随着压力的增大,NO 的生成量增大,而且当量比越大,NO 的生成量增加得越快。

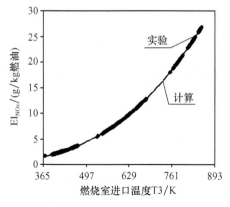

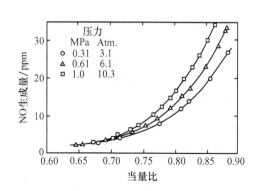

图 5-9　燃烧室进口温度对 NO_x 排放的影响　　　图 5-10　不同压力对 NO_x 排放的影响

　　由于氮氧化物主要在高温区形成,在涡扇发动机的工作状态中氮氧化物的氧化反应比燃油燃烧的氧化反应慢,因此所得的 NO_x 浓度与化学平衡相差甚远。为了预测燃烧室进口条件对 NO_x 生成的影响,法国 SNECMA 公司从试验结果得出一个参数 σ(图 5-11)来表示压力、出口温度、空气流量(或停留时间)对 NO_x 排放的影响。由图可知,NO_x 主要产生在起飞状态。

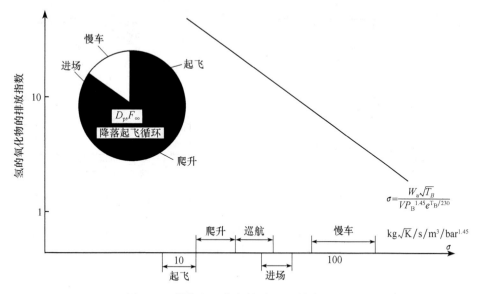

图 5-11　燃烧室工作条件对 NO_x 排放的影响

　　NASA 根据 UEET 计划对许多发动机进行污染性能试验,把所取得的数据综合成 NO 与燃烧室工作状态的关系式[12]

$$EI_{NO_x} = 0.06 \times P_3^{0.59} \exp(T_3/194) \times FAR^{1.69} (\Delta P/P\%)^{0.565} \qquad (5-7)$$

式中，T_3 为燃烧室进口温度（K），P_3 为燃烧室进口压力（kPa），FAR 为油气比。

4. 冒烟

燃气涡轮发动机排气冒烟主要成分为微小烟粒（尺寸在 $0.01\sim0.06\mu m$），它是由 95% 的碳、氢、氧以及其他成分组成。在燃烧室中烟粒子是在高温主燃区中局部富油区内生成。如图 5-12 所示，烟粒子主要在 IV 区生成，在那里由于头部喷出的油雾没有与旋流器流出的空气很好地混合，旋流形成的回流区（III）将高温燃气带回到喷嘴出口附近，使该区（IV）温度相当高，而又因燃油喷雾锥的隔挡，空气不容易进入，在这个区域内雾化了的燃油和局部已蒸发的燃油蒸气形成气泡。由于缺氧，油滴或油蒸气转变成烟粒子，这些烟粒子随着热回流气体进入主要燃烧反应区（II）时，在流动中因氧化而消耗一部分，并随着气流进入主燃区（V）和掺混区（VI）进一步氧化，消耗大部分，最后剩下尚未来得及氧化的烟粒子，排出发动机成为排气冒烟。

对于燃气涡轮发动机燃烧室，排气冒烟主要与燃料性质、燃烧室压力、温度、油气比、燃油雾化质量和燃油喷嘴等有关。燃料中氢的含量或氢/碳比对排气冒烟影响很大，如图 5-13 所示，含氢量越低，越易于冒烟，这是因为燃烧效率下降的关系。

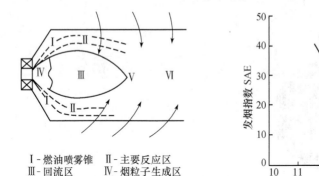

Ⅰ-燃油喷雾锥　　Ⅱ-主要反应区
Ⅲ-回流区　　　　Ⅳ-烟粒子生成区
Ⅴ-主燃区　　　　Ⅵ-掺混区

图 5-12　燃烧室中烟粒子生成区和消耗区的简图　　图 5-13　燃料中含氢量对发烟指数的影响

研究表明，燃烧室压力与当量比对排气冒烟有着重要的影响，如图 5-14 所示，在压力低于 0.6MPa 时几乎无冒烟，当量比大于 1.2 时随着压力增加，冒烟也增加，这是因为燃烧室压力增大会使油珠平均直径加大，雾化锥角变小，穿透深度降低，提高喷嘴附近局部区域富油程度，从而导致冒烟增加。另外，燃烧室出口温度提高，减少冒烟，可能是因碳粒消耗区扩大到掺混区，在那里有足够的空气和合适的温度，使碳粒烧掉。

由图 5-15 可知，不同类型喷嘴，混合气体成分对排气冒烟的影响是不同的。在相同工况下空气雾化喷嘴随着总气油比增加而下降，其原因是它的雾化和混合

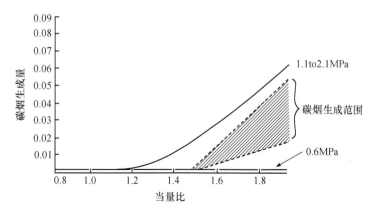

图 5-14 进口压力对排气冒烟的影响

性能得到改善,使主燃区燃烧完全,从而减少冒烟;而压力雾化喷嘴(如双油路离心)与它相反,随着气油比增加,燃油流量减少,从而使雾化质量下降,喷嘴下游局部区域燃油浓度和油珠尺寸加大,引起排气冒烟增加。

此外,影响排气冒烟的另一个因素是油珠尺寸,当喷嘴喷射出来燃油液雾在进入火焰前锋之前时,先从燃烧区吸收热量

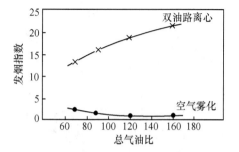

图 5-15 不同类型喷嘴对排气冒烟的影响

并使油珠蒸发,在液雾中较小的油珠在达到火焰前锋之前完全蒸发,与空气混合形成预混合气体态燃烧,而在油雾中较大油珠没有足够时间完全蒸发,因而形成油珠燃烧。每一个油珠周围有扩散火焰,碳粒形成只与燃油性质和油珠尺寸有关,图5-16 表明油珠尺寸对排气冒烟的影响,随着雾化质量的提高,液雾的 SMD 减小,油珠雾化和蒸发时间缩短,相应地进行化学反应的时间增大,有效地降低了碳粒的形成。在燃烧室中喷水(起飞时用)时,随着喷水的位置不同可能使冒烟增大(如在掺混区喷入水时骤然冷却会使烟粒的氧化反应淬熄)或减少(在燃烧室前或主燃区喷水)。

5.2.2 改善排气污染特性的措施

影响航空发动机燃烧室排气污染的主要因素有:
(1) 主燃区温度和当量比;
(2) 主燃区燃烧过程的均匀程度;
(3) 在主燃区的停留时间;
(4) 火焰筒壁面骤熄特性;

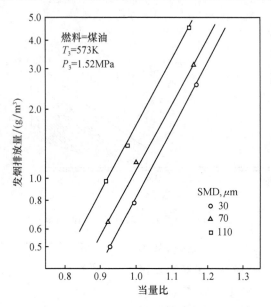

图 5-16　油珠尺寸对排气冒烟的影响

(5) 中间区的作用,这对 CO、HC 和从主燃区流出的气体中所含碳粒的氧化起了正作用,但是它能导致那些未完全燃烧的气体骤熄起了负作用,而后者对富油主燃区设计是很重要的。

改善燃气轮机燃烧室污染特性,实质上是控制或降低其各个有害污染成分。

1. 减少 CO 的排放

(1) 采用空气雾化喷嘴及蒸发管取代压力雾化喷嘴来改善燃油雾化,提高燃烧速度;

(2) 对燃烧室内各部分空气量重新分配,使主燃区的当量比接近于最佳值(0.7),进行贫油主燃区设计;

(3) 增加主燃区容积或停留时间,提高燃烧效率;

(4) 减少气膜冷却空气量,提高火焰筒壁温,抑制气膜冷却气体的骤熄作用;

(5) 压气机放气,在低功率状况下,采用压气机放气来增加主燃区的油气比和温度,从而减少 CO,由图 5-17 可知,压气机放气量增加,CO 排放量下降[7];

(6) 分级供油,分区燃烧,在低功率情况下,减少喷嘴数目,减少燃烧区容积,从而改善燃油雾化,提高燃烧区局部油气比。分级供油的基本形式为周向、径向和轴向三种。

周向分级在低功率时,停止向某些喷嘴供油,该技术用于环形燃烧室,其优点是可以补偿周围冷却空气对局部燃烧区骤熄影响。例如,文献[13]对双头部燃烧室进行燃油周向分级贫油熄火实验研究,结果表明燃油周向分级能显著降低贫油熄火油气比,熄火边界达到目标值($f/a < 0.005$);而 F101 燃烧室采用交替喷嘴供油(即周向分级)时,贫油熄火边界也有所改善(图 5-18),但尚未达到目标值,而且随着主燃区空气流量的增加,贫油熄火油气比还增大,这可能因为在高温升发动机燃烧室的主燃区内气流速度较大,限制了采用周向分级供油对贫油熄火极限的改善。

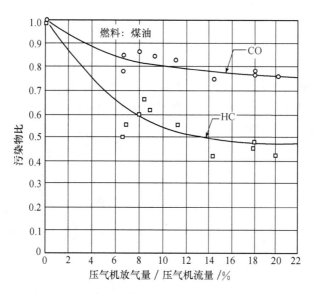

图 5-17　压气机放气量对 CO 和 HC 排放的影响

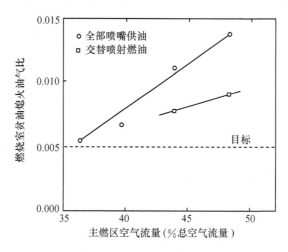

图 5-18　采用周向分级供油 F101 燃烧室贫熄特性

径向分级技术可用于双环腔燃烧室,在低功率时,可把全部燃油喷入燃烧室的内区或外区,在大功率时两个区都投入工作,例如,法国 SNECMA 公司的双头部燃烧室采用径向分级供油,可降低 NO_x 排放 30%。

轴向分级供油,即按低功率工况对主燃区性能进行设计,在高功率工况时,把所需的燃油在一个或几个轴向位置喷入燃烧室。用此方法可以显著地降低 CO。

所有以上这些措施都是为了提高低功率工况下的燃烧效率,从式(5-4)可知,燃烧效率与 CO 排放量有关。

2. 降低未燃碳氢化合物的排放

影响 CO 排放量的各因素同时也影响 HC 的排放量,这是因为 HC 和 CO 排放量的变化趋势相同(图 5-19)[14]。例如,F101 燃烧室在慢车状态对 13 种不同燃料进行 HC 与 CO 排放试验,结果表明 HC 与 CO 的相近关系对于不同性质的燃油仍然适用(图 5-20)[15]。

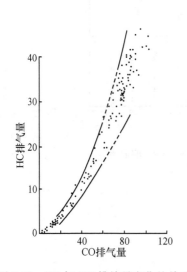
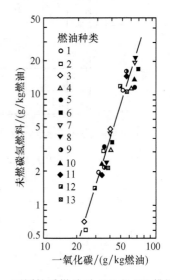

图 5-19　CO 与 HC 排放量变化的关系　　图 5-20　不同性质燃油对 HC 和 CO 排放的影响

3. 控制氧化氮的生成

降低氧化氮的关键在于,降低燃烧区(包括局部高温区)的温度和缩短气体在高温区的停留时间。其措施有:

(1) 贫油主燃区。增加进入主燃区空气量,使主燃区在贫油下工作,随着气油比增加,燃烧温度降低,从而使 NO 下降(图 5-21)[16];但是随着主燃区火焰温度下降,燃烧效率降低,会引起 CO 和 HC 增加,因此用这种方法降低 NO 时,必须权衡

CO、HC 和 NO 之间的关系。

（2）均匀燃烧。在贫油情况下，改善燃油雾化和混合，使燃烧均匀，消除局部过热点或高温区，以降低 NO。

（3）减少停留时间。缩短气体在高温燃烧区的停留时间，通过增加主燃区内气流速度和缩短燃烧室长度来减少停留时间，从而降低 NO。

此外，工业燃气轮机燃烧室对尺寸和重量的要求不如航空燃气轮机燃烧室那样高，因此还可使用或考虑以下各种技术，以便消除过热点或高温区，降低 NO。

（4）喷水。直接把相当于供油量 0.5～2 倍

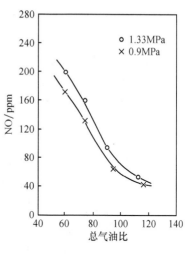

图 5-21　气油比对 NO 排放的影响

的水喷入主燃区，和混合气体均匀掺混，降低燃烧温度使 NO 减少（图 5-22）[7]。尽管喷水只用在起飞和爬升状态，但此法存在必须增加水泵对水的软化处理和储存等问题，因而作为地面用燃气轮机燃烧室降低 NO_x 排放量的措施较合适。此外，喷水太多，会降低燃烧效率，增加 CO 和 HC，引起燃烧噪声，影响燃烧室的寿命。

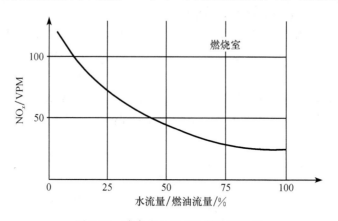

图 5-22　喷水流量对 NO 排放的影响

（5）喷蒸汽。喷脱氧剂（如氨可将 NO_x 转换成 N_2）来消除 NO_x，但在这个方案中必须有一个检测燃气中 NO_x 含量的检测器，一个计量喷射脱氧剂流量的调节系统和一个容积足以允许进行化学反应的反应器。同样此方案很难用于航空发动机。

（6）更换燃油。工业燃气轮机经常设计成可以使用各种燃料的燃气轮机（燃油、天然气、贫煤气、酒精等），试验表明，使用低热值燃料，由于火焰温度较低，在燃

烧室结构相同的情况下产生 NO_x 较少,而 CO 和 HC 相应要高些。另外,使用低热值燃料耗油率高,因此在同样情况下要求用较多的燃油。

(7)排气回流。完全燃烧的燃气是一种惰性物质,因此将它们冷却降温再返回到主燃区之前,可以有效地降低 NO,但是这项技术有时会带来 CO 含量增加,使燃烧设备尺寸增大,结构更复杂。

4. 降低排气冒烟

在航空发动机排气中烟粒非常细小,相对浓度也很低,一般小于 0.003%,但肉眼仍能看见,民航发动机要求冒烟排放下降到肉眼看不见,冒烟指数 SN<20。降低冒烟主要是从燃料和燃烧室设计两方面采取措施。

(1)采用冒烟低的燃料。由于燃油中芳香烃含量增多,氢含量或氢/碳比降低可使冒烟增加,为此,可采用芳香烃含量少的燃料或者在燃料中加添加剂。研究表明在燃油中加入少量金属有机化合物作为添加剂可以减弱碳结核形成炭黑过程或对生成炭黑微粒产生催化作用,促使其氧化燃烧,从而抑制排气冒烟,但其缺点是使涡轮叶片沉积。

(2)贫油主燃区设计。增加进入火焰筒头部的空气量,稀释头部富油区,可有效地控制烟的生成。但主燃区在贫油工作时,会影响燃烧的稳定性以及点火性能,有时在高功率状态还会引起 NO 的增加。

(3)改进燃油喷嘴。为了防止局部富油区,采用空气雾化喷嘴取代压力雾化喷嘴,使掺混均匀,这不仅可降低冒烟,而且对控制 CO、HC 和 NO_x 都有利。如英国 RR 公司 RB211 燃烧室采用空气雾化喷嘴后,降低了排气冒烟。又如 Olympus593 发动机燃烧室把环管燃烧室中的双油路压力雾化喷嘴改为空气雾化喷嘴后,排气冒烟只降低 25%,后来又利用蒸发管供油使排气冒烟明显降低(图 5-23)。

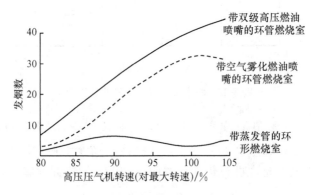

图 5-23　Olympus593 燃烧室改型降低冒烟的效果

(4)改进燃烧室设计。燃烧室主燃区改为化学恰当比或贫油设计,这样可防止局部富油,减少冒烟;但在高功率状态下可能增加 NO_x,影响点火及稳定性能。又如采用双级涡流器,减少进气面积,适当提高火焰筒内流动损失,增加主燃区气流穿透深度或减少气膜冷却空气,都可减少冒烟,但后者可能会引起壁温增加。

5.3　先进低污染燃烧技术

5.3.1　低污染燃烧技术发展概况

随着人们对环保意识加强,航空燃气轮机的环保性在适航要求中越来越突出;降低污染、延长寿命是航空燃气轮机的主要发展目标。为此,世界各国都对低污染燃烧技术进行广泛的研究,发展了不同形式的低污染燃烧室。例如,早在 20 世纪 70 年代美国就发展了分级燃烧技术、贫油预混预蒸发燃烧室(LPP)、催化燃烧室以及变几何燃烧室(VGC)等,其主要目的是为了大幅度减少氮氧化物的生成。

20 世纪 80 年代初为了适应馏分放宽的燃油,为了减少燃油馏分放宽后带来的燃料氮氧化物生成,世界各大发动机公司如 GE 与 SNECMA 等公司发展了富油燃烧/淬熄/贫油燃烧技术(RQL),着重研究 LPP 和 RQL 技术来降低 NO_x 排放量。计划目标是 3～8g/kg 燃料。为了能满足其他设计要求的同时,进一步降低 NO_x 的排放。20 世纪 90 年代 GE 公司开发了一种双环预混旋流(TAPS)燃烧室,以使污染排放比目前的标准低 85%。现在 GE 公司将此项技术用在 CFM56-7 发动机燃烧室上,排放量比 1996 年 ICAO 标准约低 65%。目前正在研发的 GEnx 发动机采用了 TAPS 燃烧室后,其 NO_x、烟、HC、CO 的排放只有 CAEP 标准的 45%、10%、5% 和 30%。此外,SNECMA 公司研制的双头部燃烧室的排放值比 1996 年的标准低 60%。R・R 公司研究一种贫油单级与轴向分级燃烧室,通过减少混合气体停留时间、加强混合,从而抑制 NO_x 的生成,2005 年在发动机上进行验证,其 NO_x 排放比 2004 年的 CAEP4 标准低 50% 以上。PW 公司发展的 TAL-ON 燃烧室是将 RQL 技术用于民用燃烧室,其中 TALON Ⅲ 的着陆和起飞时 NO_x 的排放量比 ICAO'96 标准减少 70%。我国也对 RQL/TVC[17]、TAPS[18] 以及 LPP 等低污染燃烧技术进行了研究,并在民用或航空燃气轮机低污染燃烧室方面都取得了一定的进展,例如,文献[19]发展了一种分级/贫油预混预蒸发低污染燃烧室方案,实现的分级燃烧与 LPP 相结合,以达到降低 NO_x 排放水平。

此外,GE 公司还研究减低排放的主动燃烧控制技术,以保证获得燃烧所需的贫油混合气体。为了提高燃烧室耐热能力,SNECMA 公司还开发了高温陶瓷基复合材料(ceramic matrix composite,CMC)燃烧室,该室因能减少冷却空气量,并把冷却的空气加到燃油/空气的混合物中,再次导致更贫的混合气体,且使燃烧室出口温度较均匀,收到很好的降低排放的效果。

同时还研究了贫油直接喷射(LDI)技术,即采用多点直接喷射把燃油输入燃烧室内,迅速与空气混合形成均匀贫油混合气体进行燃烧,这样可提高燃烧效率和降低 NO_x 排放。

当前,亚音速运输机发动机的 NO_x 排放指数为 30g/kg 燃油,采用双环腔燃烧室后降低到 20g/kg 燃油,而 NO_x 的排放随着燃烧室内压力和温度的升高而增加。这样,未来亚音速和超音速运输机的 NO_x 排放将达到 30~40g/kg 燃油,但 NO_x 排放指标为 3~8g/kg 燃油。因此,进一步减少排气污染,特别是降低 NO_x 排放量是未来先进民用发动机燃烧室的主要研究目标。开发成本效益优异的低氮氧化物排放技术是非常重要。

5.3.2　先进低污染燃烧室

5.3.1 节所述的降低污染措施适合于对原发动机进行改造,亦可用于新设计的发动机。但在原发动机上改造,其结果必定是采用污染和其他性能兼顾的折中方案。例如,如果增大燃烧室的容积,停留时间就会增长,在慢车状态下 HC 可降低,而在高功率状态时 NO_x 却会增加;另外在同一主燃区,缩短燃烧室长度会减少 NO_x 的排放,但可能增大冒烟程度。因此从长远来说,为了全面控制航空发动机排气污染,发展新型发动机技术,设计先进低污染燃烧室是非常需要的,如采用先进涡扇发动机,其耗油率要比涡喷发动机降低 40% 左右,从而降低 CO_2 的排放,减少对温室效应的影响。目前正在研制新一代的高涵道比发动机,其耗油率有望比现在的发动机再降低 12%~20%(图 5-24)[20]。

但是在研制新型航空发动机时面临一个技术难题,即同时降低四种污染物是很不易解决的,正如图 5-25 所示,一般燃烧室的主燃区为 1000~2500K,而只有在

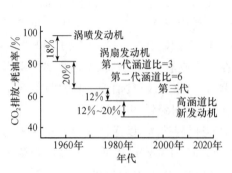

图 5-24　不同年代发动机耗油率和 CO_2 排放

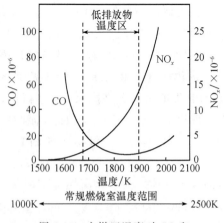

图 5-25　主燃区温度对 CO 和 NO_x 排放的影响

1670～1900K 很狭的温度范围内,CO 和 NO_x 都有较小的合适值。因此,各先进低污染燃烧室设计方案是要求在所有工作状态下都保持在该狭小的温度范围内,使 CO 和 NO_x 排放量都处于低值范围。主燃区的温度与该区的油气比或当量比有关,因此可通过控制主燃区的当量比,来保持火焰温度在所有工作状态下,都在所要求的低值范围之内。下面分别对分级燃烧室、变几何燃烧室(VGC)、催化燃烧室、贫油预混预蒸发燃烧室(LPP)、富油燃烧/淬熄/贫油燃烧(RQL)燃烧室以及双环预混旋流燃烧室(TAPS)等几种先进低污染燃烧室作简要的介绍。

1. 分级燃烧室(staged combustor)

由于航空燃气轮机燃烧室在低功率工况和高功率工况下排放的污染物有所不同,提出了分级燃烧室的方案,即把燃烧室分成几个燃烧区,在每个区单独供燃油和空气,并使其均匀混合。控制各区燃烧温度,使其在所有工况下都保持低的污染物排放。

分级燃烧室一般可分为径向、轴向和径/轴向分级三种。径向分级又因燃烧室设计方案不同,有双环腔燃烧室、双头部燃烧室等。轴向分级又有涡流燃烧与混合、轴向分级分区燃烧以及节能发动机燃烧等方案。

1) 径向分级燃烧室

径向分级燃烧室是一种径向分级或并联燃烧室,它把常规的单环腔燃烧室(SAC)按径向分成两个环腔,外环腔按小负荷设计,提供启动、高空点火和慢车工况下所需的温升,在慢车时选择 CO、HC 排放量最小的燃烧区当量比。在高功率时,两个环腔同时工作,使负荷较小、停留时间短、NO_x 排放量减少。该类燃烧室的优点是可实现低排放的所有性能指标,燃烧室长度短,火焰筒长度/高度比合理;其缺点是火焰筒冷却面积大,在中间状态因两个燃烧区都偏离最佳设计点,因此出口温度场不佳,很难保证均匀,喷嘴数增加,设计复杂。

(1) 双环腔燃烧室(DAC):双环腔燃烧室是一种径向分级燃烧室[21],如图 5-26 所示,它由一个中心体把火焰筒分隔成内、外两个预燃区。其每个区头部内装有燃油喷嘴,使每个头部可实现分级燃烧。在发动机启动/慢车状态时外预燃区的喷嘴工作,保持较高的油气比,气流速度低,燃烧时间长,使燃烧完全,降低 CO 和 HC 的排放量,同时还提高了启动性能;虽然此时停留时间长些,对控制 NO 的生成不利,但因在低工况下工作,NO 的生成量有限。在高功率时两个预燃区的喷嘴全部工作,油气比较低,气流速度高,燃烧时间短,能有效地减少 NO 的生成,此时燃烧室进口条件对燃烧有利,故 CO 和 HC 排放量也不多。由于分级燃烧,这种燃烧室与同样结构的单环腔燃烧室(SAC)相比,NO_x 的排放量可降低 45%[22]。GE90 发动机装有此类双环腔燃烧室,在巡航时可降低 NO_x 排放量的 30%,HC 和 CO 也可降低 70%。此燃烧室已装在 B777 飞机上使用。最近 E^3 发动机与

CFM56-5B 发动机上都采用这种双环腔火焰筒,CFM56-5B 的 DAC 可降低 NO_x 排放量的 45% 之多。

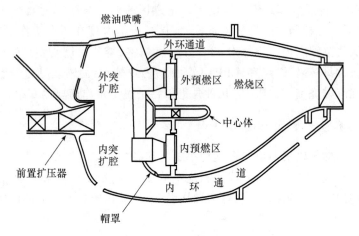

图 5-26　双环腔燃烧室

　　此外,从 1990 年初起 GE 公司又开始研制了三环腔燃烧室(图 5-27),其火焰筒壁面冷却采用冲击和对流冷却方式。此燃烧室是在双环腔基础上加以发展,其优点是可以照顾各功率状态使其处于最佳,保证低污染排放,各污染物排放量均约低 80%;其缺点是燃烧室体积比常规燃烧室大 1 倍[23]。目前,三环腔燃烧室已装于 LM6000 燃机上使用。

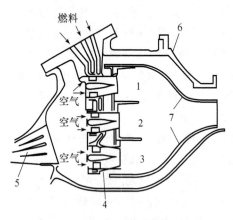

图 5-27　三环腔燃烧室
1,2,3-反应区　4-预混区
5-扩压器　6-外机匣　7-火焰筒

　　(2)双头部燃烧室:如图 5-28 所示,SNECMA 公司的双头部燃烧室是另一种径向燃烧室[24]。其慢车头部具有很大的容积(因而停留时间长),在慢车状态时输入的空气量可使主燃区的化学当量比最佳化,因而产生的 CO 和 HC 较少。在起飞时头部容积小(因而停留时间短),输入来自压气机大量的空气,以便实现化学当量比较低的主燃区燃烧。另外从主燃区出口开始,主流来自慢车头部的空气通过一排掺混孔强烈掺混,以便在高转速状态实现氮氧化物迅速冻结。这种燃烧室与常规燃烧室相比,污染程度明显改善,NO_x 排放值比 1996 年 ICAO 规定值低 60%,因此它被 BR715 发动机采用,但是获得这一污染改善的代价是燃烧室结构复杂性增大,尤其是喷嘴数量增加。此外,在有些中间状态因两个头部达不到最佳匹配,影响燃烧性能[25]。

图 5-28　SNECMA 公司的双头部燃烧室

2)轴向分级燃烧室

此类燃烧室沿轴向可分为预燃区和主燃区,在启动时先把燃料喷入预燃区进行燃烧,再进入下游的主燃区与空气混合,并保持在低当量比下工作,使 NO_x 的排放达到最低。在高功率时再把燃料供给主燃区,在该区进行贫油燃烧。该燃烧技术的优点是可直接在预燃区点火,快速可靠,主燃区燃烧效率高,出口温度场质量好。BR715 发动机燃烧室采用此燃烧技术,NO_x 的排放值约为 CAEP2 的 50%,同时 CO、HC 和冒烟也较少。不足之处是燃烧室长度和火焰筒冷却面积增加,需要更多的冷却空气以及两套燃油装置单独向两区供油。

(1)涡流燃烧与混合燃烧室:它是一种轴向串联或分级燃烧室[26](图 5-29)。JT9D-7 发动机燃烧室就采用这种方案,预燃级有适当长度,可以减少慢车状态的CO 和 HC 生成,在高功率状态,主燃级燃油喷入预燃级的热燃气中,使燃油蒸发,主涡流器能形成强烈的涡流,使油气混合,故可采用贫油燃烧,主燃级长度短,使NO_x 低。但在低功率状态,位于喉部下游的主涡流器进入大量空气使预燃级燃气冷却,阻止 CO 进一步氧化,而使 CO 相对较高。

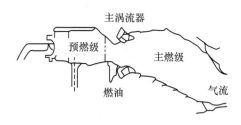

图 5-29　涡流燃烧与混合燃烧室简图

(2)轴向分级分区燃烧室:图 5-30 是另一种轴向分级燃烧室[27],它是由预燃区与若干个主燃烧区组成的,通过在预燃区出口的值班燃烧区来实现两区之间的连接,然后逐个经过主燃区的各反应区直到燃烧室出口。在预燃区和主燃区都可按照不同工况要求,进行分级供油,使其在化学当量比下燃烧,沿着轴向逐步进入空气稀释来减少 NO_x 排放。

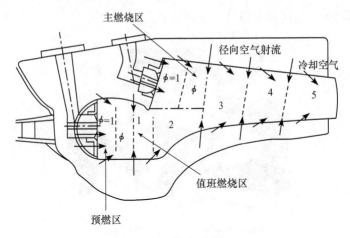

图 5-30　轴向分级燃烧室

（3）节能发动机燃烧室：图 5-31 所示的节能发动机燃烧室是美国国家航空航天局（NASA）主持的高效节能发动机 E^3 研究项目中的一种轴向分级燃烧室方案。它有两个不同的燃烧区——预燃区和主燃区。预燃区工作在全部飞行状态下，设计成能在慢车状态使排放减少到最低程度，并保证足够的稳定性和高空点火特性。在主燃区中采用贫油燃烧，以使 NO_x 和冒烟减少到最低程度，这个区是在高于慢车转速状态下工作的。与现在流行的单区燃烧方案相比，双区燃烧系统可在整个飞行包线中更有效地控制排放。在主燃区中，依靠调整涡流混合和燃烧的方法进一步降低排放。为了加速燃料和空气的完全混合，从而促进更均匀的燃烧，预燃区的喷嘴采用单油路气动雾化喷嘴来改善雾化。在主燃区中，为了更好地雾化和降

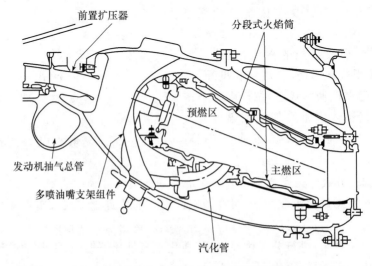

图 5-31　节能发动机 E^3 轴向分级燃烧室简图

低冒烟,燃油进入燃烧区之前,在一个汽化管中与空气进行混合。此种燃烧室的缺点是增加了燃烧室的长度和发动机重量。

3) 径/轴向分级燃烧室

径/轴向分级燃烧室设计方案如图 5-32 所示。预燃级由类似于双环腔燃烧室的空气旋流器组成,主燃级火焰稳定器是由一组高堵塞比的径向辐射式火焰稳定器组成的,这些稳定器从预燃级燃烧区后面径向向外辐射。主燃级燃油喷射在火焰稳定器上游的环形通道内,蒸发了的燃油与空气混合进入各火焰稳定器之间的槽道中,预燃级高温燃气可以通过径向火焰稳定器,径向向外点燃主燃级混合气体进行燃烧。在预燃级和主燃级都可以实现分级供油。试验结果表明,此种燃烧室在爬升和起飞状态下 NO_x 的排放指数分别为 6.3 和 7.5。

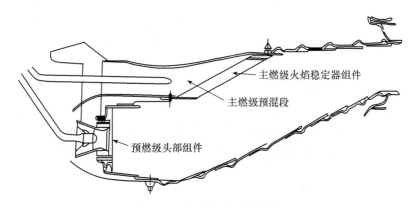

主燃级火焰稳定器组件

主燃级预混段

预燃级头部组件

图 5-32 径/轴向分级燃烧室

2. 变几何燃烧室

所谓变几何燃烧室(variable geometry combustor,VGC),即通过改变在各个工作状态下主燃区空气流量分配,使主燃区的当量比为最佳值 0.7 左右(图 5-33),以便兼顾低 CO、HC 和 NO_x 的排放性能。例如,CF-86 发动机燃烧室是通过可变涡流器,调节其二级径向旋流器开度控制主燃区空气流量(图 5-34),来扩大油气比的调节范围,从而降低不同工况下的排放量。但此种用机械方法需要附加机构,增加重量,影响可靠性。因此,有人提出用涡流控制(图 5-35),在扩压器出口装有一个主燃区分流罩,把进入主燃区空气量和掺混空气量分开,通过泄放涡流来控制和改变火焰筒内空气流量的分配,从而避免了用机械方法改变火焰筒的几何形状。虽然采用可变几何燃烧室可以大大减少所有污染量,但是单用此方案还是很难满足 1981 年美国环境保护局规定的 NO 和 CO 污染物约为 8g/kg 燃油的标准,因此最好与预混预蒸发 LPP 方案一起采用。

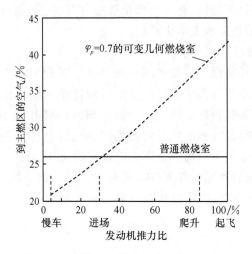

图 5-33　主燃区空气随发动机推力的变化

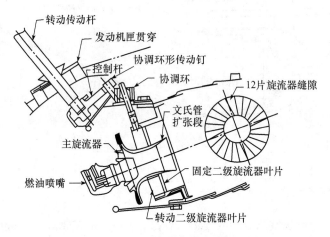

图 5-34　CF-86 的可变涡流器剖面图

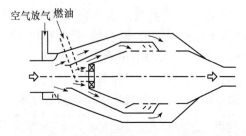

图 5-35　涡流控制的可变几何燃烧室

3. 催化燃烧室(catalytic combustor)

催化燃烧是指燃料在催化剂的作用下可在低温下进行完全氧化燃烧,它是一种无火焰燃烧,可使燃烧所释放出来的热量得到充分利用,从而缩短加热时间,燃烧完全,并使燃烧温度由 1800℃ 以上降低到 1000℃ 以下。为了降低 NO_x,利用催化燃烧机理的燃烧室已被研制出来。它由预燃烧区、预混区、催化燃烧区和变几何掺混区四部分组成(图 5-36)。在低功率工况下由主油路供油,把燃料喷入预燃烧区,在那里点火燃烧。随着发动机所需功率的增加,副油路开始供油,燃料在预混区和燃气混合,进入催化区,在催化剂作用下氧化燃烧。由于催化剂有效工作温度范围为 623~1373K,当在大功率时,燃烧室出口温度较高时,通过控制变几何掺混区的空气流量,保持催化剂在有效温度范围内工作。这种催化燃烧室的优点是低 NO_x 排放,高燃烧效率。例如,当 NO_x 含量在 2g/kg 燃料以下时,可保持燃烧效率高达 99% 以上。因此,这种催化燃烧室可在固定式燃气涡轮发动机上使用。按上述催化燃烧室工作原理设计的 20MW 燃气轮机的环形催化燃烧室(ACC)[28],试验表明,其 NO_x 排放量约为 6ppm,HC 和 CO 低于 4ppm,燃烧室出口温度达 1300℃,燃烧效率接近 100%。

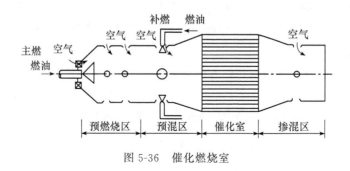

图 5-36　催化燃烧室

另一种是富油催化贫油燃烧的催化燃烧室(rich-catalytic lean-burn,RCL)方案[29]。它是由一个回流环形预混器、催化反应器、后混合管和燃烧室四部分组成的,来流空气分成两部分:其中一部分与燃油混合,形成富油混合气体,通过环绕在催化反应器周围的回流环形预混器向催化反应器提供预混富油混合气体,在催化反应器内富油混合气体接触催化剂被催化,其温度被加热到 650℃;另一部分空气冷却催化剂后进入后混合管,与被催化的混合气体混合,形成贫油混合气体进入燃烧区,并在那里进行燃烧(图 5-37),为了提高贫油混合气体燃烧的稳定性,在后混合管出口处装有一个锥形火焰稳定器。此种燃烧室可使燃气温度在 1350℃ 时,NO_x<1ppm。虽然此类燃烧室的优点是可兼顾低 NO_x、CO 和 HC 排放;但目前较难解决的技术问题是高压下催化剂寿命短、仅在很窄的工作温度范围内保持高

效率。一般催化燃烧室与变几何结合使用。

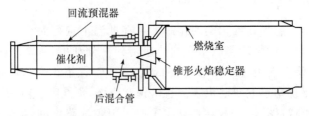

图 5-37　RCL 催化燃烧室

4. 贫油预混蒸发燃烧室

氮氧化物的形成在很大程度上取决于局部温度和油气比。对于化学当量比的混合气体,氮氧化物的生成速率最大,呈现出一个高峰值(图 5-7)。而贫油燃烧可降低燃烧温度,在燃烧室上游实现预混预蒸发,可以消除油珠燃烧,减小局部高温区,缩短停留时间,从而抑制 NO_x 的生成。贫油预混预蒸发(lean premixed prevaporized,LPP)燃烧室的工作原理是把预先混合蒸发的混合气体送入燃烧区,然后在很贫的当量比下工作。主燃区温度低,NO_x 的排放少,稳定燃烧与火焰熄火的裕度越小,产生的 NO_x 也越少。其优点是不积炭、减少冷却火焰筒壁的空气量;其缺点是在燃烧室上游的预混预蒸发可能导致在高进口温度下发生火焰不稳定、自动点火或回火。

图 5-38 为一种贫油预混预蒸发燃烧室,它是由预混预蒸发区、点火区、主燃区以及变几何掺混区等四区组成[30]。在预混预蒸发区内装有一个气动喷嘴和主喷嘴,空气通过轴向和径向旋流器进入,在那里燃油蒸发并与空气混合形成均匀混合

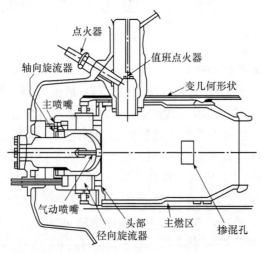

图 5-38　贫油预混预蒸发燃烧室

气体后,被点火并进入主燃区内进行燃烧。该燃烧室还可通过改变几何形状,控制掺混孔和径向旋流器的进气量,使主燃区的当量比合适,此种方案可有效地降低 NO_x。

图 5-39 是一种旋流贫油预混预蒸发燃烧室[31],在其头部装有一个带有 40 个叶片的环形旋流器和 40 个喷嘴,在每两个叶片之间通道内装有一个喷嘴。此种燃烧室因喷嘴数增加,并在旋流作用下使贫燃油与空气均匀混合,充分利用燃烧空间,形成周向分布均匀的贫油预混合气体,燃烧后可得到均匀的出口温度分布,消除局部过热点,以至使 NO_x 的排放降低。在进口处装有一个变量控制器,可按照不同工况要求,调节空气与燃油流量,以免发生回火,保持火焰稳定。另外,火焰筒采用陶瓷基复合材料 CMC,可减少火焰筒冷却空气量,以便使更多的空气参加燃烧,改善燃烧性能,且使燃烧室出口温度较均匀,降低污染排放。

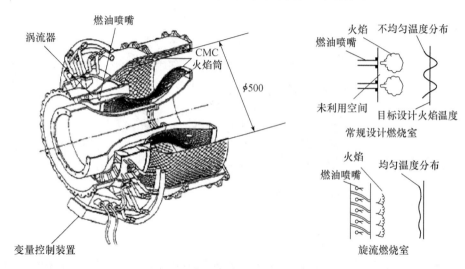

图 5-39　旋流贫油预混预蒸发燃烧室

另外,BMW-RR 公司发展了一种贫油预混预蒸发(LPP)轴向分级燃烧室(图 5-40),它是由两个独立但又相互影响的燃烧区组成的,两个燃烧区之间的燃油分配比可以调节,使稳定燃烧和排放量达到最佳。在启动和低功率时只在装有气动雾化喷嘴的预燃区进行燃烧,在高功率时还要打开主燃区的贫油预蒸发的燃油喷射装置,与预燃区共同燃烧。为了更有效地控制排放,在两区中都采用贫油燃烧,因此进入主燃区空气为 42.8%,预燃区空气为 5.3%,剩余空气供掺混与冷却用。

在 CLEAN 计划资助下,MTU 和 SNECMA 公司发展了一种双环 LPP 燃烧室(图 5-41),它实际上是一种贫油预混预蒸发径向分级燃烧室,它也分预燃区和主燃区,在每个区的头部都装有一个由两级径向涡流器组成的 LPP 管,燃油从管中心喷入,空气分别经径向涡流器进入管内,并在此与燃油混合,实现预混预蒸发。研究表明,此 LPP 燃烧室的 NO_x 排放要比 ICAO'96 低 80%[32]。

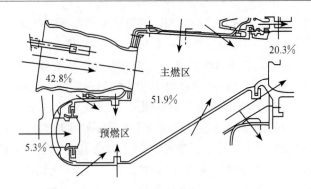

图 5-40　贫油预混预蒸发轴向分级燃烧室

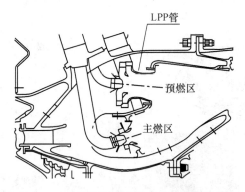

图 5-41　贫油预混预蒸发径向分级燃烧室

5. 富油/淬熄/贫油燃烧室

　　为了适应馏分放宽的烃油,减少由于燃油馏分放宽后带来"燃料"氧化氮的生成,发展了富油燃烧/淬熄/贫油燃烧(rich-burn,quick-mix,lean-burn,RQL)的燃烧室,它实际上是一种特殊的分级燃烧室[10],一般该类燃烧室是由富燃区、淬熄区(或称为快速冷却区)和贫燃掺混区三部分组成的(图 5-42),GE 公司按该工作机

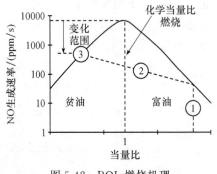

图 5-42　RQL 燃烧机理

理发展了一种轴向分级 RQL 燃烧室(图 5-43),在富燃区①,当量比控制在 1.2~1.6,该区因缺氧,相当一部分燃料不能燃烧,燃料中挥发出的氮也不能与氧生成 NO,而还原生成 N_2;又因火焰温度降低,使 NO_x 与 CO 排放量减少。在淬熄区②,通过引入大量空气,在那里与氧和未烧完的燃料快速混合,因停留时间太短来不及燃烧。进入贫燃掺混区③后才进

行完全燃烧。选择合适的当量比(为 0.5～0.7)来控制燃烧温度,实现低 NO_x、CO 与 HC 的排放,以及改善点火及火焰稳定极限。如第 3 代 TALON 燃烧室(MSQ 燃烧室)采用了此燃烧技术,同时还采用了带 SiC/SiC 陶瓷基复合材料涂层和冲击气膜冷却的浮动壁火焰筒,其 NO_x、CO 与 HC 的排放值满足了 CAEP6 的要求。此燃烧室的缺点是富燃区易发生冒烟及 CO 高,贫燃区温度较高使 NO_x 也高,其关键技术是空气与未烧完的燃料快速均匀混合。

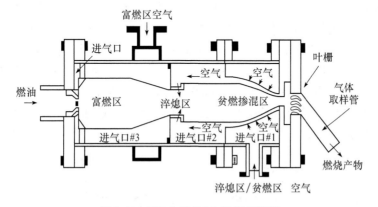

图 5-43　GE 公司 RQL 燃烧室简图

另外,美国空军研究室(AFRL)于 1993 年提出了驻涡燃烧室(trapped vortex combustor,TVC)[33],该燃烧室是由驻涡区(cavity)和主燃区两个部分组成的(图 5-44),空气和燃油分别进入驻涡区和主燃区。由于粘性作用,气流在驻涡区内产生驻涡,在驻涡作用下空气与燃料进行混合,实现稳定燃烧,产生的热燃气作为稳定的点火源点燃主燃区的主流。该燃烧室在所有低功率状态下只在驻涡区工作,可获得较低的 CO 和 HC 排放;在高功率下燃油分别从驻涡区和主燃区同时加入,

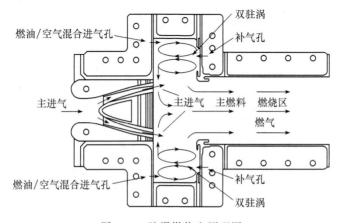

图 5-44　驻涡燃烧室原理图

两区都在低于化学当量比下工作,故 NO 排放也较低。由于该燃烧室是利用驻涡来稳定火焰的,不受主气流的影响,因而回流区可以设计得比常规燃烧室的小。停留时间也可以缩短,与常规旋流燃烧室相比,驻涡燃烧室具有结构简单,长度短,重量轻,点火性能好,贫油熄火边界宽,总压损失低,燃烧效率高和 NO_x 排放低等优点。

　　为了进一步降低 NO_x 的排放值,还可采用一种 RQL 与 TVC 相结合的径向分级燃烧室方案[34](图 5-45),在 RQL/TVC 燃烧室中空气分别从主燃区和驻涡区前、后腔等三路进气,而所有燃油全部喷入驻涡区,并在那里进行富油燃烧,产生的热燃气中因缺氧还包含了相当一部分未烧完的燃油,此热燃气在贫油熄火区处与主燃区进气快速混合后,进入主燃区,进行贫油燃烧。在驻涡区通过前腔与后腔进气形成双旋涡,其中大的主旋涡主要起稳定火焰的作用,而小的二次涡能使主燃区空气和热燃气更快地掺混,形成均匀的贫油混合气体,从而降低 NO_x 的排放,提高燃烧性能[34]。

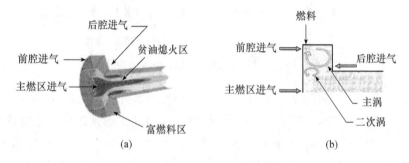

图 5-45　RQL/TVC 燃烧室简图

　　文献[35]提出了一种由多级环形旋流器(图 5-46)组成的 RQL 燃烧室,燃烧空气沿着轴向,从不同旋流器进入燃烧室内把燃烧室分为富油区、快速混合区和贫油区三部分,由于旋流作用使较贫混合气体均匀混合,进行完全燃烧,其 NO_x 排放值在 5～15ppm。图 5-47 为一种变几何 RQL 燃烧室,其燃油喷嘴为可变面积的

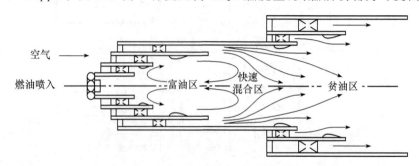

图 5-46　多级环形旋流 RQL 燃烧室简图

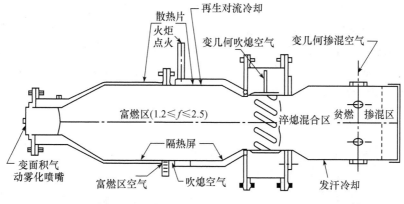

图 5-47　变几何 RQL 燃烧室简图

气动雾化喷嘴,以便控制进入富燃区空气量[30]。该燃烧室是由富燃区、淬熄混合区和贫燃掺混区组成的,其中淬熄混合和贫燃掺混区的进气面积是可变的,以便控制其空气量。

6.双环预混旋流燃烧室

为了进一步降低 NO_x 的排放量且不影响其他设计要求,20 世纪 90 年代中期,GE 公司开发了一种新型燃烧室——双环预混旋流(twin annular premixing swirler,TAPS)燃烧室[图 5-48(a)],其特点是:两个同轴的环形旋转射流(主旋流和值班旋流)分别由其头部的一个主混合器和值班旋流器产生,如图 5-48(b)所示[36]。每股旋转射流都由专门设计的多级旋流器产生,主混合器由 1 个主旋流器(轴向旋流或径向旋流器)与 1 个空腔组成,值班旋流器由 1 个高流量数压力雾化喷嘴与 2 个围绕在其周围的同轴旋流器组成。它的功用是改善启动和低功率工况下的燃油雾化质量,获得满足点火、启动、贫油燃烧稳定性和燃烧效率等设计要求所需的流场。值班旋流开始主要受燃油喷嘴几何形状控制,后与主旋流相互作用,形成一个满足燃烧室设计要求的燃烧区。在主混合器入口处还装有一个环形多点燃油喷嘴,喷出燃油形成多股横向射流与主混合器的轴向或径向旋流器的主旋流相互作用,形成均匀分布的预混混合气体,供起飞、爬升和巡航用。除了冷却燃烧室头部和火焰筒所需的冷却空气外,燃烧室其余的空气都流过值班旋流器和主旋流器。这样在火焰筒壁面上不必再开各种大孔(如主燃孔、掺混孔等),高温燃烧区也可在火焰筒核心区内,因此火焰筒壁面温度较低,壁面冷却孔也可减少,火焰筒耐热能力提高,从而延长火焰筒寿命。燃油在值班级和主燃级之间分级是由燃油喷嘴完成的,通过"可控压力燃油喷嘴"控制规律按预先确定的流量分配,由值班旋流器的中心雾化喷嘴提供值班级供油量可从低功率下的 100% 到最大功率下的

5%～10%,由主混合器的环形多点燃油喷嘴提供主燃级供油量。为了使 TAPS 的空气和燃油在燃烧之前预先混合,从高压压气机进来的空气通过两个围绕在喷嘴周围的同轴旋流器直接进入燃烧室,从喷嘴喷出的燃油在两股同向旋流作用下可使更贫的油气混合的更均匀,实现贫油预混燃烧。NO_x 降到足够低以满足 ICAO CAEP2 要求的 50% 和 30% 的指标。

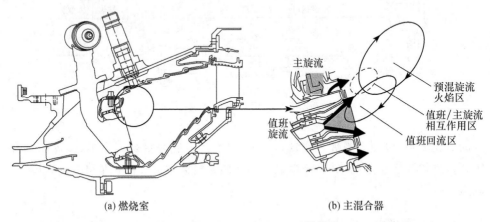

(a) 燃烧室　　　　　　　　　　　　　　(b) 主混合器

图 5-48　Tech56/CFM TAPS 燃烧室

　　GE 公司开发了两种双环预混燃烧室[37]。一是 CFM56-7B 发动机的单环腔燃烧室——Tech56/CFM TAPS SAC(图 5-48);另一是 GE90-94B 发动机的双环腔燃烧室——GE90 DAC TAPS(图 5-49),在着陆/起飞时,这两种燃烧室的 NO_x 排放量较目前生产的富油头部 GE90-94BDAC 燃烧室降低了 50% 左右;当前该型燃烧室已经完成了大量的试验验证,将用于 GEnx 发动机上。与以前的喷气发动机相比,其燃烧温度可更低,NO_x 也大幅度地降低。例如,在相当的推力等级上,GEnx 的 NO_x 排放要比 CF6 发动机的 NO_x 排放降低 30% 以上。由图 5-50 可知,除了降低 NO_x 排放外,GEnx 的 TAPS 燃烧室所产生的一氧化碳(CO)和未燃烧的碳氢化合物(HC)也非常少,其他参数如压降、燃烧效率、贫油熄火、点火以及火焰筒壁温等达到了预期指标。燃烧室出口温度品质、排气冒烟、火焰筒壁温值和梯度也都优于富油头部单环腔(CFM56SAC)和双环腔(GE90-94BDAC)燃烧室。同时,TAPS 还具有大幅降低烟尘和碳粒排放的潜力。由于 TAPS 燃烧室的燃烧温度较低,从而还可提高 GEnx 发动机下游部件的寿命。

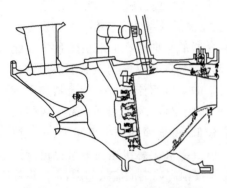

图 5-49　GE90 DAC TAPS 燃烧室

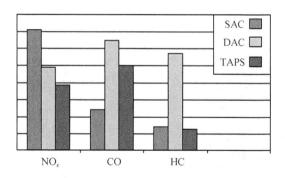

图 5-50　SAC、DAC、TAPS 发动机排放污染物实验平均值比较

以上所述的分级燃烧室、贫油预混预蒸发(LPP)燃烧室、富油燃烧/淬熄/贫油燃烧(RQL)以及双环预混旋流(TAPS)燃烧室等各种先进低污染燃烧室,目前大都处于试验阶段,只有少数的方案用在生产型发动机上。在对先进低污染燃烧室的研制中,分区分级燃烧技术构成了低污染燃烧室设计的技术基础,而 LPP、RQL 与 TAPS 为三种很有发展前途、并有希望实现的低污染燃烧室方案。

5.3.3　先进低污染燃烧技术

燃料燃烧所引起的对大气环境的污染,其中污染物氧化氮较难处理。为此,世界各国都对 NO_x 的污染问题给予高度重视,除了对前述所涉及的各种低污染燃烧室进行了大量的研制工作外,近年来,还对一些新的低污染燃烧技术开展了研究,并促使其迅速发展。本节将对贫油直接喷射和主动燃烧控制等新低污染燃烧技术作简要介绍。

1. 贫油直接喷射

贫油直接喷射(lean direct injection,LDI)[38,39]是采用多点直接喷射把燃油喷入燃烧室内,在喷射点处为局部富油燃烧,以增加燃烧稳定性,又因燃油与空气接触面积大大增加,促使燃油与空气快速混合形成均匀贫油混合气体进行燃烧,消除局部过热点,降低燃气温度,从而抑制 NO_x 的排放。虽然喷射点处为富油燃烧,可能会增加 NO_x 的生成,但因混合气体在高温区停留时间很短,故增加的 NO_x 量很少。LDI 的燃油是直接喷射入火焰区,因此不会有自燃或回火问题。又因 LDI 中燃油没有预混合预蒸发过程,故燃油必需良好雾化,燃油与空气迅速混合成为 LDI 的关键技术。一种多旋流器组成多点 LDI 燃烧室[38],如图 5-51(a)所示,每一个旋流器中心装有一个喷嘴[图 5-51(b)],由此喷出燃油,在自身以及周围相邻旋流器所产生的旋流的相互作用下,燃油得到良好雾化并与空气迅速混合。研究表明,将 LDI 技术与其他低污染燃烧方案一起配合使用,效果更好。

(a) 多点贫油直接喷射

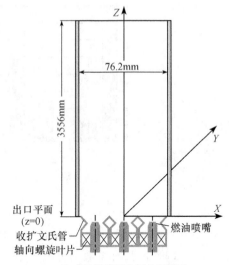

(b) 多旋流器组合部件剖视图

图 5-51　LDI 燃烧室

2. 主动燃烧控制技术

主动燃烧控制(active combustor control,ACC)[40,41]通过迅速改变燃烧参数实现对燃烧过程的调节,例如,定时喷入燃油而不是根据需要被动地调节供油量,使用自动控制技术,调节各头部燃油量,达到降低出口温度分布系数的目的;ACC还可改善发动机性能,提高燃烧效率,降低污染排放。NASA 对 ACC 的研究包括燃烧不稳定性、出口温度分布系数和污染最小等三方面主动控制技术。今后NASA 将在一个先进的极低污染燃烧室概念上研究燃烧不稳定性、出口温度分布系数,及燃油喷射区控制方法。目标是验证航空发动机飞行包线范围内污染排放都达到超低水平的主动燃烧控制燃烧室。GE 公司也在研究主动控制技术,以保证获得贫燃油/空气混合物。主动控制技术将用于检测可导致火焰熄灭的贫油混合物,从而消除混合物对富油裕度的需求。混合物越贫油,产生的对环境有害的NO_x 污染物的排放就越少。从长远来看,除了控制燃烧室动态特性外还可提供实时状态监控能力,以便控制使用中恶化,安全地减小混合气体的富油裕度,从而使NO_x 排放量降到最低。图 5-52 为燃烧室主动控制系统,使用自动控制技术改变进入主燃区的空气流量,通过调节主燃区的当量比,实现 CO 排放值小于目标值[40]。

3. 燃料电池技术

燃料电池是一种不经过燃烧,将氢直接转化为电能和热量的电化学设备,燃料电池也是绿色的发动机,因为它以氢为能源,排气中只有水。因此,21 世纪的航空

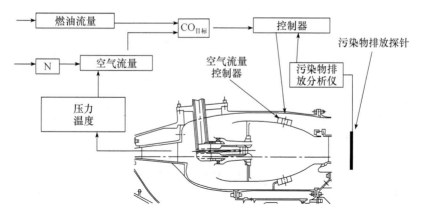

图 5-52　燃烧室主动燃烧控制系统

推进将从当前依靠化学燃烧的能源逐渐转向一个采用混合能源的系统,最后将转向大部分都依赖基于电化学能源。向绿色发动机过渡的第一步是实验性地发展以燃料电池为动力的无人机和通用飞机。

美国波音公司计划在 B737 飞机上验证一种基于燃料电池的辅助动力装置(APU),并可能在 2010 年以后在民用飞机上使用。同时发展的还有基于固态氧化物燃料电池(SOFC)的先进的 APU。波音公司预计,这种电池可使效率提高45%。相当于一架典型的 B777 飞机每年可节省 340500kg 的重量,预计燃料电池技术将在 2010 年左右完全成熟。

以上三项新低污染燃烧技术,特别是后两种技术实现难度较大,但它们可使NO_x 排放降到最小,同时还可提高发动机性能。因此有着广阔的应用前景。

参 考 文 献

[1]　Control of air pollution from aircraft and aircraft engines,emission standards and test procedures for aircraft. U. S. Environmental Protection Agency, Federal Register, 1973, 38 (136)

[2]　Control of air pollution from aircraft and aircraft engines,proposed amendments to standards. U. S. Environmental Protection Agency,Federal Register,1978,43(58)

[3]　ICAO Annex 16 "International Standards and Recommended Practices,Environmental Protection"、Volume II "Aircraft Engine Emissions",2nd ed. 1993

[4]　Aircraft NO_x-emissions within the Operational LTO Cycle,Unique/Swiss,2004

[5]　ICAO Aircraft Engine Exhaust Emissions Data Bank. 2000

[6]　航空航天工业部《高效节能发动机文集》编委会.高效节能发动机文集.第四分册.北京:航空工业出版社,1991

[7]　Donald W B. Technology for reduction of aircraft turbine engine pollutant emissions. LICAS Paper,1974,(74~317)

[8] Fletcher R S, Lefebvre A H. Gas turbine engines, science research council report on combustion-generated pollution. HMSO, 1976

[9] Gerard B L. L′ Aeronautigue et L′ Astronautigue, 1991, 3/4(148, 149)

[10] Lefebvre A H. Gas Turbine Combustion. Hemisphere Publ Co, 1983

[11] Tsague L, Tatietse T T. Prediction of emissions in turbojet engines exhausts: relationship between nitrogen oxides emission index(EI_{NO_x}) and the operational parameters. Aerospace Science and Technology, 2007, (11): 459

[12] Tacina R. Experimental investigation of a multiplex fuel injector module with discrete jet swirlers for low emission combustors. AIAA 2004-135, 2004

[13] 袁怡祥, 林宇震, 刘高恩. 燃油分级对贫油熄火油气比的影响. 航空动力学报, 2003, 18(5): 639

[14] Lister D H, Wedlock M L. ASME Paper, 78-GT-75, 1978

[15] Gleason C C, Martone J A. Fuel character effects on J79 and F101 engine combustor emissions. ASME Paper, 80-GT-70, 1980

[16] Norster E R, Lefebvre A H. Effects of Fuel Injection Method on Gas Turbine Combustion, Emission From Continuous Combustion System. Plenum, New York, 1972. 255

[17] 樊未军, 严明, 杨茂林. 富油//快速淬熄//贫油驻涡燃烧室低 NO_x 排放. 推进技术, 2007, 27(1): 88

[18] 颜应文, 赵坚行, 刘勇等. 双环预混旋流低污染燃烧室数值研究. 中国工程热物理学会燃烧学学术会议论文集. 编号: 084288, 2007

[19] 林宇震, 彭云晖, 刘高恩. 分级/预混合预蒸发燃烧低污染方案排放初步研究. 航空动力学报, 2003, 18(4): 492

[20] 张彦仲. 航空环境工程与科学. 中国工程科学, 2001, 3(7): 1

[21] Walker A D, Denman P A, McGuirk J J. Experimental and computational study of hybrid diffusers for gas turbine combustors. ASME J of Engineering Gas Turbines and Power, 2004, 126: 717

[22] Lefebvre A H. The role of fuel preparation in low-emission combustion. ASME J Eng Gas Turbines Power, 1995, 117: 617

[23] 李孝堂, 侯晓春, 尚守堂等. 现代燃气轮机技术. 北京: 航空工业出版社, 2006

[24] Mahias O, Bastin F. Lean Premixed Combustor Emissions Performance Modeling Using 3D CFD Codes. AIAA 2000-3199, 2000

[25] 赵坚行. 动力装置的排气污染与噪声. 北京: 科学出版社, 1995

[26] Roberts R P, NASA CR-134969, 1976

[27] Rizk N K, Chin J S. Modeling of NO_x formation in diffusion flame combustors. AIAA 2002-3713, 2002

[28] Qzawa Y. Test results of low NO_x catalytic combustors for gas turbines. J of Engineering for Gas Turbine and Power, 1994, 116: 511

[29] Smith L L et al. Rich-catalytic lean-burn combustion for low-single-digit NO_x gas tur-

bines. ASME J of Engineering for Gas Turbines and Power,2005,127:27

[30] Rizk N K,Mongia H C. Three-dimensional emission modeling for diffusion flame, rich/ lean and lean gas turbine combustors. AIAA 93-2338,1993

[31] Imamura A,Yoshida M. Research and development of a LPP combustor with swirling flow for low NO_x. AIAA 2001-3311,2001

[32] Wilfert G,Kriegl B. CLEAN-validation of a high efficient low NO_x core,a GTF high speed turbine and an integration of a recuperator in an environmental friendly engine concept. AIAA 2005-4195,2005

[33] Brankovic A,Ryder R C. Emission prediction and measurement for liquid fueled TVC combustor with and without water injection. AIAA 2005-0215,2005

[34] Douglas L,Straub K H. Assessment of rich-burn,quick-mix,lean-burn trapped vortex combustor for stationary gas turbines. ASME J of Engineering for Gas Turbines and Power,2005,127:36

[35] Vermes G. Low NO_x emission from an ambient pressure diffusion flame fired gas turbine cycle(APGC). ASME J of Engineering for Gas Turbines and Power,2003,125:46

[36] Stouffer S D,Ballal D R. Development and combustion performance of a high-pressure WSR and TAPS combustor. AIAA 2005-1416,2005

[37] Mongia H C. TAPS-A4[th] generation propulsion combustor technology for low emissions. AIAA 2003-2657,2003

[38] Marek C J,Smith T D. Low emission hydrogen combustors for gas turbines using lean direct injection. AIAA 2005-3776,2005

[39] Fu Y,Jeng S M. Characteristics of the swirling flow in a multipoint LDI combustor. AIAA 2007-846,2007

[40] Nakae T,Tamugi A,Ikawa H. Combustor control for low NO_x combustor. AIAA 2002-3726,2002

[41] Tachibana S,Zimmer L. Active control of combustion oscillations in a lean premixed combustor by secondary fuel injection coupling with chemiluminescence imaging technique. Proceedings of the Combustion Institute,2007,31:3225

第6章 噪声污染及其控制

人类活动产生的声音中,干扰人们休息、学习和工作的声音被称为噪声。当噪声超过人类生活和生产活动所容许的程度时,就形成了噪声污染。噪声污染会严重破坏人类的生活环境,危害人体健康,影响日常工作和生产活动,目前已经成为国际三大公害(大气污染、水污染和噪声污染)之一,世界各国都采取各种措施对噪声污染严加控制。

各种运输工具和工程生产机械中的动力部分在运行中产生的噪声,按照其来源可以分为机械噪声、空气动力噪声和燃烧噪声,例如,动力装置中各高速运动部件在工作中相互冲击产生的声音为机械噪声,进排气系统中高速气流流动形成的噪声、高速运动物体和外部空气相互作用产生的噪声为空气动力噪声,高功率燃烧系统中剧烈的化学反应和紊流的相互作用产生的噪声为燃烧噪声。本章主要对机械、空气动力和燃烧噪声产生的原因以及防治措施作简要介绍。

6.1 环境噪声与防治

噪声只有达到一定程度时,才会对人体健康和生活环境造成不利的影响。由于人耳对声波的频率有一个接收范围,而且对不同频率的声音的响应也不同,评价声音对人体的影响要从频率和强度两个方面综合考虑。噪声对生产过程的影响,除了对人体的影响外,还有对机械、结构安全的影响。任何物体都有其共振频率,当外界振动或噪声与其特定结构产生共振时,会对该物体产生重大的安全影响。

6.1.1 噪声的基本特性

对于噪声声源特性的描述指标主要有频率、强度、指向性和响度等。

1. 频率

声波在介质中传输的速度称为声速 c,单位是 m/s,标准状态下空气中的声速是 344m/s。不同的介质中声波的传输速度不同;相同的介质中不同温度下的声速也不相同。

声波每秒振动的次数为频率,单位是 Hz。正常人耳的可听频率为 $20\sim 20000$Hz。声波波长 λ、声速 c 和频率 f 是声学中的三个基本量,它们之间的关系为

$$\lambda = \frac{c}{f} \qquad (6\text{-}1)$$

除频率单一的纯音外,一般声音都是由许多频率组成的,对于一段声频信号,可以分解出声频谱图(图 6-1),反映了声波信号中各种不同频率的分布情况。常把宽广的频率分为若干小的频段,即所谓的频程或频带。例如,图 6-1 中频率从 f_1 到 f_2 的声波就是一个频带。f_0 为该频带的中心频率,它与 f_1 和 f_2 的关系为

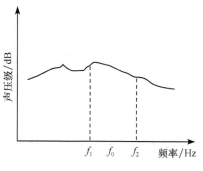

图 6-1　声频谱示意图

$$f_0 = \sqrt{f_1 f_2} \qquad (6\text{-}2)$$

式中,f_2 为该频带的最高频率,f_1 为该频带的最低频率,一般规定倍频关系

$$f_2 = 2^n f_1 \qquad (6\text{-}3)$$

式中,n 为频带宽度的倍频程数,在噪声测定时常取 $n=1$ 或 $n=1/3$。

2. 强度

频率反映了声源的音调,强度反应了声源的音量强弱。强度可以采用声压、声强或者声功率来描述,实践中经常使用其各自的声级。

1) 声压

声压是表示声音强弱的物理量,是指在介质中有声波时,其压力超过静压力的值。某一瞬间所产生的压力增值,称为该点的瞬时声压 P。一般使用时,声压可用一段时间 T 内某点的瞬时声压的均方根值 P_{rms} 来表示,即

$$P_{rms} = \sqrt{\frac{1}{T} \int_0^T P^2 \, dt} \qquad (6\text{-}4)$$

声压的单位是 N/m^2(Pa)。正常人耳能听到的声压为 $2 \times 10^{-5} N/m^2$,称为听阈声压;普通说话的声压为 $2 \times 10^{-12} \sim 7 \times 10^{-2} N/m^2$;汽车的噪声声压为 $0.2 \sim 0.8 N/m^2$。强噪声,例如,凿岩机、风铲的声音,声压为 $20 N/m^2$。此类声音使正常人耳产生疼痛感,称为痛阈声压,痛阈声压为 20Pa。当声压达到数百 N/m^2 以上时,会引起耳膜出血,鼓膜损伤。

由于从听阈到痛阈,声压的绝对值之比为 $10^6:1$,相差一百万倍,因此用声压来表示声音的强弱很不方便。一般采用声压级(sound pressure level,SPL)来表示,其单位为 dB,声压级和声压的关系为

$$SPL = 10 \lg \left(\frac{P_{rms}}{P_A} \right)^2 = 20 \lg \frac{P_{rms}}{P_A} \qquad (6\text{-}5)$$

式中,$P_A = 2 \times 10^{-5} N/m^2$ 为 1000Hz 时听阈(基准声压)。采用声压级来表示声

压,使其值不会太大或太小。如正常人耳刚能听到的声音的声压为 $2 \times 10^{-5} \, \mathrm{N/m^2}$,声压级为 0dB;公共汽车内声压为 $0.22 \mathrm{N/m^2}$,声压级为 80dB;一般礼堂里演讲的声压为 $0.633 \mathrm{N/m^2}$,声压级为 90dB;喷气飞机喷口附近,声压为 $600 \mathrm{N/m^2}$,其声压级为 150dB。

2) 声强

声强采用声能来描述声音的大小。在声场中的某点,通过垂直于声波传输方向的单位面积、单位时间内通过的声能,称为该点声音传播方向上的声强 I,其单位为 $\mathrm{W/m^2}$。声强采用接收位置的强度来度量声音的强弱,声强越大,单位时间内耳朵接收的声能越多。当声波在自由声场中传播时,在传播方向上声强 I 与声压 P 有如下关系:

$$I = \frac{P_{\mathrm{rms}}^2}{\rho c} \tag{6-6}$$

式中,ρ 为介质密度,单位为 $\mathrm{kg/m^3}$,c 为介质中的声速,单位为 $\mathrm{m/s}$。ρc 值为当地介质的阻抗特性。声强与声压的平方成正比,与介质的阻抗成反比。声强的变化范围比声压还大,从听阈到痛阈,声强的变化范围为 $10^{-12} \sim 1 \mathrm{W/m^2}$。为了方便,采用声强级(sound intensity level,SIL)来表示,单位为 dB,即

$$\mathrm{SIL} = 10 \lg \left(\frac{I}{I_0} \right) \tag{6-7}$$

式中,$I_0 = 10^{-12} \, \mathrm{W/m^2}$ 为 1000Hz 基准声强(听阈)。在噪声测量中,声强测量比较困难,往往根据声压测量值间接求出声强。

3) 声功率

单位时间内声源发射出的总声能称为声功率,其单位为 W。声功率表明声源特性,它的大小反映了声源辐射声能的强弱。在自由声场中,声波做球面辐射,声功率和声强之间的关系为

$$I_{球} = \frac{W}{4\pi R^2} \tag{6-8}$$

式中,R 为球半径。

对声源来说,声功率是恒定的,而声强与声压在声场中的不同点具有不同的值,它与离开声源的距离 R 成反比。声功率的大小通常也用其对应的声级来表示,即声功率级

$$\mathrm{SWL} = 10 \lg \frac{W}{W_0} \quad (\mathrm{dB}) \tag{6-9}$$

式中,$W_0 = 10^{-12} \, \mathrm{W}$ 为 1000Hz 时基准声功率。从声压级、声强级和声功率级的表达式看,任意一点的声压级、声强级和声功率级在数值上是相等的,所以它们统称

为声级。典型声源的声级如表 6-1 所示。

表 6-1　典型环境声级

声压/Pa	声强/(W/m²)	声功率/W	声级/dB	环　　境
2×10^2	10^2	10^2	140	飞机发动机
2×10^1	1	1	120	痛阈
2×10^0	10^{-2}	10^{-2}	100	织布机房
2×10^{-1}	10^{-4}	10^{-4}	80	汽车汽喇叭
2×10^{-2}	10^{-6}	10^{-6}	60	交谈
2×10^{-3}	10^{-8}	10^{-8}	40	安静室内
2×10^{-4}	10^{-10}	10^{-10}	20	轻声耳语
2×10^{-5}	10^{-12}	10^{-12}	0	听阈

3. 指向性[1,2]

噪声声源的形状是各种各样的,导致在不同方向上,距离声源相同距离的位置上声压(或声强)是不同的,这就是声源辐射的指向性。

当声源的尺度小于声波波长时,声源向环境介质各个方向辐射的声强是均匀的,此时该声源称为点声源或单极子声源。点声源的指向性图案为圆形[图 6-2(a)],在各个方向角上的声强是相同的。当声源的尺寸比波长小得多,

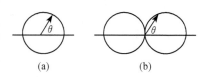

图 6-2　点声源和偶极子声源指向性

或者声源的各个部分基本上以相同相位振动时,不管声源的形状是什么,都可以认为是点声源。点声源是一种理想化的声源,现实中噪声源很少是点声源,但是在距离声源一定距离后的远场,在某种情况下还是可以把声源当成一种点声源来考虑的,或者可以把复杂声源认为是很多个点声源的组合,因此分析点声源这种最基本的声源的声场规律对研究复杂形状声源是具有启发意义的。

两个点声源距离很近,并以相同的振幅相反的相位振动,这样就组成了偶极子声源。偶极子声源与点声源最大的不同,就是其指向性图案在极坐标上为 8 字形[图 6-2(b)],不同位置的辐射强度与方向角有关。为了描述声源辐射随方向而异的特性,定义任意 θ 方向的声压幅值与 $\theta=0°$ 轴上声压幅值之比为该声源的辐射指向特性

$$D(\theta) = \frac{p_\theta}{p_{\theta=0}} \qquad (6\text{-}10)$$

对于偶极子声源,其指向特性为

$$D(\theta) = |\cos\theta| \qquad (6\text{-}11)$$

当两个距离为 l 的点声源同相振动时,其指向性与距离有关,如图 6-3 所示。

当声源更为复杂时,其指向性则更为复杂,如点声源阵、线声源等。

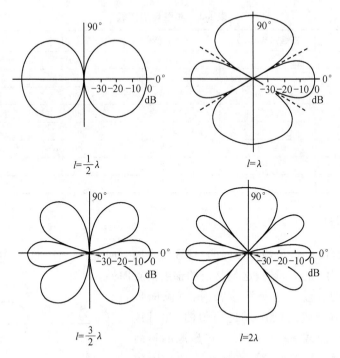

图 6-3　同相点声源的指向特性

4. 响度

人耳对声音的感受不仅与强度有关,还与频率有关。声级相同的噪声会因为其频率不同,人耳的感觉可能是不一样的。例如,同为 90dB 的噪声,空气压缩机的噪声听起来会比小汽车的噪声响得多,这是因为前者高频音多,后者低频音多。另外,人的听觉还会随着声级的变化而变化,如图 6-4 所示。

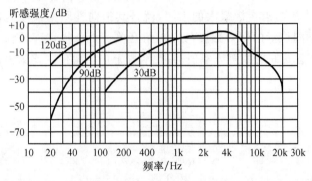

图 6-4　听觉的频响特性

　　在心理上,主观感觉的声音强弱使用响度(loudness)或响度级(loudness level)来度量。响度级反映了声音对耳鼓的作用,定义响度级的值为 1kHz 标准音的声级的 dB 值,单位为"方(phon)"。人耳的听阈声强为 10^{-12} W/m^2,声级为 0dB,此时对应 1kHz 的响度级为 0dB。在不同频率上,听阈响度级所对应的声级是不同的。根据相同响度级下不同频率所对应的声级可以绘制出等响度级曲线,如图 6-5 所示。在听阈曲线和痛阈曲线之间的区域就是人耳的听觉范围。图 6-5 说明了人耳对不同频率的敏感程度差别很大,其中对 1～5kHz 范围的信号最为敏感,幅度很低的信号都能被人耳听到。而在低频区和高频区,能被人耳听到的信号幅度要高得多。

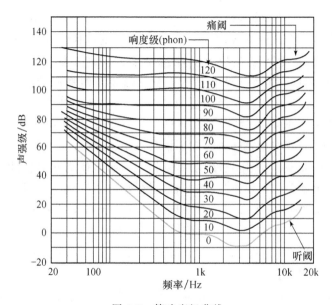

图 6-5　等响度级曲线

　　在声学测量中为了模拟人耳的听觉特征,声级计采用了频率计权来对接收到的声强在不同的频率段上进行不同程度的过滤。声级计中的频率计权网络有 A、B、C 三种标准计权网络。A 网络是模拟人耳对等响曲线中 40 方纯音的响应,从而使信号的中、低频段有较大的衰减;B 网络是模拟人耳对 70 方纯音的响应,它使信号的低频段有一定的衰减;C 网络是模拟人耳对 100 方纯音的响应,在整个声频范围内有近乎平直的响应。经过频率计权网络测得的声级,根据所使用的计权网络不同,分别称为 A 声级、B 声级和 C 声级,单位记作 dB(A)、dB(B) 和 dB(C)。A 声级的噪声值比较接近人耳对噪声的感觉,所以在测量中经常采用 A 声级来表示噪声的大小。

6.1.2　噪声的危害与防护

1. 噪声的危害

长期接触噪声会对机体产生不良影响。噪声污染的危害性,可以归纳为下面三个方面:(本小节部分内容来自互联网)。

1) 对听力的影响

长期接触较强的噪声,听觉系统会发生从生理性反应到病理性改变的过程,即由听觉适应、听觉疲劳发展到噪声性耳聋。

听觉适应(auditory adaptation)是由于听觉刺激较长时间作用于听觉器官所造成的听觉感受性变化的现象。该现象产生时,一般都表现为对刺激声音及与其频率相近的声音感受性的降低,但这种降低一般都是暂时性的,在刺激声音停止作用后的不长时间,听觉器官的感受性即恢复正常。有研究表明,当声音只作用于一侧听觉器官时,两耳都可发生听觉适应现象。这说明听适应的机制是中枢性的。若听觉器官受到较强的听觉刺激的长期作用,由此产生的听觉感受性下降常常要一昼夜甚至几天才能恢复。听觉适应不同于听觉疲劳,从过程上讲,适应是趋于平衡、稳定的过程,而疲劳则是随着时间的推移越来越疲劳。

听觉疲劳(auditory fatigue)是在噪声作用下听觉能力暂时性的下降,听阈暂时性上移的一种现象。主要是较长时间接触强噪声,听力明显下降,听阈开高超过15dB,甚至达到 35~50dB,离开噪声环境后需数小时以至数日才可恢复正常。听觉疲劳是一种病理前状态,初期尚可恢复正常属生理范畴的改变,如不注意采取预防措施,继续在强噪声下工作,就可能发展为器质性病理变化,出现永久性听力损伤导致永久性听阈位移。

噪声性耳聋(noise induced deafness)是由于听觉长期遭受噪声影响而发生缓慢的进行性的感音性耳聋,早期表现为听觉疲劳,离开噪声环境后可以逐渐恢复,久之则难以恢复,终致感音神经性耳聋。

2) 对人体其他系统的影响

噪声除了对人们听觉系统有影响外,对其他系统也有不良的影响。

噪声对神经系统的影响:长期接触噪声可导致大脑皮层兴奋和抑制功能的平衡失调,出现头痛、头晕、心摩、耳鸣、疲劳、睡眠障碍、记忆力减退、情绪不稳定、易怒等症状。

噪声对心脑血管系统的影响:噪声会使大脑神经调节功能出现失控现象,造成呼吸加快、心脏跳动剧烈、血压升高、血管痉挛、引发高血压等心脑血管疾病。

噪声对视觉系统的影响:经常处于噪声环境中,人眼的敏感性降低、瞳孔散大、色觉和视野异常,产生眼花、视力下降、反应迟钝的现象,从而会导致交通事故的发生。

噪声对消化系统的影响:噪声能使唾液、胃液分泌下降,造成食欲呆滞而引发消化道疾病。

噪声对免疫系统的影响:长时间的噪声使免疫系统功能紊乱,使人容易受病原微生物感染,引发皮肤病或其他疾病,甚至癌症。

3) 对生活质量的影响

噪声影响人们的睡眠质量和数量。在 40～50dB 噪声作用下,便会干扰正常的睡眠。连续噪声加快熟睡到轻睡的回转,使熟睡时间缩短。突然的噪声在 40dB时,使 10% 的人惊醒;60dB 时 70% 的人惊醒。睡眠不好将严重影响人的健康和工作。

在吵闹环境中生活的儿童智力发育要比安静环境中低 20%。营养学家发现噪声使人体的维生素 B_1、B_2、B_6、氨基酸、谷氨酸、赖氨酸等营养物质耗量增加,对儿童生长发育影响很大。

噪声对机体的不良作用主要受到下列因素影响:

(1) 噪声的性质。噪声强度越大对人的危害也就越大,出现损伤也越早,如80dB(A)以下的噪声,一般不对听觉系统产生永久性损伤;接触 90dB(A)以上的噪声,听力损伤和噪声性耳聋的发生率随声级增加而逐渐升高。如果噪声强度相同,接触以高频为主的噪声往往比低频为主的噪声对听力危害大,窄频带噪声比宽频带噪声危害大,脉冲噪声比持续噪声危害大。

(2) 接触时间。接触噪声时间越长对人体危害越大。大量调查表明,无论是听觉系统还是非听觉系统的变化,均与噪声作业的工龄有密切关系。连续接触比间断接触对人体的影响大,间隔一定时间短暂脱离噪声接触有利于听觉疲劳的恢复和减轻危害程度。

(3) 健康状况。机体的健康状况和个体敏感性的差异与噪声是否对人体产生影响以及影响程度有关,如患有耳病或心血管系统、神经系统异常者,接触噪声容易引起损害。少数敏感性强的人噪声危害出现早,进展快,程度严重。

(4) 其他有害因素的存在和个体防护情况。如果生产环境中同时存在寒冷、振动等不良因素或某些有毒物质,可以加强噪声的不良作用。正确地使用个人防护用品,如戴耳机或耳罩等,有良好的保护作用,可以减轻噪声的不良影响。

2. 噪声标准

为了保护人体的健康和生活质量,世界各国都对噪声排放制定了标准。我国于 1982 制定了《城市区域环境噪声标准(GB 3096—82)》,随着工业和交通的发展,1993 版《城市区域环境噪声标准(GB 3096—93)》(表 6-2)在 82 版标准的基础上,将某些区域噪声最大值提高了 5dB。

表 6-2　城市 5 类区域环境噪声标准(GB 3096—93)　　单位:dB(A)

类　　别	昼　　间	夜　　间
0 类(医院、疗养院、高级宾馆等)	50	40
1 类(机关、学校和居民区)	55	45
2 类(居住、商业混杂区)	60	50
3 类(工业区)	65	55
4 类(交通干线两侧)	70	55

　　该标准还规定了夜间突发的噪声,其最大值不能超过标准值 15dB。

　　对于工业厂区,我国 1990 年制定了《工业企业厂界噪声标准(GB 12348—90)》,对工厂及有可能造成噪声污染的企事业单位的厂界噪声标准进行了规定(表 6-3)。

表 6-3　各类厂界噪声标准(GB 12348—90)　　单位:dB(A)

适用区域	昼　　间	夜　　间
Ⅰ类(以居住、文教机关为主的区域)	55	45
Ⅱ类(居住、商业、工业混杂区及商业中心区)	60	50
Ⅲ类(适用于工业区)	65	55
Ⅳ类(交通干线道路两侧区域)	70	55

　　为了防止工业企业噪声的危害,保障工人身体健康,促进工业生产建设的发展,我国颁布了《工业企业噪声卫生标准》(表 6-4)。该标准规定工业企业的生产车间和作业场所的工作地点的噪声标准为 85dB(A)。现有工业企业经过努力暂时达不到标准时,可适当放宽,但不得超过 90dB(A)。另外对环境容许噪声的范围进行了规定(表 6-5)。

表 6-4　工业企业噪声卫生标准

连续工作时间/h	8	4	2	1	最高
新建和改建企业/dB(A)	85	88	91	94	≤115
现有企业/dB(A)	90	93	96	99	≤115

表 6-5　环境噪声容许范围

人的活动	最高值/dB(A)	理想值/dB(A)
体力劳动(听力保护)	90	70
脑力劳动(语言清晰度)	60	40
睡眠(休息)	50	30

　　2002 年,我国颁布了新的汽车噪声排放限值标准:《汽车加速行驶车外噪声限值及测量方法(GB 1495—2002)》,对汽车车外噪声的上限进行了限值,见表 6-6。该标准自 2005 年 1 月 1 日起执行。

表 6-6　机动车噪声标准（GB 1495—2002）　　　　单位:dB(A)

汽车分类	噪声极限/dB(A)	
	第一阶段	第二阶段
	2002.10.1～2004.12.30 期间生产的汽车	2005.1.1 以后生产的汽车
M_1	77	74
M_2(GVM≤3.5t),或 N_1(GVM≤3.5t): 　　GVM≤2t 　　2t<GVM≤3.5t	78 79	76 77
M_2(3.5t<GVM≤5t),或 M_3(GVM>5t): 　　P<150kW 　　P≥150kW	82 85	80 83
N_2(3.5t<GVM≤12t),或 N_3(GVM>12t): 　　P<75kW 　　75kW≤P<150kW 　　P≥150kW	83 86 88	81 83 84

说明:

a) M_1、M_2(GVM≤3.5t)和 N_1 类汽车装用直喷式柴油机,其限值增加 1dB(A)。

b) 对于越野汽车,其 GVM>2t 时:

如果 P<150kW,其限值增加 1dB(A);

如果 P≥150kW,其限值增加 2dB(A)。

c) M_1 类汽车,若其变速器前进挡多于四个,P>140kW,P/GVM 之比大于 75kW/t,并且用第三挡测试时其尾端出线的速度大于 61km/h,则其限值增加 1dB(A)。

表中符号的意义如下:

GVM 为最大总质量(t);

P 为发动机额定功率(kW)。

3. 控制噪声途径

噪声系统是由噪声源、传播途径、接收方组成的,因此控制噪声就要从这三个环节考虑。

1) 从噪声源上控制噪声

控制噪声源是控制噪声的最根本和最有效的途径。所谓从声源上控制,就是将发声大的设备改进成发声小的或者不发声的设备。工业噪声声源主要有三大类:第一类是气动源,如风机、风扇等;第二类是振动声源,如锻锤、凿岩机等冲击噪声;第三类是燃烧噪声,如各种热动力装置因燃烧产生的噪声。对这些噪声大的设备进行远置或者采取隔离措施,提高机器的精密度,尽量减少机器部件的撞击、摩擦和振动等都可以降低或消除噪声源的噪声排放。

2) 在传播途径上降低噪声

如果有条件的限制,很难从声源上根治噪声,就要在噪声的传播途径上采取措施加以控制。例如,采用吸声体、消音器、隔声罩等。在城市高架桥采用隔音屏障对直接面向周围居民区的噪声进行隔离。

3) 对噪声接收方进行防护

这是控制噪声的最后一种手段,当其他措施不能实现时,个人防护是一种经济又有效的措施。常用的防护装置有耳塞、耳罩和头盔等。

总之,随着现代工业和技术的发展,各种热动力装置在发出动力的同时也产生了噪声。如何控制噪声污染的问题也是现代科学技术迫切需要解决的问题。

6.2　燃烧噪声的机制和预测

燃烧设备中产生的噪声来源比较复杂,一般可以分为化学反应流场声源和机械运动部件产生的声源。化学反应流场声源又可以分为直接燃烧噪声和间接燃烧噪声两种形式,前者声源是从正在燃烧的区域产生或释放出来的,如正常燃烧和振荡燃烧发出的噪声;后者声源产生于燃烧区下游,因紊流燃烧使气流所得热量不同,温度分布不均匀,气流与下游流场相互作用而产生的,如因气流中温度分布不均匀,而引起气流压力脉动产生的空气动力噪声。空气动力噪声除了由上述原因产生外,还可因紊流流动而产生紊流噪声。

因此燃烧系统发出的噪声也可分为机械噪声、空气动力噪声和燃烧噪声三种,在这种分类中,空气动力噪声是指设备的进排气系统、冷却系统在工作时发出的噪声。燃烧噪声是指燃烧室内部能量转换系统工作时产生的噪声。例如,对于内燃机系统,燃烧噪声就是指燃料在气缸内燃烧时使压力急剧上升产生的动载荷和冲击波引起的高频振动经气缸盖、气缸套、活塞－连杆－曲轴及主轴承传至机体以及通过气缸盖等引起内燃机结构表面振动而辐射出来的噪声[3,4]。燃烧噪声也可称为火焰噪声。

理论分析表明,火焰噪声与火焰流场的流体动力学、化学反应热力学和化学反应动力学特性紧密相关。火焰噪声的产生与燃烧器的结构、火焰燃烧速度、混合气体的紊流特征以及燃料特征都有密切的关系。实验表明,降低燃烧速度、降低流体雷诺数、减少混合气体中的紊流度都能使火焰噪声降低,但同时也会降低燃烧功率和燃烧效率。

为了使防噪措施既要保证一定的燃烧功率和燃烧效率,又要尽量降低燃烧噪声,了解火焰噪声机理以及燃烧器的流体动力学特性对燃烧噪声的影响,建立燃烧噪声与火焰流场的定量关系是很有必要的。

6.2.1　火焰噪声模型

自 20 世纪 50 年代以来,火焰噪声一直是燃烧学和声学领域的一个持续发展的领域,大量的学者对火焰噪声模型进行研究。一般认为火焰噪声是由于火焰中大量的离散可燃混合气体微团在燃烧时的体积变化而导致的。1952 年 Lighthill

从一般的流体力学方程组出发,推导出了流体动力发声的波动方程[6]

$$\nabla^2 P - \rho\kappa_s \frac{\partial^2 P}{\partial t^2} = -\nabla \cdot (\boldsymbol{R} + \boldsymbol{V}) \cdot \nabla \tag{6-12}$$

式中

$$P(r,t) = \Delta P + p(r,t) \tag{6-13}$$

式中,P 为流体介质的总压力,ΔP 为流体静压力,$p(r,t)$ 为声波所产生的压力起伏,即为声压,ρ 为流体密度,$\boldsymbol{R}$ 为雷诺应力张量:$\boldsymbol{R} = \rho u_i u_j$,$\boldsymbol{V}$ 为粘性应力张量,$-\nabla \cdot (\boldsymbol{R} + \boldsymbol{V}) \cdot \nabla$ 构成了流场的四极子声源,只要流场中应力存在不均匀,流体流动就会发出噪声。

燃烧时除了该方程描述的四极子声源之外,化学反应声源对此有更大的贡献。如何描述燃烧反应对火焰噪声的贡献成了此后的重要研究方向。关于火焰声源的模型有三种[7],如图 6-6 所示。图 6-6(a)认为紊流火焰可以看为表面被紊流不停扭曲变形,体积在不停变化的层流火焰。1963 年 Bragg 根据此模型研究紊流火焰声功率,认为声功率与火焰体积变化率的均方成正比,也就是与流量和反应速率成正比;其峰值频率 f_p 可以用 Strouhal 数 St 来描述,即

$$f_p\ell/v_\ell \propto f_p L/V = St \tag{6-14}$$

式中,ℓ 为平均火焰面厚度,v_ℓ 为层流火焰速度,L 为火焰长度,V 为来流速度。St 在很宽的频率范围内为常数。这事实上把整个火焰当成一个单极子声源。此模型很难处理各种复杂的火焰形状,也不易适用于各种不同的燃烧设备。

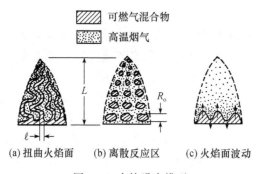

　　　可燃气混合物
　　　高温烟气

(a) 扭曲火焰面　　(b) 离散反应区　　(c) 火焰面波动

图 6-6　火焰噪声模型

图 6-6(b)将火焰中的声源想象成一个个离散的反应区,每个反应区由于燃烧反应,其体积在不停地变化,就像一个个不停膨胀的"气球",1972 年 Strahle 描述了这种模型,并建立了声功率与"气球"的平均直径的关系,该模型解释了火焰声辐射和光辐射变化之间的联系。在此模型中,其特征尺寸为微团的直径 R_o,即

$$f_p R_o/v_\ell \propto f_p L_{DR}/V = St \tag{6-15}$$

式中，L_{DR} 为该模型下的火焰长度：

$$L_{DR} = VR_o/v_\ell \tag{6-16}$$

图 6-6(c)将火焰声源归功于火焰面的波动，其实这也是一种类型的单极子声源，和图 6-6(a)模型有相似之处，1972 年 Arnold 提出了此类模型，认为当可燃混合物流过反应区时，会导致火焰前锋发生波动，此类波动直接导致了火焰噪声。

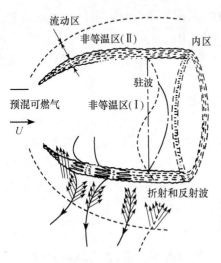

图 6-7　预混开式火焰三区结构

1973 年 Chiu 和 Summerfield 提出了预混开式火焰三区结构模型，如图 6-7 所示。将开式火焰及其周围流场分为三个区域：火焰区、非等温区和波动区。

（1）火焰区（内区）：燃烧反应仅在此区发生。噪声的产生主要归因于火焰释热率脉动和紊流脉动，但是声场也能诱导紊流脉动，从而进一步提高噪声强度。

（2）非等温区：由内区产生或放大的声波向非等温区传播，声波在该区中进行折射或反射。由于非等温区（Ⅰ）很小，在声学上是死区，在小型火焰中可以忽略。非等温区（Ⅱ）可以看成是一个声学紧凑区。烟气离开火焰向外流动，其温度急剧下降，压力分布是不可压缩的非传播型脉动，与温度分布有关。而温度分布主要由对流、传导和紊流混合决定。

（3）波动区（外区）：非等温区（Ⅱ）伸向远场的区为波动区。在此区域内声音向外传播，是传播声音的自由空间。在该区域内唯一的声源是射流和尾迹流造成的紊流速度脉动，但是此值相对较小，可以忽略。

可以认为开式火焰为一薄层噪声声源（火焰区，此为单极子声源），加上一个小声腔（非等温区），这两区外面包围一个很大的波动区（外区）。Chiu 和 Summerfield 分别对这三个区建立了波动方程，设定了合理的边界条件，求得了远场声压。当火焰区采用扭曲火焰模型时[图 6-6(a)]，紊流火焰由一组层流小火焰组成，总的声强是由这些小火焰的声强汇总而成的，远场声压/声强直接与紊流脉动和火焰传播速度之比有关；当火焰面采用离散反应区模型[图 6-6(b)]时，得出的方程与雷诺数有关。

Doak 和 Hassan 致力于扩充 Lighthill 方程[式(6-12)]，使其适用于化学反应流场的工作，最终给出的化学反应流场波动方程为

$$\nabla^2 P - \rho\kappa_s \frac{\partial^2 P}{\partial t^2} = -f(\boldsymbol{r},t) + \mathrm{div}\boldsymbol{F}(\boldsymbol{r},t) - \nabla\cdot(\boldsymbol{R}+\boldsymbol{V})\cdot\nabla \tag{6-17}$$

式中,$F(r,t)$为作用在流体(r,t)单位体积上的力(电力或重力或其他力),反应了流场中各个相间的相互作用力对声场的影响;对于存在化学反应的流体流场 $f(r,t)\neq0$,构成了燃烧流场的单极子声源,它对应于流体的体积变化,体积的变化可以由化学反应产生的物质的转化和导入流体的热量的变化使流体产生不规则膨胀等情况。

波动方程(6-17)表明,化学反应流场中持续不断的燃烧反应为火焰噪声提供单极子声源,该类型声源反映了系统中组分、能量的分布不均匀;流场中各相间的相互作用力为火焰噪声提供偶极子声源,该类型声源反应了系统中液滴或固体颗粒和气流场间的相互作用;气体流场中的紊流脉动和粘性提供了四极子声源,该类型声源为流体动力发声。只要体系中存在紊流,存在化学反应或温度不均匀,系统就会向外界辐射声波。

6.2.2 火焰噪声特征

很明显,火焰噪声中的单极子源项是由大量空间分布的单极子组成的,与反应区中空间每点的瞬态热释放率相关。从线性声学的角度看,噪声频谱上每一个频率的声压变化都是由相同频率的非稳态热释放过程引起的。火焰噪声的频谱很宽,涵盖了 100~25000 Hz 的范围(图 6-8[8]),这也反映了反映区中化学反应动力学时间尺度的变化范围很大,各种强度的反应速率都可能存在;同时也表明火焰噪声的单极子声源是空间分布的。

通常文献中讨论的各种燃烧器,其燃烧噪声的峰值频率范围一般为 100~1000 Hz,火焰噪声的 Strouhal 数 St 可以表示燃气来流的平均速度 U_{ave},火焰长度 L_f 和峰值频率 f_p 的恒定关系

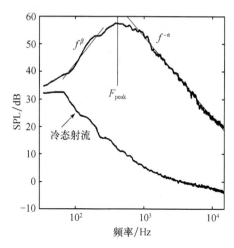

图 6-8 典型乙炔火焰噪声频谱

$$St = f_p L_f / U_{ave} \qquad (6\text{-}18)$$

图 6-9[9]显示了不同燃气成分,不同喷口直径下的峰值频率和 U_{ave}/L_f 的关系,其中对角直线为 $St=1$,可以看出燃料成分和喷口直径对峰值频率有影响。一般情况下不同的燃烧器,不同的燃料对峰值频率没有直接的影响,峰值频率仅仅受到射流出口平均流速和火焰长度的影响。但是考虑到不同燃料的释热率不同,也就是火焰长度不同,所以在相同来流速度和当量比的情况下,不同燃料的峰值频率还是不同的。

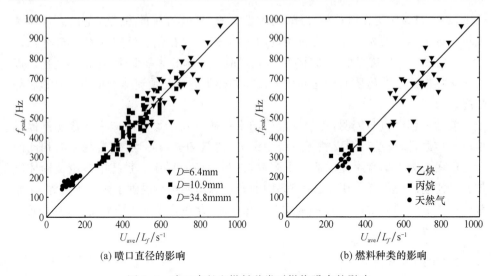

(a) 喷口直径的影响　　　　　　　　(b) 燃料种类的影响

图 6-9　喷口直径和燃料种类对燃烧噪声的影响

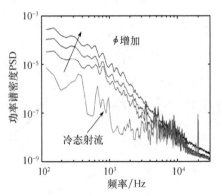

图 6-10　不同化学当量比下的声功率谱

图 6-10 为不同当量比 ϕ 对声功率的影响[10]，化学当量比的增加会导致声功率的增加。一般情况下，当量比为 1 时噪声功率达到最大，当量比再增加时，其声功率反而会下降。Strahle 给出了声功率和峰值频率的计算关系[11]如下：

$$P \propto F^{-0.4} S_L^{1.83} U_{ave}^{2.67} D^{2.78} \qquad (6-19)$$

$$f_p \propto U_{ave}^{0.18} S_L^{0.88} F^{-1.21} D^{-0.13} \qquad (6-20)$$

式中，F 为燃油质量分数，D 是燃烧器当量直径。

火焰噪声的强度与火焰燃烧强度有正比关系。燃烧强度表示火焰单位容积的热量释放率，因此当燃料发热量较高时，其燃烧强度较高，导致火焰噪声强度增大。声功率 P 与燃料之间的经验关系为[9]

$$P \propto f_{peak}^{2.02} U_{ave}^{0.32} (m_f H)^{1.7} \qquad (6-21)$$

式中，H 为燃料发热量，m_f 为燃料质量流量。可以看出声功率与燃料的关系比流动形态的影响更大。当燃烧强度降低时，燃烧噪声也降低。因此可以通过降低燃烧强度来降低噪声。研究表明，当燃烧速度不变而火焰容积增大一倍时，燃烧噪声可以降低 3dB。通过改变燃烧器喷嘴的结构和排列方式，例如，以多个小喷口代替一个大喷口，使燃料以细股喷入，由于火焰体积增大，噪声减少。图 6-11 为 BR700 发动机在不同工作状态下的噪声频谱[12]，很显然不同的燃烧强度其噪声功率变化很大。图 6-12 为 BR700 发动机噪声沿 x 轴方向上噪声功率和频谱的分布,在发动机出口($x=0$)处有噪声强度峰值。

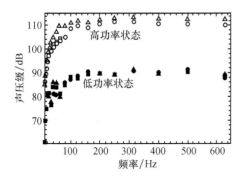

图 6-11　BR700 发动机噪声功率

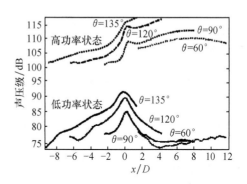

图 6-12　BR700 发动机噪声
沿 x 轴向噪声功率分布

　　影响火焰噪声声功率的因素除了气流的压力、温度、热值和当量比之外,还与燃烧器形式、空气流量以及温升有关系。实验表明,喷气发动机的环管燃烧室的低频噪声强度要比环型燃烧室高。在进口温度和余气系数不变的情况下,进口压力的提高或进气流量的增加都会导致噪声功率的增加[13](图 6-13)。当进气压力和流量不变时,进气温度升高会导致噪声强度降低[13](图 6-14)。这是因为二股气流的喷气噪声辐射效率与进气温度成反比:

$$\eta = \frac{\rho_i}{\rho}\left(\frac{T_i}{T}\right)^2 Ma^5 \qquad (6-22)$$

式中,Ma 为马赫数,T 为燃烧气流温度,T_i 为进气温度,ρ_i 为进气密度。如图 6-16 所示,当燃烧室余气系数 α 增加时,噪声功率会下降[13],这与火焰噪声随当量比 ϕ 的变化(图 6-10)是一致的。此外,由图 6-15 可知,燃烧室温升增加导致噪声功率增加,这实际上反映了燃烧功率增加对噪声的影响。

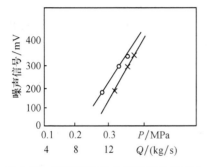

图 6-13　噪声随进口总压和流量的变化

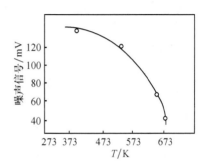

图 6-14　噪声随进气温度的变化

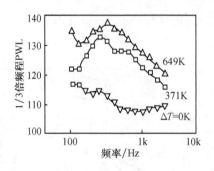

图 6-15　温升对环形燃烧室噪声的影响

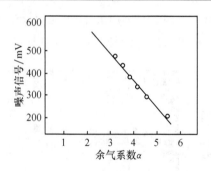

图 6-16　余气系数对噪声的影响

6.2.3　火焰噪声预测

　　大约在 10 年以前,火焰噪声/气动噪声的预测与计算主要是通过 Lighthill、Strahle 等建立的理论分析基础上完善起来的经验/半经验分析方法。例如,通过经验公式估计最大声功率或峰值频率;针对不同的发动机、燃烧室形状和运行工况给出噪声声功率关系等。随着近年来计算流体力学(computational fluid dynamics,CFD)的发展,可以为类似的经验公式提供更多更准确的流场、温度场的信息,提高此类经验/半经验分析方法的精确度。同时,声学和计算流体力学的交叉催生了计算气动声学(computational aeroacoustics,CAA)的快速发展,使计算气动声学 CAA 成为燃烧噪声预测的主要手段。CAA 的计算方法有两类:一类称为混合分析法或者声学模拟法(acoustic analogies),该方法将整个计算空间分成远场和近场,近场为声源区,例如燃烧区或流体喷射区,该区的数值模拟由常规的 CFD 来处理,可以采用 URANS(瞬态雷诺平均)、LES(大涡模拟)或 DNS(直接数值模拟)等方法给出瞬态场;远场声辐射则可以通过 Lighthill、Goldstein[14]、Phillips[15] 等声学模拟理论积分给出;由于声波传输受线性欧拉方程(LEE)的控制,远场也可以通过求解 LEE 来获得[16]。其基本流程如图 6-17 所示。在这类方法中,在求解近场流场时,如果采用 URANS 方法,则同样需要紊流模型和燃烧模型来封闭控制方程。另外一类方法为直接噪声模拟(direct noise computation,DNC)或者全场模拟法。该方法对远场和近场均采用相同的控制方程数值模拟的方法,流场和声场同时求解,在实施时可以采用分区网格也可以采用统一网格。这种方法最早被 Colonius[17] 用来计算紊流混合层的空气动力噪声。采用 DNC 方法事实上把计算区域扩大了,把远场也包含进来,一般情况下远场要比近场大得多。此时 CAA 的考虑尺度也进一步扩大,声学量要比流动量小很多[16],例如,对于 $Ma=0.9$ 的射流,声学速度脉动只

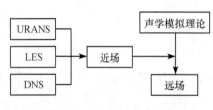

图 6-17　CAA 混合分析法

有气动速度脉动的 $10^{-4}\sim10^{-3}$，压力脉动之比约为 10^{-2}，而声波波长和动量边界层厚度之比约为 10^2，这就要求计算的格式不允许有太大的离散误差和耗散以至于掩盖物理的真实脉动；此时对计算边界条件也有更高的要求，目前一般都采用无反射边界。DNC 对计算网格数要求较高，如果系统中的积分尺度（大尺度）为 L，声学尺度为 λ，Kolmogorov 尺度为 η，则

$$L/\lambda \sim StMa，\quad L/\eta \sim Re^{3/4}$$

如果采用 DNS 方法，则单方向上的点数必需满足

$$n_x \sim \lambda/\eta \sim Re^{3/4}/(StMa)$$

时间步长为

$$\Delta t \sim \eta/c$$

计算费用为 $n_x^3\times(L/U)/\Delta t \sim Re^3/(St^3Ma^4)$，对于 LES 方法，则计算费用 $\sim Re^2/(St^3Ma^4)$，对于一个简单的二维问题，计算网格一般在 10^6 数量级以上。

1. 混合分析法

对于 Lighthill 的波动方程（6-17），只保留其中的火焰噪声声源，将其中的偶极子和四极子声源略去，在自由声场远场积分可得瞬时声压为

$$p'(x,t) \approx \frac{-1}{4\pi x}\frac{\partial}{\partial t}\int_V\left[\frac{\alpha}{C_p}\sum_{n=1}^N h_n\dot\omega_n\right]\mathrm{d}y \tag{6-23}$$

式中，h_n 为 n 组分的焓值，$\dot\omega_n$ 为 n 组分的反应速率，N 为系统中的组分数，计算域如图 6-18 所示。(τ,y) 为反应流场中的一点，(x,t) 则为远场声场中的点。式（6-23）中反应速率 $\dot\omega_n$ 可以通过 CFD 的流场计算得到，其控制方程为

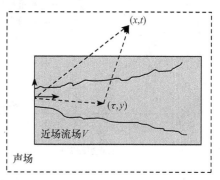

图 6-18　混合分析法计算示意图

$$\frac{\partial\rho}{\partial t}+\frac{\partial}{\partial x_j}\rho v_j = 0 \tag{6-24}$$

$$\frac{\partial}{\partial t}\rho v_i+\frac{\partial}{\partial x_j}\rho v_j v_i+\frac{\partial p}{\partial x_i}=\frac{\partial}{\partial x_j}\sigma_{ij} \tag{6-25}$$

$$\frac{\partial}{\partial t}\rho Y_n+\frac{\partial}{\partial x_j}\rho v_j Y_n=\frac{\partial}{\partial x_j}\left(\rho D\frac{\partial}{\partial x_j}Y_n\right)+\dot\omega_n,\quad n=1,\cdots,N \tag{6-26}$$

$$\overline{c_p}\frac{\partial}{\partial t}\rho T+\overline{c_p}\frac{\partial}{\partial x_j}\rho v_j T=\frac{\partial p}{\partial t}+\frac{\partial}{\partial x_j}\left(\lambda\frac{\partial T}{\partial x_j}\right)-\sum_{i=1}^N h_i\dot\omega_i+\rho D\frac{\partial T}{\partial x_j}\sum_{i=1}^N c_{pi}\frac{\partial Y_i}{\partial x_j}$$

$$\tag{6-27}$$

式中,Y_n 为 n 组分的质量分数,D 为分子扩散系数,σ_{ij} 为粘性应力张量。该流场可以采用 URANS、LES 或者 DNS 进行求解。如果空气动力噪声不能忽略,例如高速射流火焰的情况,则在 Lighthill 远场积分方程(6-23)保留应力的四极子声源项。通过方程(6-23)可以获得声强分布

$$I(x,\tau) = \frac{(\gamma-1)^2}{\rho_0 c_0^5 16\pi^2 \mid x \mid^2} \frac{\partial^4}{\partial \tau^4} \iint_{V V} \hat{S}(y')\hat{S}(y'')C(y',\eta,\tau_0)\mathrm{d}y'\mathrm{d}\eta \qquad (6\text{-}28)$$

频谱域紊流火焰噪声声功率谱方程为

$$W(\omega) = \frac{(\gamma-1)^2}{\rho_0 c_0 4\pi}k_{ac}^4 \iint_{V V} \hat{S}(y')\hat{S}(y'')\Gamma(y',\eta,\omega)\mathrm{d}y'\mathrm{d}\eta \qquad (6\text{-}29)$$

式中,$\hat{S}(y)$ 为声源项 S 的均方根振幅,声源项 S 表示为

$$S(y,t) \approx \bar{\rho}(y,\overline{T})\bar{C}_p(y,\overline{T})T'(y,t) \qquad (6\text{-}30)$$

Boineau[18] 采用混合分析法计算了钝体燃烧器的声功率谱(图 6-19),计算结果和实验结果比较吻合,能够反应燃烧功率增强对声功率的影响。

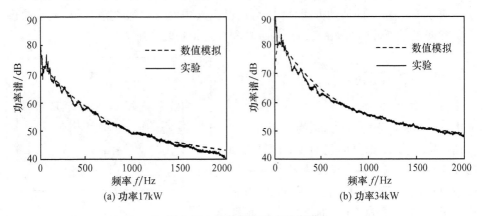

图 6-19　钝体燃烧器声功率谱

Ihme[19] 采用 LES 和小火焰燃烧模型模拟了扩散射流火焰近场流场,并保留了 Lighthill 波动方程中的三个源项:单极子项、压力脉动项(偶极子项)和应力脉动项(四极子项)。图 6-20 为实时温度场和火焰中的涡团结构,通过远场中四个不同位置的声功率谱的实验数据和计算结果的对比(图 6-21),计算结果基本吻合,但是稍微偏大一些。作者还对声源中三项各自对总声功率的贡献做了分析(图 6-22),其中雷诺应力的作用基本上可以忽略;在低频段,化学反应单极子项占主要部分;在高频段,单极子和压力脉动(偶极子)的作用差不多,并且在高频段计算值比实验结果偏高。Ihme[15] 还采用 LES 和有限元法,应用 Phillips 波动方程模拟了相同火焰的声场,结果基本类似。

图 6-20　射流火焰实时温度场及火焰结构

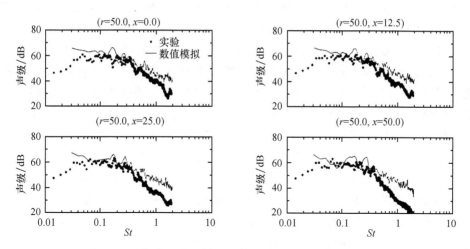

图 6-21　远场中四个不同位置的声功率谱的计算和实验对比

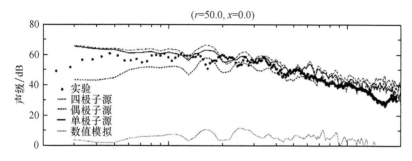

图 6-22　远场中两个不同位置的声功率谱中三个声源项的贡献

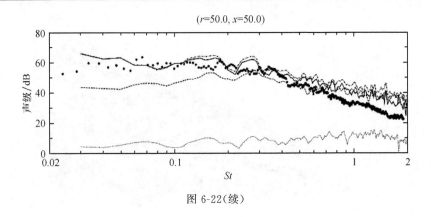

$(r=50.0, x=50.0)$

图 6-22(续)

2. 直接模拟

直接噪声模拟 DNC 将控制方程组(6-24)～(6-27)应用到整个计算域,该计算域包括远场和近场流场,为了计算经济性合理分配网格密度,一般在流体区域设置高密度网格,在远场区域使用疏松网格。为了满足计算的需要,一般采用 DNS 或者 LES 计算方法,差分格式采用低色散低耗散格式,例如,保持色散关系的 DRP (dispersion-relation-preserving)有限差分格式来离散通量的空间偏分,时间步推进采用 Runge-Kutta 积分。Bogey 等[20]采用 DNC 方法数值研究了高亚音速、中雷诺数冷态空气射流的空气动力噪声,其采用的计算网格如图 6-23 所示,下方加密网格处为射流流场区,上方稀疏网格区为声场远场区,总计算网格数为 $255 \times 187 \times 127$,射流喷口直径为 3.2×10^{-3} m,$Re=65000$,$Ma=0.9$,求解的方程为 N-S 方程,采用可压缩的 LES。图 6-24 为计算结果,主流区显示为涡量场,声学区为声压脉动,图中明显可以看到声波产生于混合层融合区($x=11r_0$ 附近),空气射流噪声的来源主要是涡的作用。

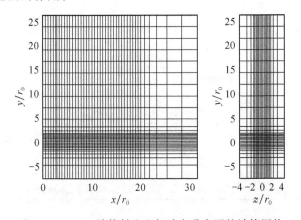

图 6-23　Bogey 计算射流空气动力噪声用的计算网格

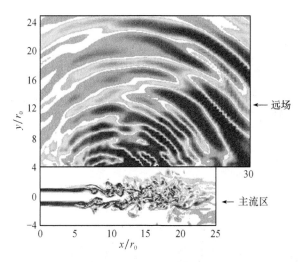

图 6-24　射流噪声声场(主流区为涡量场,远场为声压)

　　直接噪声模拟 DNC 可以直接将远场声压和近场的流动状态耦合起来,而没有经过声学模拟理论的中介,因而对噪声来源的机理分析更为透彻和直接,有助于认识噪声的真实机理,指导抑制设备噪声,优化设计。但是由于其对计算资源的要求,目前较多的研究文献是用来研究射流空气动力噪声的,而采用 DNC 方法直接处理燃烧噪声的文献比较少见。

　　DNC 方法也可以不求解原始变量的控制方程组,而将瞬时量转换为定常量和扰动量之和,原始控制方程(6-24)～(6-27)转换为关于扰动量的控制方程,然后对扰动控制方程进行高精度求解[21]。

6.3　振荡燃烧噪声

　　在发动机和工业锅炉燃烧室中,经常出现压力脉动。压力忽高忽低,幅度比较大,波形具有明显周期性,在一定时间内压力波形基本不变,并伴有很强的噪声。此时燃烧室内由于各种原因导致了振荡燃烧。所谓振荡燃烧,就是由于燃烧放热反应脉动引起燃烧速度和释热率周期性变化激发的不稳定燃烧现象。这种现象除了发出很强的噪声外,还对燃烧设备的安全运行有较大的破坏。另外,由于压力剧烈波动对燃烧的促进作用,会极大地促进燃烧的不稳定性,产生局部过热点,导致"热力"NO 排放的增加和壁面热应力的提高。图 6-25 为一模型燃烧室内发生低频振荡时压力、速度脉动和温度脉动变化曲线,通过频谱分析,这些量的脉动频率是协调一致的[22]。

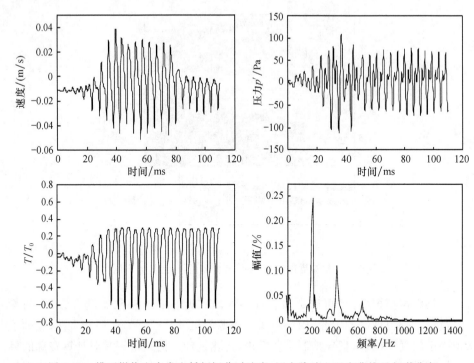

图 6-25　模型燃烧室内发生低频振荡时速度、压力脉动和温度曲线及频谱分布

经常出现的振荡形式有纵向、切向和径向[23]三种(图 6-26),每种模式都有自己的自振频率。图 6-26(a)为纵向振荡,无箭头的直线表示瞬时等压线,有箭头的表示气体质点运动方向,自左向右箭头表示质点运动向右,自右向左表示经半个周期后质点的运动方向。振荡时空气质点沿燃烧室对称轴运动。图 6-26(b)为切向振荡,发生在燃烧室横截面内。由于燃烧室横截面是圆形,因此等压线不再是直线。

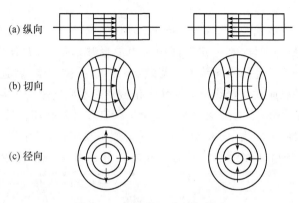

图 6-26　振荡的三种基本模式

图 6-26(c)表示径向振荡,它具有轴对称形式,其对称轴是燃烧室对称轴。切向和径向振荡称为横线振荡。通常,燃烧室长度比直径大得多,因此纵向振荡频率最低,为低频振荡。横向振荡中径向振荡频率最高,一般称横向振荡为高频振荡。除了这些简单的模式外,在实际的燃烧室中经常出现的是这三种的混合模式,形成复杂的振型。

6.3.1　振荡燃烧的影响因素

振荡燃烧一般认为是由于系统中的小扰动被放大,然后腔体共振而产生的,因此气流的工况中的小扰动(如压力脉动、温度和速度脉动以及当量比的变化都是诱发振荡的扰动源)和燃烧室的形状、结构尺寸是影响振荡燃烧的主要影响因素。

(1)压力。一般趋势是压力越大,振幅越大,同时由于脉动增强,易导致高频振荡。图 6-27 为一环形燃烧室内压力脉动的功率谱[24],随着压力的增加,558Hz 的峰值逐渐增强,而且在低压力下,低频段<200Hz 的压力脉动占主要地位;同时也表明,随着压力的增大,压力脉动的振幅也增强,从没有峰值的低频漫射频谱转变成有峰值的高频振荡燃烧。

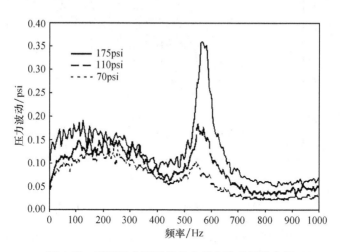

图 6-27　不同压力下燃烧室内压力波动频谱分析

(2)空气流量(或流速)。在保持温度的油气比的情况下,燃烧室流量或流速的提高,会导致高频振荡的产生和加强。图 6-28 为一燃气涡轮的腔内振荡频率与进气速度的关系[25],进气速度从 10m/s 变化到 40m/s,峰值频率从 100Hz 变化到 700Hz。图 6-29 为一燃烧器内振荡频率和进气流量之间的关系[26],随着进气流量的增大,振荡频率也是在增大的。这是因为在相同的当量比的情况下,随着进气流量的增大,燃烧功率和释热率也在增大。

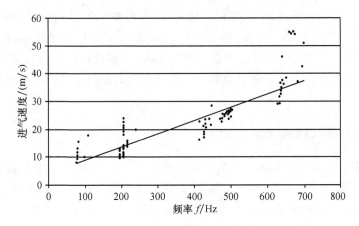

图 6-28　进气速度对涡轮燃烧室内振荡频率的影响

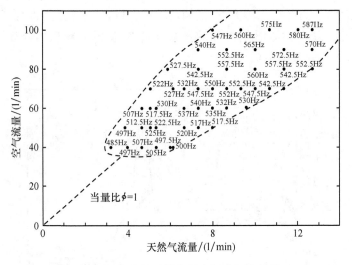

图 6-29　进气流量对燃烧器内振荡频率的影响

（3）油气比。油气比对振荡燃烧的影响比较大，因为油气比的改变直接改变了燃烧功率，油气比的增大会明显增大振荡的发生。图 6-30 为环形燃烧室的工作状态从低功率向高功率过渡时，腔内压力脉动的频谱[24]，随着燃烧功率的提高，振荡频率和幅度逐步提高。图 6-31 为某模型燃烧器振荡特征随着油气比（GER：总当量比）的变化[27]，随着油气比的增加，振荡幅度和高频份额逐渐增大，这是因为油气比的增大，导致燃烧功率增大，振源的能量也增大，所以振幅增大。另外燃烧温度增高，导致声速增大，频率增高，所以燃烧功率高，高频部分增大。

（4）气流温度。气流温度直接影响声速，所以温度对振荡频率有明显影响。不论哪种振型，固有频率都与声速成正比，与燃烧室尺寸成反比。因此燃烧室温度高

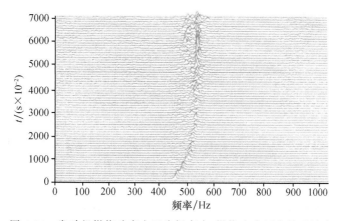

图 6-30　发动机燃烧功率在逐步提高中,燃烧室内压力脉动演变

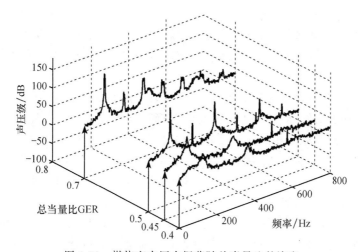

图 6-31　燃烧室内压力振荡随总当量比的演变

则易发生高频振荡。温度不仅会影响振荡频率,而且还会影响振幅。一般来说,温度高标志着燃烧释放的热量大,因此,振源的能量大,就会导致发生高频大振幅的振荡。

(5)燃烧室结构。燃烧室结构的变化导致固有频率改变,会影响燃烧振荡。例如,火焰稳定器堵塞比加大,发生振荡趋势增加;减少燃料与空气混合长度,可以减少发生振荡。火焰稳定器安装在一个界面上,容易发生振荡,而错排则较好;燃烧室过长时,则容易发生振荡。

在喷气发动机燃烧室中,影响低频振荡和高频振荡的原因除了以上的基本因素以外,还和自身的一些因素有关。

发动机中发生低频振荡燃烧时,音调低沉,波形呈周期性,频率在 30～300Hz。压力波沿着燃烧室轴线纵向传播,出现噪声,声音比较小。激发和影响低频振荡的因素十分复杂,燃烧室中产生低频振荡的原因可能是:

① 喷油系统的振动、供油管道的自身振动以及供油压力的脉动所引起的供油量和油气比周期性变化以及油气比空间分布不均匀。当供油压力较低时,喷嘴供油量变的不稳定,局部油气比的变化易产生低频振荡。

② 回流区中油气比过富,使低频振荡燃烧的压力幅度增大。燃油和气体的混合长度增大,增加燃油蒸发过程延迟时间,使气流速度脉动,产生较大的油气比脉动,从而引起较大的燃烧速率振荡。因此,低频振荡与回流区油气比和燃油蒸发时间有关。

③ 紊流射流边界层中的旋涡振动以及过强气流紊流脉动速度都对低频振荡燃烧有影响。

④ 临近富油熄火状态时,火焰忽燃忽灭等。

目前看来,引起低频振荡的原因主要是与燃油系统的结构、形状、尺寸和火焰稳定器处油气比有关。

发动机发生高频振荡时,振荡频率在 $300\sim3000\,Hz$,声音尖叫刺耳。出现高频振荡时,火焰传播速度增加,会引起极高的热释放率,是构件产生较大的振荡应力,对燃烧室造成严重的损害。一般认为,只有具备引起燃烧反应脉动的振源,才能引发高频振荡。

① 周期性变化的释热率。例如,紊流火焰传播速度的脉动,油珠蒸发率的脉动以及反应速度的脉动等,都可能引起燃烧释热率的脉动。如果释热率脉动频率与燃烧系统的固有频率相同或相近时,会引起声压振幅增大,导致共振。

② 气流的周期性脉动。例如,航空发动机涡轮叶片的转动,使出口气流产生旋转,这种气流旋转是周期性脉动,其频率和燃烧室声振合拍引起共振,使声压振幅增大。

③ 旋涡脱落。例如,气流经过火焰稳定器、喷油嘴、供油管、支杆等障碍物时,在障碍物后面会产生旋涡尾流。当气流不稳定、声压振幅又较大时,这些旋涡可能被挤歪,来回摇摆,最后导致旋涡周期性脱落。如果旋涡脱落频率和燃烧室声振频率相近,则会激起共振,使声压振幅加大。

引起燃烧反应和释热率脉动的各个因素,同时可以成为振荡燃烧的根源,有时可能是几个因素综合构成复杂的振荡机理。

6.3.2　燃烧振荡的防治

不论是低频还是高频振荡,除了发出很大噪声外,都会对燃烧室造成严重危害。防止或控制振荡燃烧,首先要了解振源,弄清振荡频率和振幅,弄清声振的振型。对所发生的振荡燃烧机理搞得越清楚,越容易确定防治办法。一般说来,改善燃烧器是根本的防治方法。只有在改善燃烧器后仍无效时,才考虑安装共振消声器等特殊设备。改善燃烧器以防止振荡燃烧噪声的方法有:

(1) 改变火焰稳定器的轴向位置,避免在气流流动方向压力变化的波节和波腹之间没有火焰,有可能防止低频振荡燃烧的发生。

（2）改善燃料与空气流的混合，防止混合不均匀，而在局部出现过浓或过淡燃烧时，发生燃烧不稳定现象，从而控制振荡燃烧的出现。

（3）加大燃料喷出压力，以免当燃烧室内压力变动时引起燃料喷出量的变化。

（4）燃烧室出口气流速度分布对高频振荡有明显的影响。通常，速度分布不均匀以及气流脉动，容易产生振荡。因此，在燃烧室进口扩压器内装有整流支板以减小振荡趋势。

由于燃烧振荡的内在规律目前还不清楚，上述一些参数影响趋势和防治方法仅是一般性的，对具体情况要做具体分析。

燃烧振荡严重干扰燃烧过程并损坏炉膛和发动机零部件，因此防止燃烧室发生振荡燃烧是高强度燃烧器装置研究中的重要内容。

6.4　空气动力噪声

空气动力噪声是气体流动产生的噪声，其波动方程可以用 Lighthill 式(6-12)描述，其声源是流体的紊流应力分布不均匀。按照其产生机理不同，可分为喷流噪声、涡流噪声和边界层噪声。

（1）喷流噪声。又称为射流噪声(jet noise)。它是由喷口排出的气流与周围大气掺混，进行动量和质量交换，形成高速紊流流动，产生噪声。它主要发生在喷流与大气相互作用的流动区。

（2）涡流噪声。涡流噪声是当流体流过一个非流线型物体时，在物体两侧将交替地产生旋转方向相反的旋涡，旋涡脱落引起振动而产生的噪声。例如，流体经过稳定器，支板、供油环等障碍物或突扩管道时，产生旋涡尾流。当气流不稳定时，会导致旋涡脱落，产生噪声。

（3）边界层噪声。边界层噪声是在固体壁面处的流体边界层内，由于压力变动、速度变化而产生的噪声，称为边界层噪声。例如，在燃烧器壳罩内，旋流器叶片等处的固体壁面附近都会产生这种噪声。

在空气动力噪声中，喷流噪声是最常见的一种噪声源，从喷气飞机和火箭到锅炉排气以及汽车等装置的排气中都存在喷流噪声问题。由于喷流噪声在航空、动力和化工工业上的特殊作用，其形成机理和抑制方法都已成为重要的研究方向。

6.4.1　喷流噪声的生成

喷流噪声的产生机理从理论上来说是由于紊流应力的作用，然而紊流本身也是一个极为复杂的问题，还是一个正在深入研究的领域，喷流噪声作为紊流作用的一个副产品，其机理研究更是涉及了很多的困难。目前主要从实验和数值模拟的角度进行研究。本节首先介绍早期采用模拟分析和经验分析的方法对喷流噪声产生机理的描述,然后介绍数值模拟方法对喷流噪声的阶段性的研究结果。

　　高速气流排入大气中冲击和剪切周围大气,急剧地混合并形成紊流旋涡,与周围气体进行动量、质量和能量的交换。在喷流内部充满着许多形状不一、大小不等的旋涡,这些旋涡气团不断产生、发展和衰减,同时辐射出很大的噪声。

　　通过实验观察,亚音速喷流流场的理想结构如图 6-32 所示[28],喷流可划分为三区:由喷流出口至 5D 左右为混合区,核心四周喷流与周围静止空气混合强烈,紊流强度很高,且噪声偏于高频;由射流核心结束至 10D 左右为过渡区,流动复杂,平均流速和紊流强度都随喷射距离的增加而降低,噪声由高频向低频转化;完全掺混区主要是 10D 后的区域,平均速度和紊流强度按规律沿轴线降低,噪声以低频为主。就整个喷流来说,噪声大部分来自混合区,在混合区内声强是定值。过渡区的声强与距离的七次方成反比而急剧衰减。

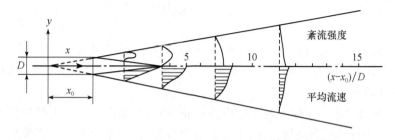

图 6-32　亚音速喷流结构

　　在超音速喷流中会出现激波,喷流噪声除了由于气流掺混过程引起噪声外,激波与喷气紊流相互作用也会产生噪声源(图 6-33)。由图 6-33 可见,在尾喷口附近的排气高频噪声主要来自激波,而在过渡区的低频噪声主要来自排气与周围空气掺混。

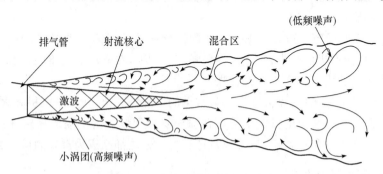

图 6-33　超音速排气混合与噪声

　　Lighthill 通过理论推导,得到喷流的总辐射声功率 P_T 与喷流速度 V_j 的关系式,即八次方定律

$$P_T = K_e = \frac{\rho D^2}{\rho_0 C_0^5} V_j^8 \tag{6-31}$$

式中,K_e 为常数,$K_e = (0.3 \sim 1.8) \times 10^{-4}$,$D$ 为喷口直径,ρ_0 和 C_0 分别为周围空气的密度和声速,ρ 为喷流密度。图 6-34 为八次方关系与实验数据的比较:在 $Ma > 0.4$ 时,实验值和理论计算值基本一致;当 $Ma < 0.4$ 时,误差较大,此时可以引用六次方关系来表示声源总辐射声功率与速度的关系为

$$P_T = K_e \frac{\rho^3 D^2}{\rho_0 C_0^5} V_j^6 \qquad (6\text{-}32)$$

从上面两个关系可以看出,喷流速度对噪声强度的影响非常大,降低喷流速度可以有效地降低噪声。例如,速度降低一半,可以降噪 24dB。

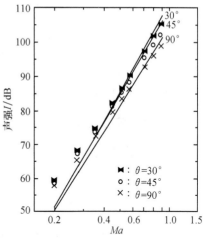

图 6-34　Lighthill 八次方关系
与实验数据对比

近 10 年的计算气动声学(CAA)的发展,数值手段大量应用到喷流噪声的研究上。Bailly 应用大涡模拟(LES)模拟射流流场[29],通过直接噪声模拟(DNC)方法研究了不同 Re 数下 $Ma = 0.9$ 喷流噪声的声发射现象(图 6-35),图中可以清晰看出随着 Re 的提高,垂直于射流轴线的方向上高频声波逐渐发展。从射流本身也可以看出 Re 的影响,随着 Re 的提高,射流中出现大量的旋涡结构。这样,通过

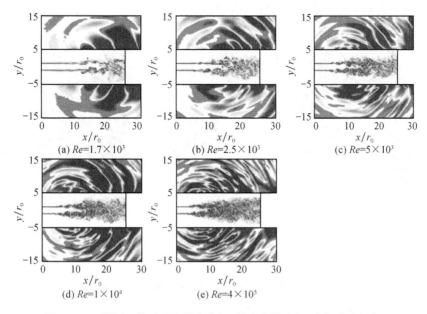

图 6-35　不同 Re 数下喷流噪声声场(射流为涡流场,声场为声压场)

DNC方法,将喷流的旋涡结构和噪声的声场直接联系起来,有助于深入了解喷流噪声的产生和发展机理。数值研究表明,喷流噪声可以分解为两个部分:其中一部分为受 Re 影响很小的低频噪声,可能主要来源于喷流中大尺度涡相干结构的周期性脱落;另外一部分受 Re 影响非常大的高频噪声,主要来源于喷流出口到核心区之间的剪切作用。当 Re 很小时,这部分高频噪声基本消失。

6.4.2　降低喷流噪声的途径

由于喷流声功率与喷流速度的八次方成正比,航空发动机喷流速度都很大,一般都在 600m/s 以上,喷流噪声严重,下面着重介绍航空发动机喷流降噪措施。

1. 消音喷管

航空发动机利用排气速度产生推力,因此降低噪声时,不能随便降低喷气速度,否则会影响整个发动机性能。目前航空发动机采用的消音装置通常是一些特殊形状尾喷管,如多管喷口、花瓣形喷口和波纹形喷口等(图 6-36)。由于从这些喷口排出的喷流与周围空气接触面积增加,减弱了紊流剪切作用,加速喷流与周围空气均匀混合,同时利用高速排气引射周围空气,使周围空气流速增大,减少两者的速度差,从而达到降噪的目的。这些喷口利用气流分裂提高喷流辐射的噪声频率,使其在可听范围外,即使在可听范围内,高频噪声易被大气吸收而衰减。多管喷口在与外界冷空气掺混时,增加了与周围空气的接触面积,从而提高掺混速率,减少掺混区尺度和掺混区气流速度,减小低频噪声。

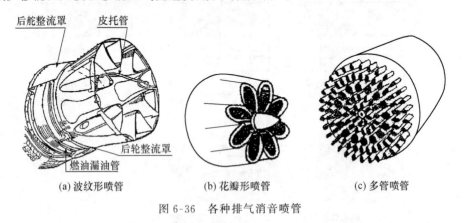

后舵整流罩　　皮托管

后轮整流罩

燃油漏油管

(a) 波纹形喷管　　　　　(b) 花瓣形喷管　　　　　(c) 多管喷管

图 6-36　各种排气消音喷管

2. 涡扇发动机及流动偏转器

由于喷气推力按 $A_j V_j^2$ 变化(此处 A_j 为喷口排气面积),而其声功率按 $A_j V_j^8$ 变化,在保证推力的情况下增加排气面积、减少流速是能够降低喷流噪声的。涡扇发动机尤其是高涵道比风扇发动机就是这种理论的具体体现。

　　近年来出现了在外涵道出口增加偏转器(fan flow deflector)的方法降低涡扇发动机排气噪声[30]，其结构如图 6-37[31]所示。在外涵道出口处增加偏转器，使外涵气流方向与主射流方向不同轴，偏转气流和主射流会在主射流下方再形成一个较厚的低速射流区，阻挠射流核心区形成向下游传播的噪声(图 6-38)。图 6-39 为外涵偏转器的降噪效果。这种方法目前能将总噪声功率降低 5dB 左右，而且会产生 0.5％左右的推力损失。

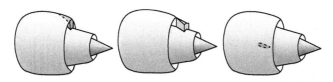

图 6-37　几种偏转器布置

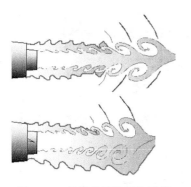

图 6-38　外涵偏转器工作原理

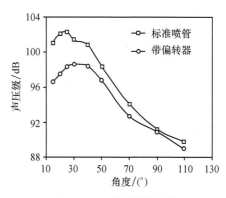

图 6-39　偏转器降噪效果

3. 齿冠状喷管(chevron nozzle)

　　齿冠状喷口[32](图 6-40)在喷口附近产生轴向涡，增强了喷口附近的紊流混合和核心前区的剪切混合，这样过早的增强混合降低了原本核心后区处噪声生成区的有效速度，可以降低噪声(图 6-41)。

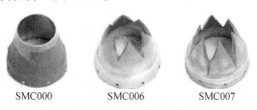

SMC000　　　　SMC006　　　　SMC007

图 6-40　标准喷口和几种齿冠状喷口

4. 微射流(micro-jet)掺混

　　采用高压高速小流量的射流去穿透高速主射流核心区的剪切层，降低产生激波声辐射的大尺度结构的尺度,这样可以有效的降低超音速喷流噪声(图 6-42[33])。这种小股射流除了空气还可以采用其他介质,例如,水。微射流降噪的效果与各种参数有关(图 6-43[34]),微喷嘴直径 d,主喷口半径 R,微喷嘴直径的间隔角度 θ_s 和入射角度 θ_i,另外还和动量比 J 有关。图 6-44[34] 为不同介质射流的降噪效果,水射流的效果较好些。图 6-45[34] 为不同动量比情况下的降噪效果,微射流动量增大会增强降噪效果。

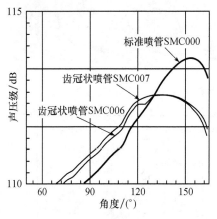

图 6-41　V 形喷口和标准喷口的噪声功率

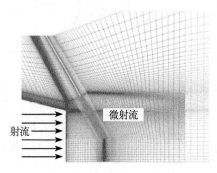

图 6-42　微射流降噪示意图

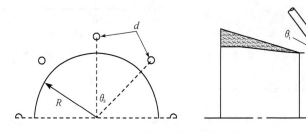

图 6-43　影响微射流降噪效果的参数

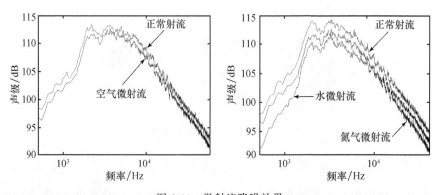

图 6-44　微射流降噪效果

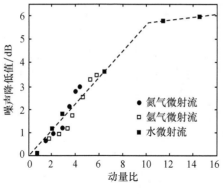

图 6-45　微射流降噪效果

6.5　内燃机噪声及其控制

内燃机噪声是指直接由内燃机表面向周围空间所发射的噪声,按照不同的噪声来源,一般可把内燃机噪声分成燃烧噪声、空气动力噪声和机械噪声三类。

6.5.1　燃烧噪声

燃烧噪声的发生机理相当复杂,在稳定燃烧的情况下,燃烧噪声主要是由于缸内周期性变化的气体压力的作用而产生的,这种压力的变化引起的结构振动通过外部和内部传播途径传递到内燃机表面,并由内燃机表面辐射形成辐射噪声。燃烧噪声是由压力变化引起的,主要决定于燃烧初期的压力升高率,同时与发动机燃烧方式和燃烧速度密切相关[35]。发动机正常燃烧时,燃烧噪声在发动机总噪声中占的比例较小,当发动机燃烧不稳定时,会引发爆燃和振荡燃烧等现象,导致气缸内压力剧增,能产生 4~6kHz 的高频爆燃噪声[3],此时产生的噪声必须给予重视。

通过分析气缸内压力变化和频谱,可以把燃烧噪声分解为三个部分(图 6-46[3]):①低频部分的声压级曲线是以发动机工作循环的基频为中心的宽广的峰值曲线,主要受到气缸最大压力值的影响;②中频部分(500~3000Hz)是人耳敏感声音的主要部分,压力波曲线斜率是由燃烧初期的压力升高 $\mathrm{d}p/\mathrm{d}\phi$ 决定的;③高频部分出现另一个峰值,这个峰值是由于气缸内气体的高频振动引起的。

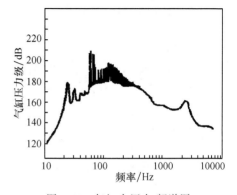

图 6-46　气缸内压力-频谱图

　　燃烧噪声通过内燃机气缸盖、气缸套、机体等构件而传播到外界,由于这些构件的刚性较大,固有频率处于中、高频范围,低频成分不能顺利传出,因此人耳听到的燃烧噪声主要处于中、高频范围。燃烧噪声也可以通过曲柄连杆机构,即活塞、连杆、曲轴和主轴承经由气缸体下部向外辐射。减少气缸直径或增大活塞行程,即在气缸工作容积一定的情况下,采用较大的缸径行程比,能够保持较小的燃烧压力和惯性力,从而有效地降低噪声辐射。

　　燃烧过程对燃烧噪声的影响参数包括滞燃期、燃烧室气体温度和燃烧室壁面温度等。滞燃期是决定直喷式柴油机燃烧噪声的根本因素。燃烧室气体温度是指滞燃期内的燃烧室气体温度,直接影响这个温度的参数是进入燃烧室的燃烧空气的温度和供油提前角。通过改变负荷和冷却液温度可以改变燃烧室壁面温度,从而改变燃烧噪声。负荷增大,或者冷却液温度升高,则燃烧室壁面温度升高,使燃烧室气体温度升高,最终导致滞燃期的缩短,如果采用油膜蒸发燃烧系统,会导致可点燃燃油的生成速率提高,从而影响燃烧噪声。

　　燃烧室和供油系统的结构参数也会对燃烧噪声有影响。燃烧室的结构形式及整个燃烧系统的设计对压力增长率 $dp/d\phi$、最高燃烧压力 p_z 及气缸压力的频谱曲线有明显的影响,因此它们对燃烧噪声的影响很大。供油系统参数包括供油提前角、喷油压力、喷孔数量、供油规律等。供油提前角不同,导致在着火延迟期内喷入的燃料量不同,从而对燃烧过程产生影响,使发动机功率、油耗率和排放物及噪声发生变化。

　　负荷和转速等工况参数也对燃烧噪声有影响。实验结果表明,大多数柴油机由空负荷提高到全负荷时噪声略有增强,其中轻型高速机增加多一些,而对重型低速机,负荷变化时,噪声基本保持不变。在相同的条件下,随着转速的提高,着火延迟期内可燃混合气体的数量增加,导致燃烧噪声增高。

6.5.2　空气动力噪声

　　内燃机中空气动力噪声主要为进、排气噪声和风扇噪声,进、排气噪声是内燃机中最强的噪声源(图6-47)。对非增压内燃机来说,排气噪声最强,比内燃机主体噪声强15dB(A),进气噪声通常比排气噪声低8~10dB(A);对于增压内燃机,进气噪声往往超过排气噪声而成为最强的噪声源。

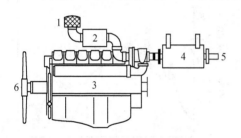

图6-47　内燃机空气动力噪声源
1-抽气口　2-空滤　3-发动机主体
4-排气消音器　5-排气口　6-风扇

1. 进、排气噪声

进气噪声主要包括:①空气在进气管

中的压力脉动,产生低频噪声;②空气以高速流进进气门的流通截面,产生高频的涡流噪声;③增压内燃机增压器中废气涡轮噪声。

进气噪声随内燃机负荷增大而增大,而且在很大程度上受到气门尺寸、调速和气道结构形式的影响。

排气噪声主要包括:①废气在排气管内的压力脉动,产生低、中频噪声;②排气门流通截面处的高频涡流噪声。

排气噪声的强弱与内燃机的排量、转速、平均有效压力以及排气器的截面积等因素有关。

降低进、排气噪声的主要措施是:①合理选择进、排气管,减少压力脉动和涡流强度,并避免发射共振;②采用性能比较良好的进、排气消声器。

2. 风扇噪声

风扇噪声在空气噪声中,一般都小于进、排气噪声,它由旋转噪声、排气噪声和涡流噪声组成。涡流噪声是风扇旋转时扰动周围空气产生涡流形成空气压力波动而辐射出的一种非稳定的流动噪声。影响风扇噪声的因素有风扇的运转参数(如转速、风量、风压、效率等)、风扇的结构参数(如叶形尺寸、叶片数目、材料等)、内燃机冷却方式以及冷却系统的布置等。风扇风量越大,风扇的噪声越大;风扇的效率越低,消耗功率越大,其噪声也越大;转速对风扇噪声影响很大,转速提高,风扇噪声增加。

降低风扇噪声的措施包括[36]:①合理设计风扇的叶片形状,选择适当的安装角,改善气流的流动状况,提高风扇效率,从而降低噪声。如采用机翼形断面的风扇,其效率要比钢板压制的风扇高得多。②在冷却要求已定的条件下,适当降低风扇转速,在结构尺寸允许的范围内,适当加大风扇直径或增加叶片数目以保证冷却风量和风压。③合理设计和布置冷却系统及其各部件之间的相互位置,增强内燃机冷却系统的散热能力。如减小散热器中心和风扇中心的偏心,缩小风扇与护风罩的间隙,合理布置风扇与散热器的距离,增大散热器迎风面积和减小空气通过散热器的阻力等。④采用特殊风扇,如采用尼龙风扇代替钢板风扇,采用叶片不均匀分布的风扇、可变安装角的柔性风扇、带自动离合器可变速风扇等均能达到减小风扇消耗功率和降低噪声的效果。

6.5.3 机械噪声

机械噪声主要是内燃机各运动零部件在运转过程中受气体压力和运动惯性力的周期变化所引起的振动或互相冲击而产生的,随着转速的提高,机械噪声迅速增强。随着内燃机的高速化,机械噪声越来越显得突出。

1. 活塞敲缸噪声

活塞对气缸的敲击往往是内燃机的主要机械噪声源。产生活塞敲缸的原因是活塞与敲缸壁间隙过大,以及作用在活塞上的气体压力、惯性力和摩擦力作周期性变化。敲击不但在上死点和下死点附近发生,而且也发生在活塞行程的其他位置。

为降低活塞的敲击噪声可以采取以下措施[36]:

(1) 适当减小活塞和气缸间的间隙,但过小的活塞配缸间隙会引起拉缸。在活塞裙部开横向绝热槽和纵向斜切槽,或采用椭圆锥体裙活塞、椭圆鼓形活塞、镶钢片活塞、热膨胀系数小的(过)共晶铝硅合金活塞都可以达到减少活塞配缸间隙的目的。

(2) 将活塞销孔中心偏置气缸中心线来减轻活塞对缸壁的敲击噪声。

(3) 增加缸套厚度或带加强肋增强缸套的刚度可以降低活塞的敲击噪声,还可以降低因活塞与缸壁摩擦产生的噪声。

(4) 保证活塞和缸壁之间有足够的润滑油,可以降低敲击噪声。

2. 配气机构噪声

配气机构噪声包括气门与气门座的冲击,由于必要的气门间隙而引起的机械冲击噪声。配气机构本身在周期性冲击力下产生振动,甚至在高速下产生气门的跳动。

控制配气机构噪声的主要措施有[36]:

(1) 选用性能良好的凸轮型线,常用的缓冲曲线形式有等加速-等速缓冲曲线、余弦型缓冲曲线、摆线型缓冲曲线。

(2) 提高配气机构的刚度,包括各元件的刚度和摇臂轴及其支承座的刚度,刚度提高后可使机构的固有频率提高,减小振动,缩小气门运动的不规则变化。

(3) 减小气门间隙可减少传动中的撞击,采用液力挺柱,通过液力补偿自动消除气门间隙而避免撞击,有效地控制气门的落座速度,可使配气机构的噪声显著降低。

3. 齿轮噪声

齿轮噪声是由齿轮啮合过程中齿与齿之间的撞击和摩擦产生的。在内燃机上,齿轮承载着交变的动负荷,这种动负荷会使轴产生变形,并通过轴在轴承上引启动负荷,轴承的动负荷又传给发动机壳体和齿轮室壳体,使壳体激发出噪声。此外,曲轴的扭转振动也会破坏齿轮的正常啮合而激发出噪声。传动齿轮噪声与齿轮的设计参数和结构形式、加工精度、齿轮材料配对、齿轮室结构以及运转状态有关。

降低传动齿轮噪声可采取以下措施[36]：

（1）合理选择和确定齿轮形式、齿轮参数，选择合适的加工方法，适当提高齿轮加工精度，可以降低齿轮工作时的噪声。如采用斜齿轮代替直齿轮，使啮合的重合度增加，啮合平稳，可减轻齿轮的振动，减小啮合冲击噪声；尽可能提高齿轮的刚度，适当增加轮体的宽度，尽量采用整体轮体结构，当采用幅板式结构时，应使幅板厚度大于齿宽的 1/3；合适的加工方法和加工精度，有利于减小齿形、基节等误差，改善齿面表面质量，保证啮合时的精度，减低噪声；对齿轮进行修缘，提高齿形精度也能起到降噪的作用。

（2）适当减小齿轮的侧向间隙，有助于减小噪声，但同时要考虑加工成本。

（3）合理选用齿轮材料及其配对，尽量采用高内阻的材料或采用外部阻尼隔振，如钢齿轮与铸铁齿轮，或钢、铸铁与非金属材料匹配；在轮辐上装以橡皮垫圈或在齿轮体表面上涂敷阻尼性能良好的高分子材料能有效地抑制噪声。

（4）合理地布置齿轮传动系位置，如将正时齿轮布置在飞轮端，可有效地减少曲轴系扭振对齿轮振动的影响。

（5）采用正时齿形同步带传动代替正时齿轮传动，可明显降低噪声。

除了上述对内燃机各个主要噪声源采取的降噪措施外，按照低噪声原则设计内燃机，或者采用局部或整体的隔声罩的方法，都可以在较大幅度内降低内燃机的噪声。

参 考 文 献

[1]　马大猷等. 声学手册. 北京：科学出版社，1983

[2]　杜功焕等. 声学基础. 上海：上海科学技术出版社，1981

[3]　卫海桥，舒歌群. 内燃机燃烧噪声的研究与发展. 小型内燃机与摩托车，2003，32(6)：26

[4]　秦文新等. 汽车排气净化与噪声控制. 北京：人民交通出版社，1999

[5]　程显辰. 脉动燃烧. 北京：中国铁道出版社，1994

[6]　钱祖文. 非线性声学. 北京：科学出版社，1992

[7]　Mahan J R. A critical review of noise production models for turbulen, gas-fueled burners. NASA Contractor Reporter 3803，1984

[8]　Rajaram R，Lieuwen T. Spatial distribution of combustion noise sources. 13th AIAA/CEAS Aeroacoustics Conference(28th AIAA Aeroacoustics Conference)，Rome，Italy，May 21～23，2007

[9]　Rajaram R，Gray J，Lieuwen T. Premixed combustion noise scaling：total power and spectra. AIAA Paper ♯ 2006-2612，Presented at 12th AIAA/CEAS Aeroacoustics Conference，2006

[10]　Rajaram R et al. Parametric studies of acoustic radiation from turbulent flames. AIAA 2002-3864，2002

[11]　Strahle W C, Shivashankara B N. A Rational Correlation of Combustion Noise Results from Open Turbulent Premixed Flames. Fifteenth Symposium(International)on Combustion,1974

[12]　Siller H A et al. Investigation of aero-engine core-noise using a phased microphone array. AIAA 2001-2269,2001

[13]　金业壮等.某型机环型燃烧室燃烧噪声的测量与谱分析.沈阳航空工业学院学报,1996,13(2):6～12

[14]　Goldstein M E. A generalized acoustic analogy. J Fluid Mech,2003,488:315～333

[15]　Ihme M et al. Prediction of combustion-generated noise in non-premixed turbulent flames using large-eddy simulation. 5th US Combustion Meeting,March 25～28,Paper ♯ B38,2007

[16]　Bailly C, Bogey C. Contributions of computational aeroacoustics to jet noise research and prediction. International Journal of Computational Fluid Dynamics,2004,18(6):481～491

[17]　Colonius T, Lele S K, Moin P. Sound generation in a mixing layer. J Fluid Mech,1997,330:375～409

[18]　Boineau P et al. Application of combustion noise calculation model to several burners. AIAA 98-2271,1998

[19]　Ihme M, Bodony D J, Pitsch H. Prediction of combustion-generated noise in non-premixed turbulent jet flames using large-eddy simulation. AIAA 2006-2614,2006

[20]　Bogey C, Bailly C, Juv'e D. Noise investigation of a high subsonic,moderate reynolds number jet using a compressible large eddy simulation. Theoret Comput Fluid Dynamics,2003,16:273～297

[21]　Giauque A, Pitsch H. Detailed modeling of combustion noise using a computational aeroacoustics model. Annual Research Briefs,http://www. stanford. edu/group/ctr/ResBriefs/ARB07. html,2007

[22]　张欣刚,任静,徐治皋.燃气轮机燃烧室预混燃烧不稳定性的数值研究.动力工程,2007,27(6)

[23]　Candel S M, Poinsot T J. Interaction between acoustics and combustion. Proceeding of the Institute of Acoustics,1988,10:103

[24]　Cohen J M, Hibshman J R, Proscia W et al. Experimental replication of an aeroengine combustion instability. NASA/TM-2000-210250,2000.

[25]　Lieuwen T C. Investigation of combustion instability mechanisms in premixed gas turbines. Phd Thesis,Georgia Institute of Technology,1999

[26]　Elsari M, Cummings A. Combustion oscillations in gas fired appliances:eigen-frequencies and stability regimes. Applied Acoustics,2003,64:565～580

[27]　Chishty W A. Effects of thermoacoustic oscillations on spray combustion dynamics with implications for lean direct injection systems. Phd Thesis,Virginia Polytechnic Institute and State University,2005

[28] 郑克扬,桂幸民. 喷流噪声实验研究. 航空动力学报,1991,6(2):131～133

[29] Bailly C,Bogey C. Current understanding of jet noise-generation mechanisms from compressible large-eddy-simulations. Direct and Large-Eddy Simulation VI,Springer Netherlands,2006

[30] Papamoschou D. A new method for jet noise suppression in turbofan engines. AIAA 2003-1059,2003

[31] Papamoschou D,Shupe R S. Effect of nozzle geometry on jet noise reduction using fan flow deflectors. AIAA 2006-2707,2006

[32] Bridges J,Brown C A. Parametric testing of chevrons on single flow hot jets. AIAA 2004-2824,2004

[33] Kannepalli C,Kenzakowski D C,Dash S M. Analysis of supersonic jet noise reduction concepts. AIAA 2003-1201,2003

[34] Krothapalli A,Greska B. Jet noise suppression technologies for military aircraft. http://www.eng.fsu.edu,2005

[35] 梁兴雨. 内燃机噪声控制技术及声辐射预测研究. 天津大学博士学位论文,2006

[36] 肖文兵. 内燃机噪声控制技术. 内燃机,2004,(3):24～27

第 7 章　数值模拟燃烧过程中污染物的生成

　　燃烧室数值模拟可使工程设计人员预测燃烧室气动与燃烧性能,分析燃烧过程中污染物的排放;提高燃烧室设计水平与质量,减少试验验证过程,加快研制速度;降低研制成本,缩短开发先进燃烧室周期和研制费用。目前数值模拟已用于各种类型燃烧室流场计算和预测燃烧室性能之中,所得到的各气流参数分布对了解燃烧室内各工作过程及指导燃烧室设计是很有用的,此种计算机模拟技术已在不同程度上直接用于燃烧室设计,有着广阔的工程应用前景。

　　为此,本章通过数值模拟方法建立描述燃烧过程中污染物生成的数学模型和计算方法,利用电子计算机对多组分反应流体力学的基本方程进行求解,数值计算燃烧室内两相燃烧流场,揭示污染物的生成机理和燃烧室性能参数对排气污染排放的影响。通过大量数值试验,提供燃烧装置的整个流场的多相紊流反应流动特性,了解和掌握其燃烧过程的物理和化学本质,为低污染燃烧装置提供新的设计手段,因此国内外越来越多的人使用此数值模拟技术,并使它成为工程设计的有力工具。

　　目前,数学模拟燃烧过程中污染物的生成以及预估污染物浓度分布的方法有两种:一是建立污染物生成的数学模型,求解动量、能量、组分及紊流输运等基本方程,得出燃烧室内污染物浓度分布;二是 Mongia 和 Smith[1,2] 推荐的经验分析法,即在多维燃烧流场计算基础上把整个流场分成若干个子区域,求出每个子区域内气流参数平均值,并利用经验关系式计算污染物浓度,预测燃烧室内污染物浓度分布。在目前还未完全掌握污染物的生成机理,并且在污染物生成模型还不十分成熟的情况下,后者还是很有实用意义的。当然,它的使用范围受到获得经验关系式的条件限制。但是,不管哪一种方法都需要进行多维流场计算,故对多维燃烧流场数值模拟作一简要介绍。在此基础上,主要分析与模拟污染物浓度分布有关的计算方法和数学模型,重点阐述污染物的生成模型。

7.1　燃烧数值模拟

7.1.1　紊流流动数值模拟

　　紊流的数值模拟方法主要有雷诺平均数值模拟(Reynolds averaged Navier-Stokes,RANS)、大涡模拟(large eddy simulation,LES)和直接数值模拟(direct numerical simulation,DNS)三种,其中最精确的方法是直接数值模拟,即无须采用任何紊流模型直接求解三维瞬态 N-S 方程,得到不同尺度瞬时紊流流场,了解微观紊流流动现象和规律,这些结果不仅可用来仔细研究紊流气流结构,而且还可以为进一步研究各种复杂紊流流场提供依据,因此,DNS 是一种研究紊流的工具。但其网格要求足够小,时间步长又需要很多,在目前计算机资源条件下很难用于模拟工程问题。

其次是大涡模拟(LES),其基本思想是通过滤波方法把紊流中大涡旋和小涡旋分开,对大涡旋通过 N-S 方程直接求解,而对小涡旋采用亚网格尺度模型建立起大尺度涡旋与小尺度涡旋之间的相互关系并对其进行模拟。如果采用合适的亚网格尺度模型,LES 可以得到真实的瞬态流场,能更加详细的了解紊流燃烧细观结构,而且计算精度高,适用范围宽,计算工作量比 DNS 小得多。在目前条件下,该法更有工程应用价值,为此近年来大涡模拟得到了很大发展,是一种具有广阔工程应用前景的数值计算方法[3,4]。

实际上,许多实际工程问题只需预测紊流统计平均量变化情况,而无需给出紊流脉动量,为此可对 N-S 方程进行雷诺平均,称此种数值模拟方法为雷诺平均数值模拟。该法的基本思想是用低阶的关联量和统计平均量来模拟未知的高阶关联量,建立紊流模型求解紊流粘性系数,从而使雷诺方程组封闭。虽然该法只能得到各参数的统计平均量,但能满足传统工程计算的需要,故在燃烧工程问题上得到广泛采用,并在各种燃烧室流场计算中取得了成功的应用[5,6]。

为此,本章在着重概述紊流平均方法的基础上,介绍雷诺平均常用的各种紊流模型的特点及其数值模拟方法,关于大涡模拟仅在 7.4 节作简要介绍。

7.1.2　紊流流动的基本方程

在实际燃烧室中,气流流动大都是紊流流动。虽然紊流流动十分复杂,所有物理量均为时间、空间随机变量,但紊流流动都遵循连续介质的一般运动规律,其瞬时量仍满足粘性流体运动方程。描述燃烧流场各瞬时量的微分方程如下:

连续方程

$$\frac{\partial \rho}{\partial t} + \frac{\partial}{\partial x_i}(\rho v_i) = 0 \tag{7-1a}$$

动量守恒方程

$$\frac{\partial}{\partial t}(\rho v_i) + \frac{\partial}{\partial x_j}(\rho v_i v_j) = -\frac{\partial P}{\partial x_i} + \frac{\partial}{\partial x_j}\tau_{ij} \tag{7-1b}$$

组分守恒方程

$$\frac{\partial}{\partial t}(\rho f_s) + \frac{\partial}{\partial x_j}(\rho v_j f_s) = \frac{\partial}{\partial x_j}\left(D\rho \frac{\partial f_s}{\partial x_j}\right) - w_s \tag{7-1c}$$

能量守恒方程

$$\frac{\partial}{\partial t}(\rho C_P T) + \frac{\partial}{\partial x_j}(\rho C_P v_j T) = \frac{\partial}{\partial x_j}\left(\lambda \frac{\partial T}{\partial x_j}\right) + w_s Q_s \tag{7-1d}$$

式中,粘性应力

$$\tau_{ij} = \mu\left(\frac{\partial v_i}{\partial x_j} + \frac{\partial v_j}{\partial x_i}\right) - \frac{2}{3}\mu \frac{\partial v_i}{\partial x_j}\delta_{ij}$$

上述基本方程中任一瞬时值,可以用某一平均方法将其分解为平均量和脉动量。常用的平均方法有两种:时间平均(即雷诺平均)与密度加权平均(即 Favre 平均)。平均值计算方法是以下述几个基本假设为前提的:

(1) 将紊流当作层流处理。这就是说,紊流的几个守恒方程与层流的形式完全一样,但其中的参数都是平均值,而不是瞬时值,这就是所谓的"准层流"处理法。

(2) 紊流流动的守恒方程中迁移性质(输运性质),如紊流粘性 μ_t,输运系数 Γ_ϕ 等都是流场性质,而不是流体的性质,一般来说,紊流输运性质比层流大很多。

(3) 紊流性质当作近似各向同性或局部各向同性。

(4) 平均之后出现的许多关联项,例如,雷诺应力($-\rho\overline{v_i'v_j'}$),采用数学模型来解决(即用半经验半理论公式或方法来表达这些关联项)。

1. 时间平均

根据紊流流动特性,把任意一个紊流瞬时量 φ 定义为平均量 $\overline{\varphi}$(对时间平均)和脉动量 φ' 之和,即 $\varphi = \overline{\varphi} + \varphi'$,称之为雷诺分解。$\overline{\varphi}$ 是指空间某一点 φ 值的时间平均值,其定义为

$$\overline{\varphi} = \frac{1}{t}\int_t^{t_0+t} \varphi \, \mathrm{d}t \tag{7-2}$$

根据时间平均定义

$$\overline{\varphi'} = 0, \quad \overline{\varphi_1 \varphi_2} = \overline{\varphi_1}\,\overline{\varphi_2} + \overline{\varphi_1'\varphi_2'}, \quad \overline{\varphi_1 + \varphi_2} = \overline{\varphi_1} + \overline{\varphi_2} \tag{7-3a}$$

$$\overline{\frac{\partial \varphi}{\partial t}} = \frac{\partial \overline{\varphi}}{\partial t}, \quad \overline{\frac{\partial \varphi}{\partial x_i}} = \frac{\partial \overline{\varphi}}{\partial x_i}, \quad \int \varphi \, \mathrm{d}s = \int \overline{\varphi}\mathrm{d}s, \quad \overline{\varphi_1'\varphi_2'} \neq 0 \tag{7-3b}$$

将式(7-3)代入方程(7-1),然后对方程(7-1)取时间平均,可得下列雷诺方程组:

$$\frac{\partial \rho}{\partial t} + \frac{\partial}{\partial x_i}(\rho \overline{v_i}) = 0 \tag{7-4a}$$

$$\frac{\partial}{\partial t}(\rho \overline{v_i}) + \frac{\partial}{\partial x_j}(\rho \overline{v_i}\,\overline{v_j}) = -\frac{\partial \overline{P}}{\partial x_i} + \frac{\partial}{\partial x_j}\left[\mu\left(\frac{\partial \overline{v_i}}{\partial x_j} + \frac{\partial \overline{v_j}}{\partial x_i}\right) - \rho\overline{v_i'v_j'}\right] - \frac{2}{3}\frac{\partial}{\partial x_i}\left(\mu \frac{\partial \overline{v_j}}{\partial x_j}\right)$$

$$\tag{7-4b}$$

$$\frac{\partial}{\partial t}(\rho \overline{f}_s) + \frac{\partial}{\partial x_j}(\rho \overline{v}_j \overline{f}_s) = \frac{\partial}{\partial x_j}\left[D\rho \frac{\partial \overline{f}_s}{\partial x_j} - \overline{\rho v'_j f'_s} \right] - \overline{w}_s \tag{7-4c}$$

$$\frac{\partial}{\partial t}(\rho C_P \overline{T}) + \frac{\partial}{\partial x_j}(\rho C_P \overline{v}_j \overline{T}) = \frac{\partial}{\partial x_j}\left[\lambda \frac{\partial \overline{T}}{\partial x_j} - \rho C_P \overline{v'_j T'} \right] + \overline{w}_s Q_s \tag{7-4d}$$

式中，$-\rho \overline{v'_i v'_j}$ 为雷诺应力项，$-\rho \overline{v'_i f'_s}$ 为雷诺扩散项，$-\rho C_P \overline{v'_j T'}$ 为雷诺导热项，$\overline{w}_s$ 为反应率平均项。由于雷诺方程中出现了新的未知数雷诺相关项（或关联项），使方程变得不再封闭。最简单的处理雷诺方程封闭的方法是由 Boussinesq 于 1877 年提出的，根据他对雷诺应力的假设：

$$-\rho \overline{v'_i v'_j} = \mu_t \left(\frac{\partial \overline{v}_i}{\partial x_j} + \frac{\partial \overline{v}_j}{\partial x_i} \right) - \frac{2}{3} \mu \frac{\partial \overline{v}_k}{\partial x_k} \delta_{ij} \tag{7-5}$$

并根据此假设得到其他类似假设：

$$-\rho \overline{v'_i f'_s} = D\rho \left(\frac{\partial \overline{f}_s}{\partial x_j} \right) = \frac{\mu_t}{Sc} \left(\frac{\partial \overline{f}_s}{\partial x_j} \right) \qquad -\rho \overline{v'_j C_P T'} = \frac{\lambda_T}{C_P} \left(\frac{\partial \overline{T}}{\partial x_j} \right) = \frac{\mu_t}{Pr} \frac{\partial (C_P \overline{T})}{\partial x_j}$$

上述雷诺方程组（7-4）可改写为下列形式：

$$\frac{\partial}{\partial t}(\bar{\rho} \overline{v}_j) + \frac{\partial}{\partial x_j}(\bar{\rho} \overline{v}_i \overline{v}_j) = -\frac{\partial \overline{P}}{\partial x_i} + \frac{\partial}{\partial x_j}\left[\mu_e \left(\frac{\partial \overline{v}_i}{\partial x_j} + \frac{\partial \overline{v}_j}{\partial x_i} \right) - \frac{2}{3}\frac{\partial}{\partial x_i}\left(\mu \frac{\partial \overline{v}_j}{\partial x_j} \right) \right]$$

$$\tag{7-6a}$$

$$\frac{\partial}{\partial t}(\bar{\rho} \overline{f}_s) + \frac{\partial}{\partial x_j}(\bar{\rho} \overline{v}_j \overline{f}_s) = \frac{\partial}{\partial x_j}\left(\frac{\mu_e}{Sc} \frac{\partial \overline{f}_s}{\partial x_j} \right) - \overline{w}_s \tag{7-6b}$$

$$\frac{\partial}{\partial t}(\bar{\rho} C_P \overline{T}) + \frac{\partial}{\partial x_j}(\overline{\rho v}_j C_P \overline{T}) = \frac{\partial}{\partial x_j}\left(\frac{\mu_e}{Pr} \frac{\partial (C_P \overline{T})}{\partial x_j} \right) + \overline{w}_s Q_s \tag{7-6c}$$

式中，$\mu_e = \mu + \mu_t$，因此，处理雷诺方程组问题转化为求解紊流粘性系数 μ_t 和紊流燃烧速率 $\overline{w}_s$ 的问题。

为了使用方便，在以上方程推导中采用了简化假设，认为气体的密度脉动值 ρ' 与其他参数的脉动值之间的关联项近似为零，即 $\rho = \bar{\rho} + \rho' \approx \bar{\rho}$，$\overline{\rho' \varphi} = 0$，$\overline{\rho' \varphi_1 \varphi_2} \approx 0$，忽略密度脉动的影响。

2. 密度加权平均

对于密度变化不大的流场，如不可压缩流场，可忽略密度变化，故常用时间平均。但对密度变化较大的流场，如可压缩流场和燃烧流场，密度不能简单地视为常量，密度脉动也不能简单忽略。然而对于考虑密度变化的方程，再采用时间平均会使方程中出现许多密度脉动的二阶或三阶关联项，方程形式变得比较复杂[7]，而根据 Favre 提出的密度加权平均，就可以避免这些密度相关量的出现，Favre[8] 除了压力和密度本身以外，都用密度加权平均，变量 φ 的密度加权平均定义为

$$\varphi \equiv \tilde{\varphi} + \varphi'', \quad \tilde{\varphi} \equiv \overline{\rho\varphi}/\bar{\rho} \quad \text{以及} \quad \overline{\rho\varphi''} = 0, \quad \overline{\varphi''} \neq 0$$

其中,$\tilde{\varphi}$ 为密度加权平均值,φ'' 为 $\bar{\varphi}$ 的脉动值。对方程(7-1)进行密度加权平均后,就变成下列形式:

$$\frac{\partial \bar{\rho}}{\partial t} + \frac{\partial}{\partial x_j}(\bar{\rho}\tilde{v}_j) = 0 \tag{7-7a}$$

$$\frac{\partial}{\partial t}(\bar{\rho}\tilde{v}_i) + \frac{\partial}{\partial x_j}(\bar{\rho}\tilde{v}_i\tilde{v}_j) = -\frac{\partial \overline{P}}{\partial x_i} + \frac{\partial}{\partial x_j}\left[\mu\left(\frac{\partial \tilde{v}_i}{\partial x_j} + \frac{\partial \tilde{v}_j}{\partial x_i}\right) - \frac{2}{3}\mu\frac{\partial \tilde{v}_k}{\partial x_k}\delta_{ij} - \bar{\rho}\widetilde{v_i''v_j''}\right] \tag{7-7b}$$

$$\frac{\partial}{\partial t}(\bar{\rho}\widetilde{\phi}_\alpha) + \frac{\partial}{\partial x_j}(\bar{\rho}\tilde{v}_j\widetilde{\phi}_\alpha) = \frac{\partial}{\partial x_j}\left[\frac{\mu}{\sigma_{\phi_\alpha}}\frac{\partial \widetilde{\phi}}{\partial x_j} - \bar{\rho}\widetilde{v_j''\phi_\alpha}\right] + \widetilde{S}_{\phi_\alpha} \tag{7-7c}$$

式中,标量 $\widetilde{\phi}_\alpha$ 分别代表总焓 $\widetilde{H}$,组分 $\widetilde{f}$,等变量,$\widetilde{S}_{\phi_\alpha}$ 为变量 ϕ_α 的源项。

对 Favre 平均方程组中出现的未知关联项,也可用类似于无密度脉动雷诺方程组的模化方法,使其封闭。例如,上式中出现的雷诺应力以及紊流输运通量可分别表示为

$$-\bar{\rho}\widetilde{v_i''v_j''} = \mu_t\left(\frac{\partial \tilde{v}_i}{\partial x_j} + \frac{\partial \tilde{v}_j}{\partial x_i}\right) - \frac{2}{3}\left(\bar{\rho}k + \mu_t\frac{\partial \tilde{v}_k}{\partial x_k}\right)\delta_{ij} \tag{7-8a}$$

$$-\bar{\rho}\widetilde{v_i''\phi_\alpha''} = (\mu_t/\sigma_{\phi_\alpha})(\partial \widetilde{\phi}_\alpha/\partial x_j) \tag{7-8b}$$

将方程(7-8)代入方程(7-7)中,就可得到密度加权平均的守恒方程组

$$\frac{\partial \bar{\rho}}{\partial t} + \frac{\partial(\bar{\rho}\tilde{v}_j)}{\partial x_j} = 0 \tag{7-9a}$$

$$\frac{\partial(\bar{\rho}\tilde{v}_i)}{\partial t} + \frac{\partial(\bar{\rho}\tilde{v}_i\tilde{v}_j)}{\partial x_j} = -\frac{\partial \overline{P}}{\partial x_i} + \frac{\partial}{\partial x_j}\left[\mu_e\left(\frac{\partial \tilde{v}_i}{\partial x_j} + \frac{\partial \tilde{v}_j}{\partial x_i}\right) - \frac{2}{3}\left(\bar{\rho}k + \mu_e\frac{\partial \tilde{v}_k}{\partial x_k}\right)\delta_{ij}\right] \tag{7-9b}$$

$$\frac{\partial}{\partial t}(\bar{\rho}\widetilde{\phi}_\alpha) + \frac{\partial}{\partial x_j}(\bar{\rho}\tilde{v}_j\widetilde{\phi}_\alpha) = \frac{\partial}{\partial x_j}\left(\frac{\mu_e}{\sigma_{\phi_\alpha}}\frac{\partial \widetilde{\phi}_\alpha}{\partial x_j}\right) + \widetilde{S}_{\phi_\alpha} \tag{7-9c}$$

上述方程组中平均参数的物理意义要比时间平均参数明确。例如动量方程组中 $\bar{\rho}\tilde{v}_i$ 就直接代表 $\overline{\rho v_i}$,没有经过任何近似,关联项中也不出现与密度脉动有关的关联项,因而使未知关联项减少。通常用皮托管测量在实验中所取得的物理量,基本上是接近于密度加权平均值,因此对于密度脉动较强的流动,用 Favre 平均显得更为合理。

7.1.3　紊流数学模型

紊流燃烧流场计算中常用的数学模型有紊流模型、紊流燃烧模型、辐射模型和

两相流动模型等。本节着重介绍工程上常用的紊流模型和紊流燃烧模型。

1. 紊流模型

由前述可知,计算紊流流动的关键是如何确定紊流粘性 μ_t。所谓紊流模型,就是指计算紊流粘性系数的方法。紊流模型种类很多,这里只是简单地介绍双方程 $k\text{-}\varepsilon$ 模型、改进的 $k\text{-}\varepsilon$ 模型和代数应力模型等。

1) 双方程 $k\text{-}\varepsilon$ 模型

根据定义,紊流动能 $k=0.5(\overline{u'^2+v'^2+w'^2})$,假设紊流粘性为

$$\mu_t = C_\mu \rho l k^{1/2} \tag{7-10}$$

虽然紊流尺度 l 难于估计,但它与紊流动能耗散率 ε 有关,即 $\varepsilon \equiv C_D k^{3/2}/l$,因此紊流粘性可定义为

$$\mu_t \equiv C_\mu C_D \rho k^2/\varepsilon \quad [\text{kg}/(\text{m} \cdot \text{s})] \tag{7-11}$$

式中,μ_t 与 k 和 ε 都需用微分方程求解,所以称为双方程 $k\text{-}\varepsilon$ 模型。根据 Boussinesq 的雷诺应力假设(7-5)和动量方程(7-1b)可得出紊流动能 k 和它的耗散率 ε 的时平均微分方程形式

$$\frac{\partial(\rho k)}{\partial t} + \frac{\partial}{\partial x_j}(\rho \bar{u}_j k) = \frac{\partial}{\partial x_j}\left(\frac{\mu_e}{\sigma_k}\frac{\partial k}{\partial x_j}\right) + G_k - \rho\varepsilon \tag{7-12}$$

$$\frac{\partial(\rho\varepsilon)}{\partial t} + \frac{\partial}{\partial x_j}(\rho \bar{u}_j \varepsilon) = \frac{\partial}{\partial x_j}\left(\frac{\mu_e}{\sigma_\varepsilon}\frac{\partial \varepsilon}{\partial x_j}\right) + (C_1 G_k - C_2 \rho\varepsilon)\frac{\varepsilon}{k} \tag{7-13}$$

式中

$$G_k = -\rho\overline{u_i' u_j'}\frac{\partial \bar{u}_i}{\partial x_j} = \mu_t\left(\frac{\partial \bar{u}_i}{\partial x_j} + \frac{\partial \bar{u}_j}{\partial x_i}\right)\frac{\partial \bar{u}_i}{\partial x_j} \tag{7-14}$$

按 Favre 平均的 k 和 ε 微分方程可分别表示为

$$\frac{\partial(\bar{\rho}k)}{\partial t} + \frac{\partial}{\partial x_j}(\bar{\rho}\tilde{u}_j k) = \frac{\partial}{\partial x_j}\left(\frac{\mu_e}{\sigma_k}\frac{\partial k}{\partial x_j}\right) - \bar{\rho}\left(\widetilde{u_i'' u_j''}\frac{\partial \tilde{u}_i}{\partial x_j} + \varepsilon\right) + \frac{\overline{\rho' u_i''}}{\bar{\rho}}\frac{\partial \bar{P}}{\partial x_i} \tag{7-15a}$$

$$\frac{\partial(\bar{\rho}\varepsilon)}{\partial t} + \frac{\partial}{\partial x_j}(\bar{\rho}\tilde{u}_j \varepsilon) = \frac{\partial}{\partial x_j}\left(\frac{\mu_e}{\sigma_\varepsilon}\frac{\partial \varepsilon}{\partial x_j}\right) - \bar{\rho}\left(C_1 \widetilde{u_i'' u_j''}\frac{\partial \tilde{u}_i}{\partial x_j} + C_2 \varepsilon\right)\frac{\varepsilon}{k} + C_1 \frac{\varepsilon}{k}\frac{\overline{\rho' u_i''}}{\rho}\frac{\partial \bar{P}}{\partial x_i} \tag{7-15b}$$

上两式源项中出现的 $\bar{\rho}\widetilde{u_i'' u_j''}$ 可按式(7-8a)计算,增加的密度脉动项 $\overline{\rho' u_i''}$ 可由下式模化:

$$\overline{\rho' u_i''} = (\mu_t/\rho\sigma_t)(\partial\bar{\rho}/\partial x_i)$$

如果不考虑可压缩性影响,此项影响不大,可以忽略。对式(7-15a)、(7-15b)展开,把式(7-8a)、(7-8b)代入,最后整理可以得到与式(7-14)相同形式 k 和 ε 方程。

　　双方程 k-ε 模型的形式简单,经济性好,目前在工程研究中已得到最广泛的应用。可是,许多计算结果与实验数据对比表明,它只适合于射流、管流、自由剪切流、无旋或弱旋流等较简单的流动,对于强旋流、回流曲壁边界层等复杂流动,所得计算结果不太理想。这可能是因为 k-ε 模型是根据 Boussinesq 的雷诺应力关系式建立的,按该关系式,认为局部紊流应力与平均速度梯度成正比,紊流粘性是各向同性的,但对于强旋流、紊流、回流流动,其流动特点是强弯曲型流线和复杂的涡团结构,紊流是各向异性的。

　　2) 改进的 k-ε 模型

　　为了扩大 k-ε 模型的使用范围,不少人对 k-ε 模型提出改进意见,如 Saffman[9] 在雷诺应力关系式中加入与旋度有关的项,因此关系式(7-5)可写成下列形式:

$$- \rho \overline{u'_i u'_j} = 2\mu_t S_{ij} + Cl^2 (S_{ij}\Omega_{kj} + S_{jk}\Omega_{ki}) - 2/3\rho k \delta_{ij} \qquad (7\text{-}16)$$

式中,$S_{ij} = 0.5(\partial \bar{u}_i/\partial x_j + \partial \bar{u}_j/\partial x_i)$ 为应变率张量,$\Omega_{ij} = 0.5(\partial \bar{v}_i/\partial x_j - \partial \bar{v}_j/\partial x_i)$ 为旋度张量,上式只表达了紊流正应力的各向导性,没有表示紊流切应力的各向异性,只能模拟能量从大涡团向小涡团的传递过程。但在实际流动中,有时还存在紊流能量由随机紊流脉动逆向传递平均运动,为了模拟此种能量逆转过程,对雷诺应力假设加以修正[10]

$$- \rho \overline{u'_i u'_j} = \mu_t \left(\frac{\partial \bar{u}_i}{\partial x_j} + \frac{\partial \bar{u}_j}{\partial x_i} \right) - \operatorname{sign}(C_0, \bar{u}_i) \frac{k^{1.5}}{\varepsilon} \frac{\partial \mu_t}{\partial x_j} \left| \Omega_{ij} \right| \qquad (7\text{-}17)$$

式中,$\Omega_{ij} = \partial \bar{u}_i/x_j - \partial \bar{u}_j/x_i$,$C_0$ 为模型系数,它的符号取决于气流速度,它的数值由试验而定。根据修正的雷诺应力模式,紊流动能 k 方程中产生项为

$$G_k = - \rho \overline{u'_i u'_j} \frac{\partial \bar{u}_i}{\partial x_j} = \left[\mu_t \left(\frac{\partial \bar{u}_i}{\partial x_j} + \frac{\partial \bar{u}_j}{\partial x_i} \right) - \operatorname{sign}(C_0, \bar{u}_i) \frac{k^{1.5}}{\varepsilon} \frac{\partial \mu_t}{\partial x_j} \left| \Omega_{ij} \right| \right] \frac{\partial \bar{u}_i}{\partial x_j}$$

根据式(7-17)得到其对应的稳态动量方程和紊流动能及其耗散率方程分别为

$$\frac{\partial}{\partial x_j}(\rho \bar{u}_i \bar{u}_j) = - \frac{\partial \bar{P}}{\partial x_i} + \frac{\partial}{\partial x_j} \left[\mu_e \left(\frac{\partial \bar{u}_i}{\partial x_j} + \frac{\partial \bar{u}_j}{\partial x_i} \right) + \operatorname{sign}(C_0, \bar{u}_i) \frac{k^{1.5}}{\varepsilon} \frac{\partial \mu_t}{\partial x_j} \left| \Omega_{ij} \right| \right]$$

$$\frac{\partial}{\partial x_j}(\rho \bar{u}_i k) = \frac{\partial}{\partial x_j} \left(\frac{\mu_e}{\sigma_k} \frac{\partial k}{\partial x_j} \right) + \left[\mu_t \left(\frac{\partial \bar{u}_i}{\partial x_j} + \frac{\partial \bar{u}_j}{\partial x_i} \right) + \operatorname{sign}(C_0, \bar{u}_i) \frac{k^{1.5}}{\varepsilon} \frac{\partial \mu_t}{\partial x_j} \left| \Omega_{ij} \right| \right] \frac{\partial \bar{u}_i}{\partial x_j} - \rho \varepsilon$$

$$\frac{\partial}{\partial x_j}(\rho \bar{u}_i \varepsilon) = \frac{\partial}{\partial x_j} \left(\frac{\mu_e}{\sigma_k} \frac{\partial \varepsilon}{\partial x_j} \right) + \frac{\varepsilon}{k} \left\{ C_1 \left[\mu_t \left(\frac{\partial \bar{u}_i}{\partial x_j} + \frac{\partial \bar{u}_j}{\partial x_i} \right) \right. \right.$$

$$\left. \left. + \operatorname{sign}(C_0, \bar{u}_i) \frac{k^{1.5}}{\varepsilon} \frac{\partial \mu_t}{\partial x_j} \left| \Omega_{ij} \right| \right] \frac{\partial \bar{u}_i}{\partial x_j} - C_2 \rho \varepsilon \right\}$$

式中,$\mu_e = \mu + \mu_t = \mu + C_\mu k^2/\varepsilon$。$k$ 和 ε 方程中模型系数 C_μ 是紊流处于局部平衡状态下得到的,C_2 可根据网格后各向同性紊流的衰变过程而定。文献[11]利用上述改进的雷诺应力假设和 k-ε 模型预报的轴向旋流器的圆筒燃烧室流场,如图 7-1 和图 7-2 所示,所得的静压系数轴向分布和燃烧效率径向分布的计算结果与实验值较符合。

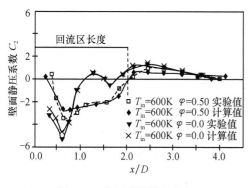

图 7-1　静压系数轴向分布

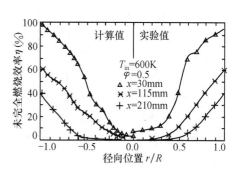

图 7-2　燃烧效率径向分布

3) RNG k-ε 模型

Yakhot 和 Orszag[12] 在紊流问题中引入重整化群理论(renormalization group),将非稳态 N-S 方程对一个平衡过程进行 Gauss 统计展开,通过频谱分析消去高频小尺度涡,并将其影响归并到涡粘性中,根据 RNG 理论导出了 RNG k-ε 模型。该模型具有一定的通用性,它的 k 和 ε 方程形式与标准 k-ε 方程相同,但模型系数不全相同:

$$C_\mu = 0.085, \quad C_1 = 1.42 - \frac{\eta(1 - \eta/\eta_0)}{1 + \beta\eta^3}, \quad C_2 = 1.68$$

$$\sigma_k = 0.7179, \quad \sigma_\varepsilon = 0.7179$$

其中,$\eta = Sk/\varepsilon, S = (G/\mu_t)^{1/2}, \eta_0 = 4.38, \beta = 0.015$。

由于 RNG k-ε 模型在 ε 方程系数 C_1 中引入了一个附加产生项,该项考虑了流体流动的不平衡应变,改善了 ε 方程对紊流的模拟,并在一定程度上考虑了紊流的各向异性效应,加强了对复杂紊流流动的预测能力。

在标准 k-ε 模型中,忽略了对流与扩散的影响,$C_{\varepsilon 1}$ 和 $C_{\varepsilon 2}$ 仅是根据平衡流动条件得到的。但对于一些复杂的紊流流动如旋转流、回流等,平衡流动是不存在的。为了考虑不平衡流动的影响,在上述的 RNG k-ε 紊流模型中,认为耗散率 ε 的产生项系数 $C_{\varepsilon 1}$ 与反映主流的时均应变率 S 有关,而 Choudhury[13] 把耗散率 ε 的耗散项系数 $C_{\varepsilon 2}$ 看成与 S 有关。

实际上,对于非平衡流动,$C_{\varepsilon 1}$ 和 $C_{\varepsilon 2}$ 都应该考虑不平衡应变率的影响。为此,文献[14]对 RNG k-ε 紊流模型加以改进,使模型系数 $C_{\varepsilon 1}$ 和 $C_{\varepsilon 2}$ 都考虑不平衡流动的影响。并将 ε 的方程改写为

$$\frac{\partial \varepsilon}{\partial t} + u_i \frac{\partial \varepsilon}{\partial x_i} = C_{\varepsilon 1}^* \frac{\varepsilon}{k} G_k - C_{\varepsilon 2}^* \frac{\varepsilon^2}{k} + \frac{\partial}{\partial x_i} \left(\frac{\nu_t}{\sigma_\varepsilon} \frac{\partial \varepsilon}{\partial x_i} \right) \tag{7-18}$$

式中

$$C_{\varepsilon 1}^* = C_{\varepsilon 1} - \frac{\eta(1 - \eta/\eta_0)}{1 + \beta \eta^3}, \quad C_{\varepsilon 2}^* = C_{\varepsilon 2} + (\alpha - 1) \frac{\eta(1 - \eta/\eta_0)}{1 + \beta \eta^3} \tag{7-19}$$

其中,模型系数为 $C_\mu = 0.08$,$C_{\varepsilon 1} = 1.42$,$C_{\varepsilon 2} = 1.68$,$\sigma_k = \sigma_\varepsilon = 0.7179$,$\alpha = 1.55$,$\eta_0 = 4.38$。式(7-18)和式(7-19)与 k 方程组成了改进的 RNG k-ε 模型。文献[14]采用改进的 RNG k-ε 模型,对包括扩压器、双级涡流器和火焰筒在内的环形燃烧室进行相应的整体流场和性能计算。数值结果表明,用改进的 RNG k-ε 紊流模型对复杂区域紊流流动的预测效果更为合理,提高了数值模拟的精度。

4)代数应力模型(ASM)

按 Boussinesq 的粘性应力假设得出的标准 k-ε 模型通用性差,因此有人提出直接研究 $\overline{u_i' u_j'}$ 的雷诺应力模型。虽然该模型通用性较好,但过于复杂,需解的方程数目较多,计算费用高,经济性差,因此人们提出代数应力模型。该模型是在解 k、ε 方程的基础上补充 $\overline{u_i' u_j'}$ 和 k,ε 之间的代数关系式,故它比 Reynolds 应力模型简单,但它又考虑紊流各向异性,比标准 k-ε 模型合理。根据代数应力模型,其代数应力张量可表示为[15]

$$\frac{D \overline{u_i' u_j'}}{Dt} = D_{ij} + P_{ij} + \phi_{ij} - \frac{2}{3} \delta_{ij} \varepsilon \tag{7-20}$$

式中

$$D_{ij} = C_s \frac{\partial}{\partial x_k} \left(\frac{k}{\varepsilon} \overline{u_k' u_l'} \frac{\partial \overline{u_i' u_j'}}{\partial x_i} \right), \quad P_{ij} = -\overline{u_i' u_k'} \frac{\partial u_j}{\partial x_k} - \overline{u_j' u_k'} \frac{\partial u_i}{\partial x_k}$$

$$\phi_{ij} = -C_1 \frac{\varepsilon}{k} \left(\overline{u_i' u_j'} - \frac{2}{3} \delta_{ij} k \right) - C_2 \left(P_{ij} - \frac{2}{3} \delta_{ij} P_{ij} \right)$$

以上三项分别为扩散项、产生项和压力应变张量,而其中 $P = -\overline{u_l' u_k'}(\partial u_k / \partial x_l)$ 为 k 方程源项中的产生项。为了简化,可假设

$$\frac{D \overline{u_i' u_j'}}{Dt} - D_{ij} = \frac{\overline{u_i' u_j'}}{k} (P - \varepsilon) \tag{7-21}$$

并把式(7-21)代入式(7-20),经变换可得出应力的代数表达式

$$\overline{u_i' u_j'} = \phi_1 (k/\varepsilon) P_{ij} + k \phi_2 \delta_{ij} \tag{7-22}$$

式中

$$\phi_1 = \frac{1-C_2}{P/\varepsilon + C_1 - 1}, \quad \phi_2 = \frac{2}{3}\frac{C_2 P/\varepsilon + C_1 - 1}{P/\varepsilon + C_1 - 1}$$

其中模型系数 $C_1 = 1.8, C_2 = 0.6$。在三维圆柱坐标系下，产生项张量 P_{ij} 表达如下：

$$P_{11} = -2\left[\overline{u'^2}\frac{\partial \bar{u}}{\partial x} + \overline{u'v'}\frac{\partial \bar{u}}{\partial r} + \overline{u'w'}\frac{\partial \bar{u}}{r\partial \theta}\right]$$

$$P_{22} = -2\left[\overline{u'v'}\frac{\partial \bar{v}}{\partial x} + \overline{v'^2}\frac{\partial \bar{v}}{\partial r} + \overline{v'w'}\left(\frac{\partial \bar{v}}{r\partial \theta} - \frac{\bar{w}}{r}\right)\right]$$

$$P_{33} = -2\left[\overline{u'w'}\frac{\partial \bar{w}}{\partial x} + \overline{v'w'}\frac{\partial \bar{w}}{\partial r} + \overline{w'^2}\left(\frac{\partial \bar{w}}{r\partial \theta} + \frac{\bar{v}}{r}\right)\right]$$

$$P_{12} = -\left[\overline{u'^2}\frac{\partial \bar{v}}{\partial x} + \overline{u'v'}\left(\frac{\partial \bar{u}}{\partial x} + \frac{\partial \bar{v}}{\partial r}\right) + \overline{u'w'}\left(\frac{\partial \bar{v}}{r\partial \theta} - \frac{\bar{w}}{r}\right) + \overline{v'^2}\frac{\partial \bar{u}}{\partial r} + \overline{v'w'}\left(\frac{\partial \bar{u}}{r\partial \theta}\right)\right]$$

$$P_{13} = -\left[\overline{u'^2}\frac{\partial \bar{w}}{\partial x} + \overline{u'v'}\frac{\partial \bar{w}}{\partial r} + \overline{u'w'}\left(\frac{\partial \bar{u}}{\partial x} + \frac{\partial \bar{w}}{r\partial \theta} + \frac{\bar{v}}{r}\right) + \overline{v'w'}\frac{\partial \bar{u}}{\partial r} + \overline{w'^2}\left(\frac{\partial \bar{u}}{r\partial \theta}\right)\right]$$

$$P_{23} = -\left[\overline{u'v'}\frac{\partial \bar{w}}{\partial x} + \overline{v'^2}\frac{\partial \bar{w}}{\partial r} + \overline{v'w'}\left(\frac{\partial \bar{w}}{r\partial \theta} + \frac{\partial \bar{v}}{\partial r} + \frac{\bar{v}}{r}\right) + \overline{u'w'}\frac{\partial \bar{v}}{\partial x} + \overline{w'^2}\left(\frac{\partial \bar{v}}{r\partial \theta} - \frac{\bar{w}}{r}\right)\right]$$

式中，下标 1、2、3 分别表示坐标 x、r、θ。式中正应力可从式(7-22)得到

$$\overline{u'^2} = -C_u\left(2\overline{u'v'}\frac{\partial \bar{u}}{\partial r} + 2\overline{u'w'}\frac{\partial \bar{u}}{r\partial \theta} - \frac{\phi_2}{\phi_1}\varepsilon\right)$$

$$\overline{v'^2} = -C_v\left[2\overline{u'v'}\frac{\partial \bar{v}}{\partial x} + 2\overline{v'w'}\left(\frac{\partial \bar{v}}{r\partial \theta} - \frac{\bar{w}}{r}\right) - \frac{\phi_2}{\phi_1}\varepsilon\right]$$

$$\overline{w'^2} = -C_w\left(2\overline{u'w'}\frac{\partial \bar{w}}{\partial x} + 2\overline{v'w'}\frac{\partial \bar{w}}{\partial r} - \frac{\phi_2}{\phi_1}\varepsilon\right)$$

式中

$$C_u = \frac{\phi_1 k/\varepsilon}{1 + 2\phi_1(k/\varepsilon)(\partial \bar{u}/\partial x)}, \quad C_v = \frac{\phi_1 k/\varepsilon}{1 + 2\phi_1(k/\varepsilon)(\partial \bar{v}/\partial r)}$$

$$C_w = \frac{\phi_1 k/\varepsilon}{1 + 2\phi_1(k/\varepsilon)[\partial \bar{w}/(r\partial \theta) + \bar{v}/r]}$$

以上各式中剪切应力可表示为

$$\overline{u'v'} =$$

$$\frac{\phi_1\frac{k}{\varepsilon}\left\{\overline{u'w'}\left[2C_u\frac{\partial \bar{u}}{r\partial \theta}\frac{\partial \bar{v}}{\partial x} - \left(\frac{\partial \bar{v}}{r\partial \theta} - \frac{\bar{w}}{r}\right)\right] + \overline{v'w'}\left[2C_v\frac{\partial \bar{u}}{\partial r}\left(\frac{\partial \bar{v}}{r\partial \theta} - \frac{\bar{w}}{r}\right) - \frac{\partial \bar{u}}{r\partial \theta}\right] - \frac{\phi_2}{\phi_1}\varepsilon\left(C_u\frac{\partial \bar{v}}{\partial x} + C_v\frac{\partial \bar{u}}{\partial r}\right)\right\}}{1 + \phi_1\frac{k}{\varepsilon}\left[\left(\frac{\partial \bar{v}}{\partial r} + \frac{\partial \bar{u}}{\partial x}\right) - 2(C_u + C_v)\frac{\partial \bar{u}}{\partial r}\frac{\partial \bar{v}}{\partial x}\right]}$$

$$\overline{u'w'} = \frac{\phi_1 \dfrac{k}{\varepsilon}\left[\overline{u'v'}\left(2C_u\dfrac{\partial \overline{w}}{\partial x}\dfrac{\partial \overline{u}}{\partial r} - \dfrac{\partial \overline{w}}{\partial r}\right) + \overline{v'w'}\left(2C_w\dfrac{\partial \overline{u}}{r\partial \theta}\dfrac{\partial \overline{w}}{\partial r} - \dfrac{\partial \overline{u}}{\partial r}\right) - \dfrac{\phi_2}{\phi_1}\varepsilon\left(C_u\dfrac{\partial \overline{w}}{\partial x} + C_w\dfrac{\partial \overline{u}}{r\partial \theta}\right)\right]}{1 + \phi_1\dfrac{k}{\varepsilon}\left[\left(\dfrac{\partial \overline{w}}{r\partial \theta} + \dfrac{\partial \overline{u}}{\partial x} + \dfrac{\overline{v}}{r}\right) - 2(C_u + C_w)\dfrac{\partial \overline{w}}{\partial x}\left(\dfrac{\partial \overline{u}}{r\partial \theta}\right)\right]}$$

$$\overline{v'w'} =$$

$$\frac{\phi_1 \dfrac{k}{\varepsilon}\left\{\overline{u'v'}\left(2C_v\dfrac{\partial \overline{w}}{\partial r}\dfrac{\partial \overline{v}}{\partial x} - \dfrac{\partial \overline{w}}{\partial x}\right) + \overline{u'w'}\left[2C_w\left(\dfrac{\partial \overline{v}}{r\partial \theta} - \dfrac{\overline{w}}{r}\right)\dfrac{\partial \overline{w}}{\partial x} - \dfrac{\partial \overline{v}}{\partial x}\right] - \dfrac{\phi_2}{\phi_1}\varepsilon\left[C_v\dfrac{\partial \overline{w}}{\partial r} + C_w\left(\dfrac{\partial \overline{v}}{r\partial \theta} - \dfrac{\overline{w}}{r}\right)\right]\right\}}{1 + \phi_1\dfrac{k}{\varepsilon}\left[\left(\dfrac{\partial \overline{w}}{r\partial \theta} + \dfrac{\partial \overline{v}}{\partial r} + \dfrac{\overline{v}}{r}\right) - 2(C_v + C_w)\dfrac{\partial \overline{w}}{\partial r}\left(\dfrac{\partial \overline{v}}{r\partial \theta} - \dfrac{\overline{w}}{r}\right)\right]}$$

在圆柱坐标系下动量方程及源项可表示为

$$\frac{\partial}{\partial x}(r\rho\overline{uu}) + \frac{\partial}{\partial r}(r\rho\overline{vu}) + \frac{\partial}{r\partial \theta}(r\rho\overline{w}\,\overline{u})$$

$$= \frac{\partial}{\partial x}\left(r\mu_{e11}\frac{\partial \overline{u}}{\partial x}\right) + \frac{\partial}{\partial r}\left(r\mu_{e12}\frac{\partial \overline{u}}{\partial r}\right) + \frac{\partial}{r\partial \theta}\left(r\mu_{e13}\frac{\partial \overline{u}}{r\partial \theta}\right) + rS_x \qquad (7\text{-}23)$$

$$\frac{\partial}{\partial x}(r\rho\overline{uv}) + \frac{\partial}{\partial r}(r\rho\overline{vv}) + \frac{\partial}{\partial \theta}(\rho\overline{w}\,\overline{v})$$

$$= \frac{\partial}{\partial x}\left(r\mu_{e21}\frac{\partial \overline{v}}{\partial x}\right) + \frac{\partial}{\partial r}\left(r\mu_{e22}\frac{\partial \overline{v}}{\partial r}\right) + \frac{\partial}{r\partial \theta}\left(r\mu_{e23}\frac{\partial \overline{v}}{r\partial \theta}\right) + rS_r \qquad (7\text{-}24)$$

$$\frac{\partial}{\partial x}(r\rho\overline{uw}) + \frac{\partial}{\partial r}(r\rho\overline{vw}) + \frac{\partial}{\partial \theta}(\rho\overline{w}\,\overline{w})$$

$$= \frac{\partial}{\partial x}\left(r\mu_{e31}\frac{\partial \overline{w}}{\partial x}\right) + \frac{\partial}{\partial r}\left(r\mu_{e32}\frac{\partial \overline{w}}{\partial r}\right) + \frac{\partial}{r\partial \theta}\left(r\mu_{e33}\frac{\partial \overline{w}}{r\partial \theta}\right) + rS_\theta \qquad (7\text{-}25)$$

式中

$$rS_x = -r\frac{\partial \overline{p}}{\partial x} + \frac{\partial}{\partial x}\left(r\mu_{e11}\frac{\partial \overline{u}}{\partial x}\right) + \frac{\partial}{\partial r}\left(r\mu_{e12}\frac{\partial \overline{v}}{\partial x}\right) + \frac{\partial}{r\partial \theta}\left(r\mu_{e13}\frac{\partial \overline{w}}{\partial x}\right)$$

$$rS_r = -r\frac{\partial \overline{p}}{\partial r} + \frac{\partial}{\partial x}\left(r\mu_{e21}\frac{\partial \overline{u}}{\partial r}\right) + \frac{\partial}{\partial r}\left(r\mu_{e22}\frac{\partial \overline{v}}{\partial r}\right)$$

$$+ \frac{\partial}{r\partial \theta}\left[r\mu_{e23}\left(\frac{\partial \overline{w}}{\partial r} - \frac{\overline{w}}{r}\right)\right] - 2\mu_e\left(\frac{\partial \overline{w}}{r\partial \theta} - \frac{\overline{v}}{r}\right) + \rho\overline{w}^2$$

$$rS_\theta = -r\frac{\partial \overline{p}}{\partial \theta} + \frac{\partial}{\partial x}\left(r\mu_{e31}\frac{\partial \overline{u}}{r\partial \theta}\right) + \frac{\partial}{\partial r}\left[r\mu_{e32}\left(\frac{\partial \overline{v}}{r\partial \theta} - \frac{\overline{w}}{r}\right)\right]$$

$$+ \frac{\partial}{r\partial \theta}\left[r\mu_{e33}\left(\frac{\partial \overline{w}}{r\partial \theta} + 2\frac{\overline{v}}{r}\right)\right] + \mu_e\left[\frac{\partial \overline{v}}{r\partial \theta} + r\frac{\partial}{\partial r}\left(\frac{\overline{w}}{r}\right)\right] - \overline{\rho vw}$$

式中，有效粘性系数 $\mu_e = \mu + \mu_t$ 和 $\mu_{eij} = \mu + \mu_{tij}$，$\mu$ 为层流粘性系数，μ_t 和 μ_{tij} 为紊流粘性系数。k 和 ε 方程可写为

$$\frac{\partial}{\partial x}(\rho\overline{u}k) + \frac{\partial}{r\partial r}(r\rho\overline{v}k) + \frac{\partial}{r\partial \theta}(\rho\overline{w}k)$$

$$= \frac{\partial}{\partial x}\left(\frac{\mu_e}{\sigma_k}\frac{\partial k}{\partial x}\right) + \frac{\partial}{r\partial r}\left(r\frac{\mu_e}{\sigma_k}\frac{\partial k}{\partial r}\right) + \frac{\partial}{r\partial \theta}\left(\frac{\mu_e}{\sigma_k}\frac{\partial k}{r\partial \theta}\right) + G - \rho\varepsilon \qquad (7\text{-}26a)$$

$$\frac{\partial}{\partial x}(\rho \bar{u} \varepsilon) + \frac{\partial}{r \partial r}(r \rho \bar{v} \varepsilon) + \frac{\partial}{r \partial \theta}(\rho \overline{w} \varepsilon)$$

$$= \frac{\partial}{\partial x}\left(\frac{\mu_e}{\sigma_\varepsilon} \frac{\partial \varepsilon}{\partial x}\right) + \frac{\partial}{r \partial r}\left(r \frac{\mu_e}{\sigma_\varepsilon} \frac{\partial \varepsilon}{\partial r}\right) + \frac{\partial}{r \partial \theta}\left(\frac{\mu_e}{\sigma_\varepsilon} \frac{\partial \varepsilon}{r \partial \theta}\right) + \frac{\varepsilon}{k}(C_1 G - C_2 \rho \varepsilon) \quad (7\text{-}26\text{b})$$

式中紊流粘性系数 $\mu_t = C_\mu k^2 / \varepsilon$，$\mu_{tij}$ 分别为

$$\mu_{t11} = \frac{-\rho \overline{u'u'}}{2\left(\dfrac{\partial \bar{u}}{\partial x}\right)}, \qquad \mu_{t22} = \frac{-\rho \overline{v'v'}}{2\left(\dfrac{\partial \bar{v}}{\partial r}\right)}, \qquad \mu_{t33} = \frac{-\rho \overline{w'w'}}{2\left(\dfrac{\partial \overline{w}}{r \partial \theta} + \dfrac{v}{r}\right)}$$

$$\mu_{t12} = \frac{-\rho \overline{u'v'}}{\left(\dfrac{\partial \bar{u}}{\partial r} + \dfrac{\partial \bar{v}}{\partial x}\right)}, \quad \mu_{t23} = \frac{-\rho \overline{v'w'}}{\left(\dfrac{\partial \bar{v}}{r \partial \theta} - \dfrac{\overline{w}}{r} + \dfrac{\partial \overline{w}}{\partial r}\right)}, \quad \mu_{t13} = \frac{-\rho \overline{u'w'}}{\left(\dfrac{\partial \bar{u}}{r \partial \theta} + \dfrac{\partial \overline{w}}{\partial x}\right)}$$

$$G = 2\left[\mu_{t11}\left(\frac{\partial \bar{u}}{\partial x}\right)^2 + \mu_{t22}\left(\frac{\partial \bar{v}}{\partial r}\right)^2 + \mu_{t33}\left(\frac{\partial \overline{w}}{r \partial \theta} + \frac{\bar{v}}{r}\right)^2\right] + \mu_{t12}\left(\frac{\partial \bar{u}}{\partial r} + \frac{\partial \bar{v}}{\partial x}\right)^2$$

$$+ \mu_{t13}\left(\frac{\partial \bar{u}}{r \partial \theta} + \frac{\partial \overline{w}}{\partial x}\right)^2 + \mu_{t23}\left(\frac{\partial \bar{v}}{r \partial \theta} + \frac{\partial \overline{w}}{\partial r} - \frac{\overline{w}}{r}\right)^2$$

文献[16]利用上述 ASM 模型在贴体坐标系下预估直流短环燃烧室火焰筒三维冷态流场，并将计算结果与标准 k-ε、RNG k-ε 以及实验数据进行比较，由图 7-3 可知，因 ASM 模型考虑紊流各向异性，提高了计算精度，计算所得的轴向速度径向分布比其他两种模型更符合实验数据，但计算工作量稍增加些；而 RNG k-ε 要比标准 k-ε 模型好些，而且使用方便。

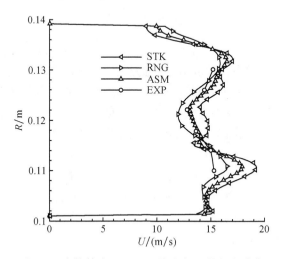

图 7-3　火焰筒出口 72mm 处速度 U 的径向分布

2. 紊流燃烧模型

在层流混合气体中某种成分的消失或产生是由于分子之间的化学反应造成

的。分子间的化学反应速率常用化学动力学中 Arrhenius 定律表示,例如,燃料反应速率可写成

$$R_{fu} = \rho \frac{dm_{fu}}{dt} = A_0 P^2 m_{fu} m_{ox} \exp(-E/RT) \quad [kg/(m^3 \cdot s)] \tag{7-27}$$

式中,A_0 为前置因子,E 为活化能,R 为通用气体常数,T 为混合气体静温,P 为混合气体静压。这里,m_{fu}、m_{ox}、T、P 均为瞬时值,E/R 称为活化温度,它随着混合气体成分和温度而变。

在紊流混合气体中情况很复杂,因为有气团(eddy)的不规则运动,气团有大有小,有的气团含燃料多些,有的含高温燃烧产物多些。各种气团在主流中互相混合,互相渗透。同时,大气团不断崩溃并转化为小气团,而通过雷诺应力对主流做功,大气团又不断产生。虽然大气团中含有燃料和气体,但在这种场合下,燃料和氧分子互相碰撞的机会很少,所以化学反应也不多。当气团变为小气团时,分子间碰撞过程才容易进行,所以分子间化学反应主要是在小气团间进行。

因此,紊流结构对燃烧过程影响很大,同时燃烧对紊流也有影响,例如,由于温升影响气流速度与密度,燃烧可能增加紊流强度($\overline{u'^2}/\bar{u}$)并影响紊流结构。可见紊流燃烧机理很复杂,到目前为止,还没有完全了解。因此各种紊流燃烧模型也不很成熟,还在发展之中。

在数值模拟紊流燃烧流场时,为了使基本方程得到封闭,必须先求出化学反应速率时均值,即

$$\bar{R}_{fu} = \overline{A_0 P^2 m_{fu} m_{ox} \exp(-E/RT)}$$

如果对整个式子进行雷诺平均,产生脉动值二阶关联项(如 $\overline{m'_{ox} m'_{fu}}$、$\overline{T'^2}$、$\overline{m'^2_{fu}}$、$\overline{m'_{ox} T'}$ 等)、三阶以及高阶关联项。计算 $\bar{R}_{fu}$ 可通过对这些关联项加以模拟,使方程封闭。但此种方法涉及模拟量太多,而且高阶关联项如何计算至今尚未完全解决,所以只好采用近似计算方法,即找出影响 R_{fu} 的主要因素,提出 $\bar{R}_{fu}$ 简化表达式,这就是所谓的紊流燃烧模型。目前,工程上常用的模型有以下几种:

1) 涡团消耗模型(eddy dissipation model,EDM)

涡团耗散模型是由 Magnussen 提出的[17],其基本思想是:当气流涡团因耗散变小时,分子之间碰撞机会增多,反应才容易进行并迅速完成,故化学反应速率在很大程度上受紊流影响,而且反应速率还取决于涡团中所包含的燃料、氧化剂和产物中浓度值最小的一个。该模型表达式为

$$\overline{R_{fu}} = -\bar{\rho}\varepsilon/k \min[A\tilde{m}_{fu}, A\tilde{m}_{ox}/s, B\tilde{m}_{pr}/(1+s)] \tag{7-28}$$

式中,$A \approx 4$,$B \approx 0.5$,s 为化学恰当比。

该模型的特点是意义比较明确,反应速率取决于紊流脉动衰变速率 ε/k 并能自动选择成分来控制反应速率,因此该模型既能用于预混火焰,也能用于扩散火

焰,在工程问题上得到广泛应用[18~20]。

2) 旋涡破碎模型(eddy break-up,EBU)

Spalding 提出的旋涡破碎模型的出发点是:在紊流燃烧区中充满了已燃和未燃的气团,化学反应在这两种气团交界面上进行,他认为化学反应速率取决于未燃烧气团在紊流作用下破碎成更小气团的速率,而破碎速率与紊流脉动动能的衰变速率成正比,其表达式为

$$\overline{R_{\mathrm{fu}}} = -C_R g^{1/2}\rho\varepsilon/k \tag{7-29}$$

考虑到反应速率与化学动力因素有关,模型系数 C_R 可以根据下式估算[21]:

$$C_R = \left(\frac{\Delta T^*}{1000}\right)^2 \frac{g^{1/2}}{g_{\max}^{1/2}}\ln\left(1 + 2\frac{g_{\max}^{1/2}}{g^{1/2}}\right)$$

式中,$g = \overline{m_{\mathrm{fu}}'^2}$ 为燃油浓度脉动均方值。求解 g 的方法有以下两种。

(1) 微分方程

$$\frac{\partial}{\partial t}(\rho g) + \frac{\partial}{\partial x_j}(\rho u_j g) = \frac{\partial}{\partial x_j}\left(\frac{\mu_e}{\sigma_g}\frac{\partial g}{\partial x_j}\right) + C_{g1}\mu_e\left(\frac{\partial m_{\mathrm{fu}}}{\partial x_j}\right)^2 - C_{g2}g\rho\frac{\varepsilon}{k}$$

(2) 代数方程:所谓代数方程是利用 g 方程的源项平衡条件得出的关系式,常用表达式有[22,23]

$$g = \frac{C_{g1}}{C_{g2}}\frac{\mu k}{\rho\varepsilon}\left[\left(\frac{\partial m_{\mathrm{fu}}}{\partial r}\right)^2 + \left(\frac{\partial m_{\mathrm{fu}}}{\partial x}\right)^2\right] \quad\text{或}\quad g = (C_g l)^2\left[\left(\frac{\partial m_{\mathrm{fu}}}{\partial r}\right)^2 + \left(\frac{\partial m_{\mathrm{fu}}}{\partial x}\right)^2\right]$$

式中

$$g = C m_{\mathrm{fu}}^2$$

通常,可用代数方程来估算 g 的初值,用微分方程求解 g。又因式(7-29)没有考虑温度对化学反应速率的影响,为了弥补此不足,Mason 等[24]提出了 EBU-Arrhenius 模型,其反应速率可由下式确定:

$$\overline{R_{\mathrm{fu}}} = -\min\left[|-C_R g^{1/2}\rho\varepsilon/k|, |-A_0\rho^2 m_{\mathrm{fu}}m_{\mathrm{ox}}\exp(-E/RT)|\right] \tag{7-30}$$

该模型的优点是能对那些均流速度梯度大,但可燃混合气体温度不高,无剧烈化学反应发生的区域给出合理的化学反应速率。该模型需求解 k、ε 和 g 三个微分方程,所以又可称为 k-ε-g 紊流燃烧模型[21]。由于该模型形式简单,使用方便,而且还考虑了燃料浓度脉动的影响,因此在燃气轮机、冲压发动机、液体火箭发动机及工业炉等方面得到了广泛应用[25,26]。

1976 年 Spalding 又提出了反应速率的另一种表达式[17]

$$\overline{R_{\mathrm{fu}}} = -C_{\mathrm{EBU}}\overline{m}_{\mathrm{fu}}\rho\varepsilon/k \tag{7-31}$$

式中,$C_{\mathrm{EBU}}\approx 5$,是模型系数,式(7-31)也是目前国内外常用的 EBU 模型表达式。

　　文献[21]对目前国内外常用的三种紊流燃烧模型:EDM 模型(7-28),k-ε-g 模型(7-30)和 EBU 模型(7-31)进行了数值研究,并在装有圆盘和锥形火焰稳定器的模型加力燃烧室进行了验证试验,图 7-4 和图 7-5 分别为不同模型对回流区长度及燃烧效率的影响,由图可知,k-ε-g 模型所得的计算值与实验数据符合得更好些,可见 Magnussen 模型虽有自动选择成分的优点,但它与 EBU 模型一样,都没有考虑浓度脉动对燃烧反应的影响,而唯有 k-ε-g 模型考虑了此影响,从而使计算结果得到了改善。

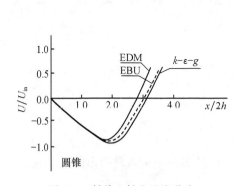

图 7-4　轴线上轴向速度分布

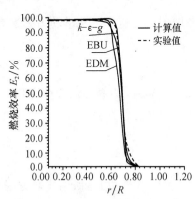

图 7-5　各种模型对燃烧效率的影响

3) 紊流扩散火焰的 Pdf 模型

　　燃烧流场计算中我们需求的标量是标量的时均值,例如,$\overline{m_{fu}}$、$\overline{m_{fu}T}$ 和 $\bar{\rho}$ 等,但如果不采用紊流燃烧模型,则成分守恒方程的源项为未知数,不能通过差分方程组求解 $\overline{m_{fu}}$、$\overline{m_{fu}T}$ 和 $\bar{\rho}$ 等时均值。但是假设气流为简单反应系统(SCRS)时,可认为燃烧区内 m_{fu}、m_{ox}、m_{Pr} 以及 T 等瞬时值都是混合分数 f 的线性函数。当火焰为扩散火焰时,这些线性函数如图 7-6 所示,图中 f 表示反应区反应状态,f 就是瞬时值。对于扩散火焰,由燃烧和空气流分别供入时,f 可定义为 $f=(r-r_0)/(r_1-r_0)$,其

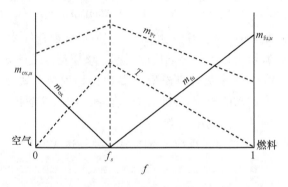

图 7-6　成分与 f 的关系

中 $r = m_{\rm fu} - m_{\rm ox}/s$，下标 0 表示空气流，1 表示燃料流，$s$ 为化学恰当比，混合分数 f 是无源标量，也是一个守恒量，它可由微分方程解出其时均值 $\bar{f}$，它的脉动量均方值 $g \equiv \overline{(f-\bar{f})^2} \equiv \overline{f'^2}$ 也可以通过微分方程求得

$$\frac{\partial}{\partial t}(\rho \bar{f}) + \frac{\partial}{\partial x_j}(\rho \overline{u_j}\,\bar{f}) = \frac{\partial}{\partial x_j}\left(\frac{\mu_e}{\sigma_f}\frac{\partial \bar{f}}{\partial x_j}\right) \tag{7-32a}$$

$$\frac{\partial}{\partial t}(\rho g) + \frac{\partial}{\partial x_j}(\rho \overline{u_j} g) = \frac{\partial}{\partial x_j}\left(\frac{\mu_e}{\sigma_g}\frac{\partial g}{\partial x_j}\right) + C_{g1}\mu_e \left(\frac{\partial \bar{f}}{\partial x_j}\right)^2 - C_{g2} g \rho \frac{\varepsilon}{k} \tag{7-32b}$$

混合分数 f 是脉动的，它在紊流火焰中脉动性质一般是不知道的，但 f 是随机量，可利用概率密度分布函数 $P(f)$ 来描述 f 的脉动性质如果 $P(f)$ 已知，假设任一标量瞬时值 ϕ 是守恒标量瞬时值 f 的单值函数：$\phi = \phi(f)$，则任一标量的时均值可由下列定义求出：

$$\bar{\phi} = \int_0^1 \phi(f) P(f) {\rm d}f$$

式中，$P(f)$ 称为概率密度函数，ϕ 表示任一标量。以变量 $m_{\rm fu}$ 为例，由图 7-6 可知

$$m_{\rm fu} = \frac{m_{\rm fu,u}}{1-f_s}(f - f_s), \quad \overline{m_{\rm fu}} = \int_0^1 \frac{m_{\rm fu,u}}{1-f_s}(f - f_s) P(f) {\rm d}f$$

其他时均值，例如 $\overline{m_{\rm ox}}$、$\overline{T}$ 等都可类似求出，最后可利用气体状态方程求得时均值 $\bar{\rho}$。可见，通过 f 的概率密度函数 $P(f)$ 和概率密度函数的基本公式可计算流场参数的时均值。概率密度函数表示方法有几种，目前常用 β 函数来表示

$$P(f) = \frac{f^{\alpha-1}(1-f)^{\beta-1}}{\int_0^1 f^{\alpha-1}(1-f)^{\beta-1}{\rm d}f}, \quad 0 \leqslant f \leqslant 1 \tag{7-33a}$$

式中，正指数 α、β 可由 $\bar{f}$ 和 $\overline{(f-\bar{f})^2}$ 求出

$$\alpha = \bar{f}\left[\frac{\bar{f}(1-\bar{f})}{\overline{(f-\bar{f})^2}} - 1\right], \quad \beta = (1-\bar{f})\left[\frac{\bar{f}(1-\bar{f})}{\overline{(f-\bar{f})^2}} - 1\right] \tag{7-33b}$$

因为 $\bar{f}$ 和 g 可由微分方程求出，所以 α、β 可以确定。$P(f)$ 函数形式便可确定。$P(f)$ 已知后，其他标量的时均值和脉动均方值都可求出。

类似地，也可由概率密度函数来描述速度、温度变量，还可以规定联合概率分布函数，随机量 f 在 $f \to f + {\rm d}f$ 和速度 $v_i \to v_i + {\rm d}v_i$ 中出现概率为：$P(v_i, f){\rm d}v_i {\rm d}f$，可利用联合概率密度函数方法来求得时均化学反应速率

$$\overline{w} = \int w(v_1, v_2) p(v_1, v_2) {\rm d}v_1 v_2 \tag{7-34}$$

式中，$w = w(v_1, v_2)$ 为瞬时化学反应速率，v_1 和 v_2 为随机量。

4）紊流燃烧关联矩模型

由上述可知，在紊流燃烧中，其瞬时化学反应速率可用 Arrhenius 公式（7-27）

来表示,为了求时均反应速率,令

$$m_{\mathrm{fu}} = \overline{m}_{\mathrm{fu}} + m'_{\mathrm{fu}}, \quad m_{\mathrm{ox}} = \overline{m}_{\mathrm{ox}} + m'_{\mathrm{ox}}, \quad T = \overline{T} + T'$$

利用泰勒级数对非线性指数项近似展开:

$$\exp[-E/(RT)] = \exp[-E/(R(\overline{T} + T')] = \exp\left[-\frac{E}{R\overline{T}}\left(1 + \frac{T'}{\overline{T}}\right)^{-1}\right]$$

当 $\dfrac{T'}{\overline{T}} \ll 1$ 以及 $\dfrac{E}{R} \dfrac{}{\overline{T}}$ 不是太大,即 $\dfrac{E}{R} \dfrac{}{\overline{T}} \dfrac{T'}{\overline{T}}$ 相当小时,可认为

$$\exp\left(-\frac{E}{RT}\right) \approx \exp\left(-\frac{E}{R\overline{T}}\right)\left[1 + \frac{E}{R\overline{T}}\frac{T'}{\overline{T}} + \frac{1}{2}\left(\frac{E}{R\overline{T}}\frac{T'}{\overline{T}}\right)^2\right]$$

忽略密度脉动对式(7-27)进行雷诺平均,同时忽略三阶和高阶关联项,便可得到时均反应速率

$$\overline{R_{\mathrm{fu}}} = \overline{A_0\rho^2 m_{\mathrm{fu}}m_{\mathrm{ox}}\exp(-E/RT)} = A_0\bar{\rho}^2 \overline{m}_{\mathrm{fu}}\overline{m}_{\mathrm{ox}}\exp\left(-\frac{E}{R\overline{T}}\right)(1 + F) \quad (7\text{-}35)$$

式中

$$F = \frac{\overline{m'_{\mathrm{fu}}m'_{\mathrm{ox}}}}{\overline{m}_{\mathrm{fu}}\overline{m}_{\mathrm{ox}}} + \frac{E}{R\overline{T}}\left(\frac{\overline{T'm'_{\mathrm{fu}}}}{\overline{T}\,\overline{m}_{\mathrm{fu}}} + \frac{\overline{T'm'_{\mathrm{ox}}}}{\overline{T}\,\overline{m}_{\mathrm{ox}}}\right) + \frac{1}{2}\left(\frac{E}{R\overline{T}}\right)^2\frac{\overline{T'^2}}{\overline{T}^2}$$

为了封闭式(7-35),应当求解关联项 $\overline{m'_{\mathrm{fu}}m'_{\mathrm{ox}}}$, $\overline{T'm'_{\mathrm{fu}}}$, $\overline{T'm'_{\mathrm{ox}}}$ 和 $\overline{T'^2}$,这些关联项的输运方程,可写成下列形式:

$$\frac{\partial}{\partial t}(\bar{\rho}\,\overline{m'_{\mathrm{fu}}m'_{\mathrm{ox}}}) + \frac{\partial}{\partial x_j}(\bar{\rho}\,\overline{u_j}\,\overline{m'_{\mathrm{fu}}m'_{\mathrm{ox}}}) = \frac{\partial}{\partial x_j}\left(\frac{\mu_e}{\sigma_m}\frac{\partial\overline{m'_{\mathrm{fu}}m'_{\mathrm{ox}}}}{\partial x_j}\right) + 2\frac{\mu_t}{\sigma_m}\frac{\partial\overline{m}_{\mathrm{fu}}}{\partial x_j}\frac{\partial\overline{m}_{\mathrm{ox}}}{\partial x_j}$$

$$-2\bar{\rho}\frac{\varepsilon}{\kappa}\overline{m'_{\mathrm{fu}}m'_{\mathrm{ox}}} - A_0\bar{\rho}^2\,\overline{m}_{\mathrm{fu}}\,\overline{m}_{\mathrm{ox}}\exp\left(-\frac{E}{R\overline{T}}\right)\left[(\overline{m}_{\mathrm{ox}} + \beta\overline{m}_{\mathrm{fu}})\frac{\overline{m'_{\mathrm{fu}}m'_{\mathrm{ox}}}}{\overline{m}_{\mathrm{fu}}\overline{m}_{\mathrm{ox}}} + \frac{\overline{m'^2_{\mathrm{fu}}}}{\overline{m}_{\mathrm{fu}}} + \frac{\overline{m'^2_{\mathrm{ox}}}}{\overline{m}_{\mathrm{ox}}}\right]$$

$$(7\text{-}36\mathrm{a})$$

$$\frac{\partial}{\partial t}(\bar{\rho}\,\overline{T'm'_{\mathrm{fu}}}) + \frac{\partial}{\partial x_j}(\bar{\rho}\,\overline{u_j}\,\overline{T'm'_{\mathrm{fu}}})$$

$$= \frac{\partial}{\partial x_j}\left(\frac{\mu_e}{\sigma_m}\frac{\partial\overline{T'm'_{\mathrm{fu}}}}{\partial x_j}\right) + 2\frac{\mu_t}{\sigma_m}\left(\frac{\partial\overline{T}}{\partial x_j}\right)\left(\frac{\partial\overline{m}_{\mathrm{fu}}}{\partial x_j}\right) - 2\bar{\rho}\frac{\varepsilon}{\kappa}\overline{T'm'_{\mathrm{fu}}} \quad (7\text{-}36\mathrm{b})$$

$$\frac{\partial}{\partial t}(\bar{\rho}\,\overline{T'm'_{\mathrm{ox}}}) + \frac{\partial}{\partial x_j}(\bar{\rho}\,\overline{u_j}\,\overline{T'm'_{\mathrm{ox}}})$$

$$= \frac{\partial}{\partial x_j}\left(\frac{\mu_e}{\sigma_m}\frac{\partial\overline{T'm'_{\mathrm{ox}}}}{\partial x_j}\right) + 2\frac{\mu_t}{\sigma_m}\left(\frac{\partial\overline{T}}{\partial x_j}\right)\left(\frac{\partial\overline{m}_{\mathrm{ox}}}{\partial x_j}\right) - 2\bar{\rho}\frac{\varepsilon}{\kappa}\overline{T'm'_{\mathrm{ox}}} \quad (7\text{-}36\mathrm{c})$$

$$\frac{\partial}{\partial t}(\bar{\rho}\,\overline{T'^2}) + \frac{\partial}{\partial x_j}(\bar{\rho}\,\overline{u_j}\,\overline{T'^2})$$

$$= \frac{\partial}{\partial x_j}\left(\frac{\mu_e}{\sigma_T}\frac{\partial\overline{T'^2}}{\partial x_j}\right) + 2\mu_t\left(\frac{\partial\overline{T}}{\partial x_j}\right)^2 - C_2\frac{\varepsilon}{\kappa}\bar{\rho}\,\overline{T'^2} \quad (7\text{-}36\mathrm{d})$$

式中,β 是化学恰当比。由式(7-36)可知,获得化学反应速率时均值,需解四个二阶标量关联矩的微分方程,可称之为紊流燃烧关联矩模型,也可称为二阶矩紊流燃烧模型。文献[27]利用该模型数值分析纵向隔热屏加力燃烧室燃烧流场,计算结果与试验数据比较表明:紊流燃烧关联矩模型要比 EBU-Arrehenius 模型更适用模拟紊流燃烧流动。

5) 二阶矩-概率密度模型

由于紊流引起组分浓度及温度脉动而加强各组分之间的混合与传热,从而强化反应速率,因此紊流结构对燃烧过程影响很大。为了考虑气流脉动参数对反应速率的影响,文献[28]提出一种二阶矩-概率密度模型来估算化学反应速率,该模型采用了二阶矩封闭和简化 Pdf 概念相结合的方法,其基本思想是假定浓度脉动用二阶关联矩方程封闭而对温度脉动和浓度脉动关联项采用简化 Pdf 模拟,并近似认为温度与浓度脉动的概率函数互相独立,经推导可得其时均反应速率表达式为

$$\bar{R}_{\text{fu,SOM}} = A_0 \rho^2 \overline{m}_{\text{fu}} \overline{m}_{\text{ox}} \exp\left(-\frac{E}{RT}\right) \text{ch}\left(\frac{E}{RT} \frac{(\overline{T'^2})^{0.5}}{T}\right)$$

$$\times \left[1 + \frac{\overline{m'_{\text{ox}} m'_{\text{fu}}}}{\overline{m}_{\text{ox}} \overline{m}_{\text{fu}}} + \frac{(\overline{m'^2_{\text{ox}}})^{0.5}}{\overline{m}_{\text{ox}}} + \frac{(\overline{m'^2_{\text{fu}}})^{0.5}}{\overline{m}_{\text{fu}}} + \text{th}\left(\frac{E}{RT} \frac{(\overline{T'^2})^{0.5}}{T}\right)\right] \quad (7\text{-}37)$$

上式中各关联项可由下列输运方程求得:

$$\frac{\partial}{\partial t}(\bar{\rho}\,\overline{\phi'\varphi'}) + \frac{\partial}{\partial x_j}(\bar{\rho}\,\overline{u_j}\,\overline{\phi'\varphi'}) = \frac{\partial}{\partial x_j}\left(\frac{\mu_e}{\sigma_\varphi}\frac{\partial\overline{\phi'\varphi'}}{\partial x_j}\right) + C_1\mu_t\frac{\partial\bar{\phi}}{\partial x_j}\frac{\partial\bar{\varphi}}{\partial x_j} - C_2\bar{\rho}\frac{\varepsilon}{k}\overline{\phi'\varphi'}$$

$$(7\text{-}38)$$

其中 ϕ' 和 φ' 分别代表温度或组分质量分数脉动值,而 $\bar{\phi}$ 和 $\bar{\varphi}$ 分别代表相应变量时均值。为了方便,也可对式(7-38)进行简化,采用下列代数表达式对 $\overline{\phi'\varphi'}$ 进行模化:

$$\overline{m'_{\text{fu}} m'_{\text{ox}}} = C_y \frac{k^3}{\varepsilon^2}\frac{\partial\overline{m}_{\text{fu}}}{\partial x_j}\frac{\partial\overline{m}_{\text{ox}}}{\partial x_j}, \quad \overline{T'^2} = C_T \frac{k^3}{\varepsilon^2}\left(\frac{\partial\overline{T}}{\partial x_j}\right)^2$$

$$\overline{m'^2_{\text{ox}}} = C_{\text{ox}} \frac{k^3}{\varepsilon_2}\left(\frac{\partial\overline{m}_{\text{ox}}}{\partial x_j}\right)^2, \quad \overline{m'^2_{\text{fu}}} = C_{\text{fu}} \frac{k^3}{\varepsilon_2}\left(\frac{\partial\overline{m}_{\text{fu}}}{\partial x_j}\right)^2$$

又因式(7-38)虽考虑了温度与浓度脉动对化学反应速率的影响,但没有充分考虑紊流对化学反应的作用,实际上紊流流动对燃烧过程影响较大;为了弥补此不足,文献[29]对该模型加以改进,把 EBU 紊流燃烧模型引入到二阶矩-概率密度模型中,简称为二阶矩-EBU(SOM-EBU)紊流燃烧模型,按该模型,化学反应速率在两者中取较小的一个,即

$$\bar{R}_{\text{fu}} = -\min(|\bar{R}_{\text{EBU}}|, |\bar{R}_{\text{fu,SOM}}|) \quad (7\text{-}39)$$

式中,$\bar{R}_{\text{EBU}} = -C_R g^{1/2}\rho\varepsilon/k$,计算表明式(7-39)同时考虑温度与浓度脉动以及紊流

的影响,可使结果更为合理[29]。

7.1.4　复杂化学反应

随着人们对燃料消耗的日益增长和对燃烧产生大气污染的关注,要求深入了解污染物生成动力学,掌握化学反应的详细机理和各中间产物在燃烧过程中的作用,建立适合于复杂反应系统的数学模型和计算方法,并用它来预估每个基元反应的速率随温度、反应物浓度和压力的变化;分析复杂化学反应对气流紊流流动的影响。

对于实际化学燃烧系统,化学反应可能包含上百个中间反应。紊流与化学反应之间相互影响的机理还不十分清楚。因此对复杂化学反应模拟,目前基本上解决了层流燃烧问题,对考虑复杂化学反应的紊流燃烧问题,必须提出模拟适用于复杂反应的紊流燃烧模型。下面分别介绍考虑复杂化学反应的层流和紊流扩散燃烧的数学模型和计算方法[30,31]。

1. 层流扩散燃烧

1) 三维非定常层流扩散火焰的控制方程
连续方程

$$\frac{\partial \rho}{\partial t} + \frac{\partial}{\partial x_l}(\rho u_l) = 0 \qquad (7\text{-}40\text{a})$$

动量守恒方程

$$\frac{\partial}{\partial t}(\rho u_i) + \frac{\partial}{\partial x_j}(\rho u_i u_j) + \frac{\partial P}{\partial x_j} - \frac{\partial}{\partial x_j}\left[\mu\left(\frac{\partial u_i}{\partial x_j} + \frac{\partial u_j}{\partial x_i}\right) - \frac{2}{3}\delta_{ij}\frac{\partial u_l}{\partial x_l}\right] = 0 \quad (i = 1,2,3)$$

$$(7\text{-}40\text{b})$$

能量守恒方程

$$\frac{\partial}{\partial t}(\rho h) + \frac{\partial}{\partial x_j}(\rho u_j h) - \frac{\partial P}{\partial x_j} - \frac{\partial}{\partial x_j}\left(\frac{\mu}{\sigma_k}\frac{\partial h}{\partial x_j}\right) - S_h = 0 \qquad (7\text{-}40\text{c})$$

组分守恒方程

$$\frac{\partial}{\partial t}(\rho m_a) + \frac{\partial}{\partial x_j}(\rho u_j m_a) - \frac{\partial}{\partial x_j}\left(\frac{\mu}{\sigma_m}\frac{\partial m_a}{\partial x_j}\right) - R_a = 0, \quad \alpha = 1,\cdots,NS$$

$$(7\text{-}40\text{d})$$

式中,R_a 为组分 α 的反应速率,焓 $h = h(m_a, T)$,密度 $\rho = \sum\limits_{\alpha=1}^{NS}(m_a/M_a)\rho RT$,这里 R、m_a 和 M_a 分别为气体常数、组分 α 的质量分数和分子量,NS 是系统中组分的总数。焓 h、等压比热 $C_{P,a}$ 和层流粘性 μ 可按下列关系式进行计算:

$$h = \sum_{\alpha=1}^{NS} m_\alpha h_\alpha, \quad h_\alpha = \int_0^T C_{P,\alpha} \mathrm{d}T_\alpha = h_{0,\alpha} + \int_{T_0}^T C_{P,\alpha} \mathrm{d}T_\alpha$$

$$C_{P,\alpha} = C_{P,\alpha}^0 + C_{P,\alpha}^1 T + C_{P,\alpha}^2 T^2 + C_{P,\alpha}^3 T^3 + C_{P,\alpha}^4 T^4$$

$$\mu = \sum_{\alpha=1}^{NS} m_\alpha \mu_\alpha, \quad \mu_\alpha = \mu_\alpha^0 + \mu_\alpha^1 T + \mu_\alpha^2 T^2 + \mu_\alpha^3 T^3 + \mu_\alpha^4 T^4$$

式中, $h_{0,\alpha}$ 为标准温度 T_0 时各组分 α 的焓, $C_{P,\alpha}^0, C_{P,\alpha}^1, \cdots C_{P,\alpha}^4, \mu_\alpha^0, \mu_\alpha^1, \cdots, \mu_\alpha^4$ 分别是组分 α 的 $C_{P,\alpha}$ 和 μ_α 多项式中的各项系数。

2) 化学反应模型

复杂化学反应一般都是多步可逆反应,对于一个由 NS 种化学组分和 NR 个基元反应组成的可逆反应系统,其化学反应方程一般形式可表示为

$$\sum_{\alpha=1}^{NS} \upsilon_{j\alpha}^R A_\alpha \underset{K_j^b}{\overset{K_j^f}{\rightleftharpoons}} \sum_{\alpha=1}^{NS} \upsilon_{j\alpha}^P A'_\alpha, \quad j = 1, 2, 3 \cdots NR \tag{7-41}$$

式中, NR 为基元反应个数,即化学反应总步数, NS 为化学反应中组分数目, $\upsilon_{j\alpha}^P$ 和 $\upsilon_{j\alpha}^R$ 为第 j 个反应方程两边组分 α 的化学当量系数,对于层流火焰,组分 α 的化学反应速率为

$$R_\alpha = M_\alpha \sum_{j=1}^{NR} (\upsilon_{j\alpha}^P - \upsilon_{j\alpha}^R) \left(K_j^f \prod_{l=1}^{NS} n_l^{\upsilon_{jl}^R} - K_j^b \prod_{l=1}^{NS} n_l^{\upsilon_{jl}^P} \right) \tag{7-42}$$

式中, M_α 为组分 α 的分子量,第 j 个基元反应中 l 组分的摩尔浓度为 $n_l = (\rho m_l)/M_l$, K_j^f 和 K_j^b 是第 j 个化学反应的正和逆反应速度常数,可用 Arrhenius 公式求得

$$K_j^f = A_j^f T_j^{\alpha_j^f} \exp(-E_j^f/RT), \quad K_j^b = A_j^b T_j^{\alpha_j^b} \exp(-E_j^b/RT) \tag{7-43}$$

假设所研究系统的化学反应速率大大超过混合过程的速率,因此可认为研究体系处于化学平衡状态。确定化学平衡状态的方法,通常有平衡常数法,最小吉布斯(Gibbs)函数法和正逆反应速率相等法三种。其中以平衡常数法最为简单,平衡常数 K_j^c 与正逆反应速度常数之间关系为

$$K_j^c = K_j^f / K_j^b \tag{7-44}$$

式中, K_j^c 可利用 CHEMKIN-II 获得[32],前置因子 A_j^f、温度指数 α_j^f 和活化能 E_j^f 可查阅资料[30],并根据得到的 K_j^c、 A_j^f、 α_j^f、 E_j^f 算出相应的 E_j^b、 A_j^b、 α_j^b。平衡常数也可利用吉布斯能量求出。对于等压过程,吉布斯能量可由下式求得[33]:

$$\frac{g_\alpha}{R} = A_\alpha(T - T\ln T) - \frac{B_\alpha}{2}T^2 - \frac{C_\alpha}{6}T^3 - \frac{D_\alpha}{12}T^4 - \frac{E_\alpha}{20}T^5 + F_\alpha - G_\alpha T \tag{7-45}$$

式中, R 是常数, F_α、 G_α 是拟合曲线常数。在某个化学反应中,吉布斯能量为

$$\Delta G_{R_j} = \sum_{\alpha=1}^{NS} \upsilon_{j\alpha}^P g_\alpha - \sum_{\alpha=1}^{NS} \upsilon_{j\alpha}^R g_\alpha$$

其中,第 j 个反应的平衡常数可由下式求出:

$$K_j^c = \left(\frac{1}{R^0 T}\right)^{\Delta n_j} \exp\left(\frac{-\Delta G_{R_j}}{R^0 T}\right) \tag{7-46}$$

式中,R^0 为气体常数,Δn_j 为反应过程中摩尔数的变化量,$\Delta n_j = \sum_{\alpha=1}^{NS} \upsilon_{j\alpha}^P - \sum_{\alpha=1}^{NS} \upsilon_{j\alpha}^R$。

2. 紊流扩散燃烧

对于紊流复杂反应流,关键问题是如何确定存在组分浓度脉动、温度和反应度脉动情况下的紊流燃烧速率,文献[30]采用文献[34]建议的代数关联矩模型(algebraic correction closure model)分析突扩燃烧室内丙烷-空气扩散火焰。

ACC 模型的基本思想是,对紊流瞬时反应速率取时间平均,对出现关联项用关联矩的代数表达式求解。对组分 α 第 j 个基元反应的两种反应物 m_1 与 m_2 之间反应速率可以写成 Arrhenius 形式,令

$$R_\alpha^j = B\rho^2 m_1 m_2 \exp(-E/RT) \tag{7-47}$$

忽略密度脉动,对 R_α^j 取时间平均,同时也忽略三阶和高阶关联项,可得[34]

$$\overline{R}_\alpha^j = B\rho^2 \overline{m}_1 \overline{m}_2 \exp(-E/R\overline{T})(1+F)$$

$$F = \left[\frac{\overline{m_1' m_2'}}{\overline{m}_1 \overline{m}_2} + \frac{E}{R\overline{T}}\left(\frac{\overline{T' m_1'}}{\overline{T}\,\overline{m}_1} + \frac{\overline{T' m_2'}}{\overline{T}\,\overline{m}_2}\right) + \frac{1}{2}\left(\frac{E}{R\overline{T}}\right)\left(\frac{\overline{T'}}{\overline{T}}\right)^2\right] \tag{7-48}$$

对组分方程(7-40d)取时间平均,可得

$$\frac{\partial \overline{\rho m}_\alpha}{\partial t} + \frac{\partial \rho \overline{u}_j \overline{m}_\alpha}{\partial x_j} - \frac{\partial}{\partial x_j}\left[\left(\frac{\mu+\mu_t}{\sigma_\alpha}\right)\frac{\partial \overline{m}_\alpha}{\partial x_j}\right]$$

$$= M_\alpha \sum_{j=1}^{NR}(\upsilon_{j\alpha}^P - \upsilon_{j\alpha}^R)\left(K_j^f \prod_{l=1}^{NS} \overline{n}_l^{\upsilon_{jl}^R} - K_j^b \prod_{l=1}^{NS} n_l^{\upsilon_{jl}^P}\right)(1+F) \tag{7-49}$$

为了封闭式(7-48),可根据前述关联矩模型,利用关联项输运方程(7-36)求解 $\overline{m_1' m_2'}$、$\overline{T' m_1'}$、$\overline{T' m_2'}$ 和 $\overline{T'^2}$ 这些关联项的输运方程。例如,$\overline{m_1' m_2'}$ 可写成下列形式:

$$\frac{\partial \rho \overline{m_1' m_2'}}{\partial t} + \frac{\partial \overline{\rho u}_j \overline{m_1' m_2'}}{\partial x_j} = \frac{\partial}{\partial x_j}\left[\left(\frac{\mu+\mu_t}{\sigma_\alpha}\frac{\partial \overline{m_1' m_2'}}{\partial x_j}\right)\right] + C_1 \frac{\mu_t}{\sigma_\alpha}\frac{\partial \overline{m}_1}{\partial x_j}\frac{\partial \overline{m}_2}{\partial x_j} - C_2 \overline{\rho}\frac{\varepsilon}{\kappa}\overline{m_1' m_2'}$$

$$- B\overline{\rho}^2 \overline{m_1' m_2'}\exp\left(-\frac{E}{RT}\right)\left[(\overline{m_2'} + \beta \overline{m_1'})\frac{\overline{m_1' m_2'}}{\overline{m}_1 \overline{m}_2} + \frac{\overline{m_1'^2}}{\overline{m}_1} + \frac{\overline{m_2'^2}}{\overline{m}_2}\right] \tag{7-50}$$

式中,β 是第 j 个反应的化学当量比,k 为紊流动能,ε 为其耗散率。为了简化,可假定对流项和扩散项是局部平衡,并忽略稳态时反应速率对组分和温度脉动的影响,则可得到代数关联矩模型

$$\overline{m_1' m_2'} = C_y \frac{k^3}{\varepsilon^2} \frac{\partial \overline{m_1}}{\partial x_j} \frac{\partial \overline{m_2}}{\partial x_j}, \quad \overline{T' m_1'} = C_{y1} \frac{k^3}{\varepsilon^2} \frac{\partial \overline{T}}{\partial x_j} \frac{\partial \overline{m_1}}{\partial x_j}$$

$$\overline{T' m_2'} = C_{y2} \frac{k^3}{\varepsilon^2} \frac{\partial \overline{T}}{\partial x_j} \frac{\partial \overline{m_2}}{\partial x_j}, \quad \overline{T'^2} = C_T \frac{k^3}{\varepsilon^2} \left(\frac{\partial \overline{T}}{\partial x_j} \right)^2$$

式中,C_y、C_{y1}、C_{y2} 和 C_T 是模型系数,在文献[30]中,$C_y = C_{y1} = C_{y2} = C_T = 0.01$。

7.2　污染物的生成模型

数值分析燃烧室污染物浓度分布,先要建立污染物生成模型。此处着重讨论三种主要污染物 CO 和 NO 以及炭黑的生成模型。

7.2.1　计算氧化氮的模型

燃烧过程中排放氮的氧化物主要是 NO 和 NO_2,在燃烧中 NO 比 NO_2 含量多,而且 NO_2 是由 NO 生成的。因而在氧化氮数学模型中着重考虑 NO 的生成。NO 根据其生成机理不同又可以分为"热力"、"瞬发"和"燃料"NO 三种。其中以"热力"NO 为主。由于污染燃烧机理复杂,研究很不成熟,目前尚未见到普遍适用的污染物生成模型。本章仅介绍一些常用模型。

1. 简化的动力学模型

(1) 根据 Zeldovich 机理

$$O + N_2 \underset{k_{-1}}{\overset{k_1}{\rightleftharpoons}} NO + N, \quad N + O_2 \underset{k_{-2}}{\overset{k_2}{\rightleftharpoons}} NO + O \tag{7-51a}$$

和 Iverach 等[35]提出的局部平衡反应

$$CO + OH \overset{K_{a1}}{\rightleftharpoons} CO_2 + H, \quad H + O_2 \overset{K_{a2}}{\rightleftharpoons} OH + O \tag{7-51b}$$

在此局部平衡条件下[36]可认为 $[O] = k_{eq} \dfrac{[CO][O_2]}{[CO_2]}$,则 NO 生成速率可以写成

$$\frac{dNO}{dt} = 2 K_{9f} K_{a1} K_{a2} \frac{[N_2][CO][O_2]}{[CO_2]} \tag{7-52}$$

式中,$K_{9f} = 7.6 \times 10^{13} \exp(-38000/T)$,$K_{a1}$ 和 K_{a2} 可查有关热化学手册。式 (7-52) 是层流中 NO 反应率或紊流中瞬时反应率,对它取时间平均,不等于用时均值表示反应率。但在紊流中 NO 的生成机理还未完全了解之前,为了简单起见,近似地把时均值表示成式(7-52)作为简化动力学模型来预测 NO 生成率,把其作为 NO 输运方程的源项。直接代入下列 NO 的输运方程求得 NO 质量分数

$$\frac{\partial}{\partial x_j} \left(\rho \bar{u}_j \bar{m}_{NO} - \Gamma_e \frac{\partial \bar{m}_{NO}}{\partial x_j} \right) = \bar{S}_{NO} \tag{7-53}$$

式中，$\overline{m}_{NO}$ 为 NO 时均质量分数，源项 $S_{NO} = M_{NO}(d[NO]/dt)$，$M_{NO}$ 是 NO 的分子量，Γ_e 为有效输运系数。文献[37]利用此模型来预估燃烧室中丙烷逆向射流稳定火焰 NO 浓度分布，并把计算结果与实验数据对比(图 7-7)，两者之差是因简化动力学模型没有考虑紊流对 NO 生成率的影响。

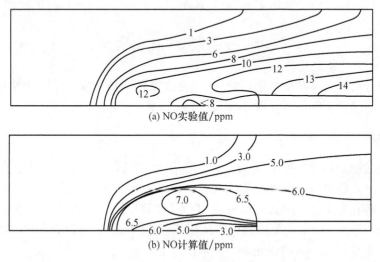

(a) NO实验值/ppm

(b) NO计算值/ppm

图 7-7　NO 浓度分布

　　(2) 文献[38]根据 Zeldovich 机理(7-51a)，提出类似模型预估工业锅炉内 NO 浓度分布。其 NO 生成率定义为

$$\frac{d[NO]}{dt} = \frac{2[O](k_1 k_2 [O_2][N_2] - k_{-1} k_{-2} [NO]^2)}{k_2 [O_2] + k_{-1}[NO]} \tag{7-54}$$

式中正逆反应速度常数分别为

$$k_1 = 1.8 \times 10^8 \exp(-38370/T), \quad k_{-1} = 3.8 \times 10^7 \exp(-425/T)$$

$$k_2 = 1.8 \times 10^4 \exp(-4680/T), \quad k_{-2} = 3.8 \times 10^3 \exp(-20820/T)$$

　　认为氧原子达到局部平衡，则 $[O] = 36.64 T^{0.5} [O_2]^{0.5} \exp(-27123/T)$，按式(7-54)所得的 NO 生成率，代入式(7-53)可得 NO 浓度分布。

　　(3) 文献[39]认为，在火焰前锋附近 NO 生成率高于按 $[N_2]_e$ 和 $[O_2]_e$ 计算得到的 NO 生成率，因此可用修正的公式来计算

$$\frac{d[NO]}{dt} = 1.503 \times 10^{17} T^{1/2}[N_2][O_2]^{1/2} \gamma \exp(-134.7/RT) \quad (ppm/s)$$

$$\tag{7-55}$$

式中，$[N_2]$ 和 $[O_2]$ 的单位为%，$\gamma = [O]/[O]_e$。

　　对式(7-55)积分，可得 $[NO] = \int_0^{\Delta t} (d[NO]/dt) \Delta t$，时间 Δt 可根据气流经相邻

两个网格的时间来确定,即 $\Delta t_n = (x_n - x_{n-1})/\overline{u}_m$,式中,平均速度为

$$\overline{u_m} = \sum_{j=1}^{m} u_j A_j / \sum_{j=1}^{m} A_j$$

　　根据上节介绍的多维燃烧流场计算方法,求出每一节点 $[O_2]_e$,$[N_2]_e$ 和温度 T,利用式(7-55)确定各节点 $d[NO]/dt$,然后按下式求得每一点 NO 浓度:

$$[NO]_n = [NO]_{n-1} + \left\{ \left(\frac{d[NO]}{dt} \right)_n - \left(\frac{d[NO]}{dt} \right)_{n-1} \right\} \frac{x_n - x_{n-1}}{\overline{u}_m} \qquad (7\text{-}56)$$

设燃烧室进口处 $[NO]=0$。文献[39]利用此法,应用 FLUENT 程序预估可变几何旋流燃烧室内 NO 分布。图 7-8 是富燃料情况下不同当量比 NO 计算值与实验值比较。由图可知,两者变化趋势相符,两者差异可能是因为在燃烧室内还存在自由基 CH 等,它与 NO 反应可使 NO 减少,即

$$CH + NO \Longleftrightarrow CHO + N$$

而在计算 NO 生成率时恰近似认为 CHO 达到平衡,故使计算与实验值不完全相符。

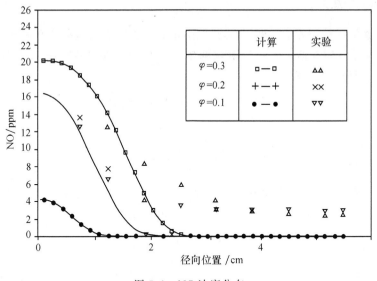

图 7-8　NO 浓度分布

2. 考虑温度脉动影响的关联矩模型

　　由第二章阐述的扩展 Zeldovich 机理可知,热力 NO 生成速率可按式(2-11)计算,但文献[36]认为,NO 与 OH 的初始浓度很小,可忽略。因此 NO 生成率可近似地认为

$$\frac{d[NO]}{dt} = 2k_1[O]_e[N_2]_e \tag{7-57}$$

如果认为氧处于平衡态，$O_2 \underset{k_0}{\rightleftharpoons} O+O$，则$[O]_e = k_0[O_2]^{0.5}$代入式(7-57)即可得到 NO 瞬时速率，但 Jones[40]发现，脉动温度对 NO 的生成影响很大，当温度约在 2000K 以及$\sqrt{\overline{T'^2}}/\overline{T}$为 0.1 时，考虑温度脉动的 NO 生成率大约 5 倍于忽略温度脉动的速率，因此计算时必须考虑温度脉动的影响。NO 的浓度可按微分方程(7-53)求解，其中时均反应速率源项采用考虑温度脉动影响的关联矩模型：

$$\overline{S}_{NO} = 8.3910^{16}(\overline{T})^{0.5}\overline{m}_{N_2}(\overline{m}_{ox})^{0.5}\exp(-134900/R\overline{T})(1+F) \tag{7-58}$$

式中

$$F = \frac{\overline{m'_{N_2}m'_{ox}}}{\overline{m}_{N_2}\overline{m}_{ox}} + \frac{E}{RT}\left[\left(\frac{1}{2}\frac{E}{R\overline{T}}-1\right)\left(\frac{\sqrt{\overline{T'^2}}}{T}\right)^2 + \frac{\overline{T'm'_{N_2}}}{\overline{Tm}_{N_2}} + \frac{\overline{T'm'_{ox}}}{\overline{Tm}_{ox}}\right]$$

式中，$E=134900$，上述公式适用于当量比<1.5，$\overline{m}_{N_2}$和$\overline{m}_{ox}$分别为氧和氮的质量分数时均值。

3. 概率密度函数模型

对于紊流扩散火焰，文献[41,42]提出用β函数形式的概率分布函数模型来求解 NO。文献[41]预估了燃料为甲烷的轴对称环形燃烧室内 NO 浓度分布，先假设甲烷燃烧是简单化学反应

$$CH_4 + 2O_2 = CO_2 + 2H_2O$$

混合分数f定义为

$$f = \frac{m_{CH_4} - m_{O_2}/s + m_{O_2}^{in}/s}{1 + m_{O_2}^{in}}$$

式中，m_{CH_4}和m_{O_2}分别为甲烷和氧的质量分数，$m_{O_2}^{in}$表示燃烧室进口氧的浓度。根据概率分布函数Pdf概念，任一标量瞬时值$\phi(f)$的平均值可写为

$$\overline{\phi} = \int_0^1 \phi(f)P_\beta(f)df$$

$P_\beta(f)$为用β函数形式表示的$P(f)$，其具体表达式形式见式(7-33)，气流密度ρ的时均值为

$$\overline{\rho} = \frac{1}{\int_0^1 \dfrac{P_\beta(f)}{\rho(f)}d(f)}$$

根据 Zeldovich 的"热力"NO 生成机理，燃料甲烷的 NO 瞬时反应速率可表达为

$$R_{NO} = 1.58 \times 10^{14}(1/T^{1/2})\exp(-67535/T)\rho^{0.5}m_{O_2}^{0.5}m_{N_2} \tag{7-59a}$$

NO 的时平均反应速率

$$\overline{S_{NO}} = \int_0^1 R_{NO}(f) P_\beta(f) \mathrm{d}f \qquad (7\text{-}59b)$$

把 $\overline{S_{NO}}$ 作为 NO 微分方程中的源项,求解 NO 的微分方程(7-53)可得 NO 浓度分布。文献[42]采用三维圆柱坐标系,预估 3MW 试验炉内各气流参数分布,研究燃烧室进口处安装不同燃烧器对 NO 排放的影响,由图 7-9 可知,计算所得的燃烧室出口浓度与实验值基本一致,但计算值要比实验值大 10%～30%。

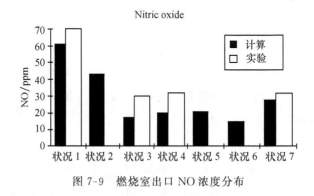

图 7-9 燃烧室出口 NO 浓度分布

文献[43]还提出用联合概率密度函数概念来确定 NO 的平均速率

$$\overline{S_{NO}} = \iint S_{NO}(v_1, v_2) P(v_1, v_2) \mathrm{d}v_1 \mathrm{d}v_2 \qquad (7\text{-}60)$$

式中,v_1、v_2 是两个随机量,可根据 NO 的源项来选择,$P(v_1, v_2)$ 是用 β 函数表示的双变量联合概率密度函数,$S_{NO}(v_1, v_2)$ 为瞬时反应速率。根据 NO 生成机理不同,它可以有以下三种表达式。

1)"热力"NO[44,45]

$$\frac{\mathrm{d}[NO]_{热力}}{\mathrm{d}t} = 2[O] \frac{k_1[N_2] - (k_{-1}k_{-2}[NO]^2)/k_2[O_2]}{1 + k_{-1}[NO]/(k_2[O_2] + k_3[OH])} \quad [g \cdot mol/(m^3 \cdot s)]$$

$$(7\text{-}61)$$

式中,正逆反应速度常数分别为

$$k_{-1} = 3.8 \times 10^7 \exp(-425/T), \qquad k_1 = 1.8 \times 10^8 \exp(-38370/T)$$

$$k_{-2} = 3.81 \times 10^3 \exp(-20820/T), \qquad k_2 = 1.8 \times 10^4 \exp(-4680/T)$$

$$k_3 = 7.1 \times 10^7 \exp(-450/T)$$

为了求解上式,假设 O 和 OH 达局部平衡,则

$$[O] = 3.97 \times 10^5 T^{-1/2} [O_2]^{0.5} e^{-31090/T}$$

$$[OH] = 2.129 \times 10^2 T^{-0.57} [O_2]^{0.5} [H_2O]^{0.5} e^{-4595/T}$$

在贫燃料空气混合气体燃烧时,可认为 $k_2[O_2] \gg k_3[OH]$,则式(7-61)中 $k_3[OH]$ 可忽略,并可简化为式(7-54)。

2)"瞬发"NO[45]

对于碳氢燃料的紊流扩散火焰,"瞬发"NO 不是很重要,但是其生成过程包括许多复杂的中间反应,为了使用方便,将其简化为估算 C_2H_2-空气扩散火焰的"瞬发"NO,对于当量比为 0.6~1.6 时的"瞬发"NO 可表示为

$$\frac{d[NO]_{pt}}{dt} = fk_{pt}[X_{O_2}]^a [X_{N_2}][X_{C_3H_8}]\exp(-E/RT) \quad [g \cdot mol/(m^3 \cdot s)]$$

$$(7\text{-}62a)$$

式中,修正系数 f 与燃料种类和当量比有关。在文献[45]的情况下

$$f = 4.75 + 0.0819n - 23.2\varphi + 32\varphi^2 - 12.2\varphi^3$$

式中,n 为每摩尔碳氢燃料中碳的原子数,φ 为化学当量比,$k_{pt} = 6.4 \times 10^6$,$E = 72500cal/(g \cdot mol)$,氧的反应级数为

$$a = \begin{cases} 1.0, & [X_{O_2}] \leqslant 4.1 \times 10^{-3} \\ -3.95 - 0.9\ln[X_{O_2}], & 4.1 \times 10^{-3} \leqslant [X_{O_2}] \leqslant 1.1 \times 10^{-2} \\ -3.5 - 0.1\ln[X_{O_2}], & 1.1 \times 10^{-2} < [X_{O_2}] < 0.03 \\ 0, & [X_{O_2}] \geqslant 0.03 \end{cases}$$

式中,$[X_{O_2}]$ 为氧的摩尔浓度。如果把"瞬发"NO 反应机理简化为由下列三个反应组成:

$$CH+NO \rightleftharpoons HCN+O, \quad CH_2 +NO \rightleftharpoons HCN + OH, \quad CH_3 + NO \rightleftharpoons HCN + H_2O$$

则 NO 生成速率可定义为

$$\frac{d[NO]_{pt}}{dt} = -k_1[CH][NO] - k_2[CH_2][NO] - k_3[CH_3][NO] \quad [g \cdot mol/m^3]$$

$$(7\text{-}62b)$$

式中,$k_1 = 1 \times 10^8$,$k_2 = 1.4 \times 10^6 \exp(-550/T)$,当 $1600K \leqslant T \leqslant 2100K$ 时,$k_3 = 2 \times 10^5$。

3)"燃料"NO

$$\frac{d[NO]_F}{dt} = A_a[O_2]^a/A_b[燃料\ N]^{0.5}\exp(E_F/2T) \tag{7-63}$$

式中,A_a 和 A_b 均为前置因子,E_F 为活化能,α 为反应级数。把式(7-61)~式(7-63)求得的瞬时反应速率代入式(7-60)求得 NO 时均反应速率 $\overline{S_{NO}}$。其中式(7-60)中随机量 v_1、v_2,对于"热力"NO 和"燃料"NO 分别为温度 T 和氧,对"瞬发"NO 分别为 $[CH]$ 和 T。

把求得的 $\overline{S_{NO}}$ 作为 NO 组分方程的源项代入 NO 微分方程

$$\frac{\partial}{\partial x}\left[\rho\bar{u}\bar{m}_{NO}-\frac{\mu_e}{\sigma_{NO}}\frac{\partial\overline{m}_{NO}}{\partial x}\right]-\frac{1}{r}\frac{\partial}{\partial r}\left[r\rho\bar{v}\bar{m}_{NO}-r\frac{\mu_e}{\sigma_{NO}}\frac{\partial\overline{m}_{NO}}{\partial r}\right]=\overline{S_{NO}}W_{NO} \quad (7\text{-}64)$$

式中, $\bar{u}$ 和 $\bar{v}$ 分别为轴向和径向速度, W_{NO} 为 NO 的分子量, μ_e 为有效粘性系数。

文献[43]用联合概率密度函数来估算分段供入空气的燃油炉中 NO 分布并与实验值加以比较。由图 7-10 可知,计算结果与实验值并不完全一致,这可能是由于 O 原子浓度达到化学平衡;紊流与化学反应相互作用被忽略;如果考虑超平衡 O 原子浓度和紊流与化学反应相互作用,则实验与计算符合的较好。其中局部平衡假设只适用于温度在 1200K 左右的情况。

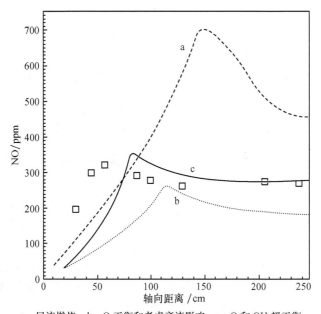

a—层流燃烧，b—O 平衡和考虑紊流影响，c—O 和 OH 超平衡

图 7-10　油炉中 NO 轴向变化

文献[46]采用质量加权的联合概率密度函数,预估筒形燃烧室内的浓度分布,其中 NO 的时均反应速率为

$$\overline{S_{NO}}=\int_0^1\int_0^1\frac{d[NO]}{dt}\frac{\bar{\rho}}{\rho}\tilde{p}_1(\theta)\tilde{p}_2(m_{O_2})d\theta dm_{O_2} \quad (7\text{-}65)$$

式中,随机量分别为无量纲温度 θ 和氧浓度 m_{O_2} ,其中

$$\theta=(T-T_{min})/\Delta T, \quad \Delta T=T_{max}-T_{min}$$

T_{max} 和 T_{min} 分别为流场中最高和最低气流温度,随机量 m_{O_2} 为氧 O_2 的质量分数,

$\tilde{p}_1(\theta)$ 和 $\tilde{p}_2(m_{O_2})$ 可用 β 函数形式质量加权 $P\mathrm{d}f$ 来表示：

$$\tilde{P}(\Phi) = \frac{\Phi^{a-1}(1-\Phi)^{\beta-1}}{\displaystyle\int_0^1 \Phi^{a-1}(1-\Phi)^{\beta-1}\,\mathrm{d}\Phi} \qquad (7\text{-}66)$$

式中，$a=\tilde{\Phi}[\tilde{\Phi}(1-\tilde{\Phi})/\widetilde{\Phi''^2}]$，$\beta=a(1-\tilde{\Phi})/\tilde{\Phi}$，$\tilde{\Phi}$ 表示温度 T 或氧质量分数 m_{O_2}，脉动均方值 $\widetilde{\Phi''^2}$ 确定的方法有如下三种：

模型 1（M1）

$$\widetilde{\Phi''^2} = S\tilde{\Phi}(1-\tilde{\Phi}), \quad 0 \leqslant S \leqslant 1 \qquad (7\text{-}67)$$

模型 2（M2）

$$\widetilde{\Phi''^2} = C_1\mu_t \frac{\partial \tilde{\Phi}}{\partial x_j}\frac{\partial \tilde{\Phi}}{\partial x_j}/(C_2\bar{\rho}\varepsilon/k), \quad 系数\ C_1 = 1.5, C_2 = 1 \qquad (7\text{-}68)$$

模型 3（M3），通过焓的二阶矩输运方程求解温度脉动均方值为

$$\frac{\partial(\bar{\rho}\tilde{u}_j\,\widetilde{h''^2})}{\partial x_j} = \frac{\partial}{\partial x_j}\left(\frac{\mu_t}{\sigma_h}\frac{\partial \widetilde{h''^2}}{\partial x_j}\right) + C_{1h}\mu_t\frac{\partial \tilde{h}}{\partial x_j}\frac{\partial \tilde{h}}{\partial x_j} - C_{2h}\bar{\rho}\frac{\varepsilon}{k}\widetilde{h''^2} + 2\overline{h''S_h} \qquad (7\text{-}69)$$

而 $\widetilde{\theta''^2}$ 可定义为 $\widetilde{\theta''^2} = \widetilde{h''^2}/(C_p\Delta T)^2$，$C_p$ 为混合气体比热，$\sigma_h = 0.7$，$C_{1h} = 2.7$，$C_{2h} = 1.79$，方程右边最后一项为燃烧或辐射的源项。

文献[46]使用 FLUENT 程序模拟筒形燃烧室内燃烧过程和 NO 浓度分布，并将上述三种模型计算结果与实验值进行比较。图 7-11 为轴向距离 $x=0.82\mathrm{m}$ 时 NO 的浓度径向分布。由图可知，模型 M2 和 M3 分布趋势与实验数据基本一致，仅是数值大小不同，这可能是因为 M3 考虑了因对流源项和辐射与燃烧引起温度脉动的影响，而 M2 却忽略了。可见，使用关联矩方程要比其他两种模型更为合理，为了提高 NO 的计算精度，考虑氧和温度脉动对 NO 的影响很有必要。

4. 组合 NO 生成模型[47-50]

文献[47]认为在燃烧室内 NO 的生成可分为两个阶段：第一阶段是未燃混合气体通过火焰前峰时，在火焰面附近存在大量 O 原子，与混合气体反应的 NO 生成速率，可定义为

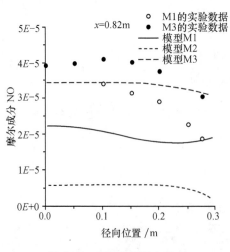

图 7-11　NO 浓度径向分布

$$\widetilde{w}_{NO,ff} = S_T |\Delta \widetilde{G}| y_{NO,ff} \tag{7-70}$$

$|\Delta \widetilde{G}|$ 由 G 方程小火焰模型求得，$y_{NO,ff}$ 可认为是混合分数 Z 及其均方差 $\widetilde{Z''^2}$ 的函数。可定义为

$$\bar{y}_{NO.ff} = \int_0^1 y_{NO.ff}(Z) P_Z(Z) dZ \tag{7-71}$$

而 $\widetilde{p}_Z(Z)$ 可用 β 函数形式质量加权 Pdf 来表示[见式(7-66)]。

在实际燃烧装置中经常会遇到预混火焰，可利用小火焰假设来描述，该假设认为：火焰厚度 δ_F 很小与 Kolmogorov 尺度 η 相近时，火焰保持层流火焰结构，此时火焰由很薄的火焰前锋进行传播。

描述薄层火焰依靠对流和紊流燃烧进行传播的模型方程称为 G 方程，可用以紊流火焰速度 S_T 进行传播的标量 G 来模化火焰传播，它的守恒形式可写为[48]

$$\frac{\partial \rho G}{\partial t} + \nabla \cdot \rho \boldsymbol{u} G = -\rho_0 S_T |\nabla G| \tag{7-72a}$$

式中，S_T 可认为与层流火焰速度 S_L 和脉动速度 u' 有关

$$S_T = S_L + b_2 (S_L u')^{1/2} + b_1 u'$$

第二阶段是在燃烧区，因燃烧所用的空气中氮高温氧化生成 NO，根据 Zeldvich NO 生成机理

$$N_2 + O \underset{-1}{\overset{1}{\rightleftharpoons}} NO + N, \quad O_2 + N \underset{-2}{\overset{2}{\rightleftharpoons}} NO + O$$

于是

$$w_{NO,Zel} = \{k_1[O][N_2] + k_2[N][O_2]\} - \{k_{-1}[N] + k_{-2}[O]\}[NO] \tag{7-72b}$$

可认为 O、N 和 O_2 的质量分数为处于平衡状态下混合分数的函数，再根据混合分数 $\widetilde{z}$ 与其均方值 $\widetilde{Z''^2}$ 按 Pdf 确定平均速率 $\widetilde{w}_{NO,Zel}$，其中 Z[49] 可定义为 $Z = \dfrac{\phi}{\phi + 1/FAR_{st}}$，$\widetilde{z}$ 与 $\widetilde{Z''^2}$ 分别求解下列微分方程[50]：

$$\frac{\partial \bar{\rho} \widetilde{Z}}{\partial t} + \frac{\partial}{\partial x_j}(\bar{\rho} \widetilde{u}_j \widetilde{Z}) = \frac{\partial}{\partial x_j} \frac{\mu_T}{Sc_Z} \frac{\partial \widetilde{Z}}{\partial x_j} \tag{7-73a}$$

$$\frac{\partial \bar{\rho} \widetilde{Z''^2}}{\partial t} + \frac{\partial}{\partial x_j}(\bar{\rho} \widetilde{u}_j \widetilde{Z''^2}) = \frac{\partial}{\partial x_j}\left(\frac{\mu_t}{\sigma_t} \frac{\partial \widetilde{Z''^2}}{\partial x_j}\right) + 2\frac{\mu_t}{\sigma_t} \frac{\partial \widetilde{Z}}{\partial x_j} \frac{\partial \widetilde{Z}}{\partial x_j} - 2\bar{\rho} \frac{\varepsilon}{k} \widetilde{Z''^2} \tag{7-73b}$$

因此 NO 的生成速率为

$$\dot{w}_{\mathrm{NO}} = \dot{w}_{\mathrm{NO,ff}} + \dot{w}_{\mathrm{NO,Zel}} \qquad (7\text{-}74)$$

5. 考虑紊流与化学反应动力的影响

文献[51]指出,在紊流燃烧中 NO 生成率不仅与紊流有关,而且还和化学动力学因素有关。因此可采用 EBU-Arrhenius 模型预估 NO 生成速率,即在求解 NO 组分方程时,

$$\frac{\partial(\bar{\rho}\bar{u}_j\bar{m}_{\mathrm{NO}})}{\partial x_j} = \frac{\partial}{\partial x_j}\left[\frac{\mu_e}{\sigma_{\mathrm{NO}}}\frac{\partial\bar{m}_{\mathrm{NO}}}{\partial x_j}\right] + \bar{R}_{\mathrm{NO}} \qquad (7\text{-}75)$$

其源项的确定,一方面可采用 Arrhenius 公式,考虑化学动力因素的影响;另一方面采用 EBU 模型考虑紊流对化学反应的作用,然后两者中取小值。

$$\bar{R}_{\mathrm{NO,1}} = 1.58 \times 10^{14}\frac{1}{\sqrt{\bar{T}}}\exp\left(\frac{-67535}{\bar{T}}\right)\sqrt{\bar{\rho}}\ \sqrt{\bar{m}_{\mathrm{NO}}\bar{m}_{\mathrm{N}_2}}$$

$$\bar{R}_{\mathrm{NO,2}} = C_{\mathrm{NO}}\bar{\rho}\bar{m}_{\mathrm{NO}}\varepsilon/k, \quad \bar{R}_{\mathrm{NO}} = \min(|\bar{R}_{\mathrm{NO,1}}|, |\bar{R}_{\mathrm{NO,2}}|)$$

文献[51]利用上述 NO 生成模型预估模型环形燃烧室 NO 浓度分布以及进口混合气体余气系数 α 对 NO 浓度分布的影响,计算结果表明所得的 NO 浓度变化规律合理。文献[52]使用同样的模型预估加力燃烧室内浓度分布,并且还预估不同飞行高度和速度对加力燃烧室内浓度分布以影响。由图 7-12 可知,随着飞行马赫数增加,加入燃油量增多,因而燃气温度提高排放也相应增多,此变化规律是合理的。

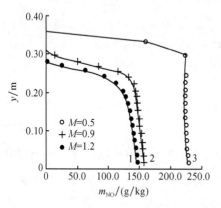

图 7-12　加力状态喷口临界截面 NO 浓度
　　　　　分布($H=3000$m)

综合比较上述五种 NO 生成模型:①简化的动力学模型,此类模型没有考虑紊流对化学反应的作用,适用于层流燃烧。②EBU-Arrhenius 模型,此类模型形式简单,并考虑紊流影响,目前被广泛用于工程问题,但计算精度还不够理想,需进一步提高。③概率密度函数模型,目前使用较多的是二维联合概率密度函数,而该种模型因计算工作量较大,如假设用两个 Pdf 乘积来代替联合概率密度函数,即认为温度与浓度无关,这与实际情况不全相符。④关联矩模型,用二阶矩封闭法直接求时均反应速率的模型,比较简单,使用较广泛,但引入温度指数项的级数近似展开,会带来一定的误差。⑤组合 NO 生成模型,虽然此类模型考虑紊流火焰传播速度对化学反应的作用,但此模型较为复杂,计算工作量也较大。

7.2.2　CO 的生成模型

通常碳氢燃料燃烧时因缺氧不能完全燃烧生成 CO_2,而产生 CO。其生成量与燃烧过程有关,它的生成速率不仅受化学动力学控制,而且还受紊流的影响,为了简化,目前常采用的化学反应机理为两步反应,所用的数学模型有 EBU、EDM 等。

1. EBU 模型

文献[37]提出,CO 生成速率可以按两步反应机理来考虑。对于丙烷火焰

$$C_3H_8 + 7/2O_2 \longrightarrow 3CO + 4H_2O, \qquad CO + 1/2O_2 \longrightarrow CO_2$$

其反应速率为

$$d[CO]/dt = 1.35 \times 10^{14}[CO][O_2]^{0.5}[H_2O]^{0.5}\exp(-30000/RT) \qquad (7\text{-}76)$$

把式(7-76)作为源项代入 CO 微分方程(7-77),求解可得 m_{CO}

$$\frac{\partial(\rho u_j m_{CO})}{\partial x_j} = \frac{\partial}{\partial x_j}\left(\frac{\mu_e}{\sigma_{CO}}\frac{\partial m_{CO}}{\partial x_j}\right) - R_{CO} \qquad (7\text{-}77)$$

文献[51]用类似的方法计算了煤油-空气燃烧火焰中 CO 浓度,其反应机理为

$$C_{12}H_{24} + 12O_2 \longrightarrow 12CO + 12H_2O, \qquad 12CO + 6O_2 \longrightarrow 12CO_2$$

为了预估 CO 浓度,混合分数 $f(=m_{ox} - sm_{fu})$、燃油成分 m_{fu} 必须求解

$$\frac{\partial(\rho u_j \phi)}{\partial x_j} = \frac{\partial}{\partial x_j}\left(\frac{\mu_e}{\sigma_\phi}\frac{\partial \phi}{\partial x_j}\right) - R_\phi \qquad (7\text{-}78a)$$

式中,ϕ 分别为变量 f、m_{fu} 和 m_{ox}。为了考虑紊流对化学反应速率的影响,采用 EBU 模型估算生成速率,其源项分别为

$$R_{fu} = -\min\left[\left|A\rho^2 m_{fu}m_{ox}\exp(-E/RT)\right|, \left|C_R\rho g^{1/2}\varepsilon/k\right|\right]$$

$$R'_{CO} = -\min\left[\left|A\rho^2 m_{CO}(m_{H_2O}m_{ox})^{0.5}\exp(-E/RT)\right|, \left|C_k\rho m_{CO}\varepsilon/k\right|\right]$$

$$R_{CO} = -\frac{336}{168}R_{fu} - R'_{CO} \qquad (7\text{-}78b)$$

将所得的 R'_{CO} 代入式(7-78b)求出 R_{CO},再代入微分方程(7-78a)以求解 CO 浓度。

2. EDM 模型

文献[53]采用 Magnussen 的模型估算 CO 生成速率,该模型认为 CO 燃烧速率是与其和氧的混合速率及化学动力因素有关的。对于甲烷与空气燃烧生成速率为

$$R_{CO}^{mix} = -C_R\rho\frac{\varepsilon}{K}\min(m_{CO}, m_{O_2}/S)$$

$$R_{CO}^{ch} = -A\rho^2 m_{CO}\left(\frac{m_{O_2}}{M_{O_2}}\frac{m_{H_2O}}{M_{H_2O}}\right)^{1/2}\exp\left(-\frac{T_{ch}}{T}\right)$$

$$R_{CO} = \min(R_{CO}^{mix}, R_{CO}^{ch}) \tag{7-79}$$

式中，$A = 1.3 \times 10^{11} \, m^3/(kmol \cdot s)$，$T_{ch} = 15120K$，同样把确定的源项代入微分方程(7-77)求解，可得 CO 浓度。

3. 联合概率密度函数

文献[54]利用复合概率密度函数来求 CO 时均反应速率：

$$\overline{R_{CO}} = \int_0^1 \int_0^1 \int_0^1 R_{CO}(m_{CO}, f, h) P(m_{CO}, f, h) \, dh \, df \, dm_{CO}$$

式中，h 为焓，f 为混合分数，R_{CO} 为瞬时化学反应速率，

$$R_{CO} = 3.98 \times 10^{17} \rho^{1.75} m_{co} (m_{H_2O}/M_{H_2O})^{0.5} (m_{O_2}/M_{O_2})^{0.25} \exp(-E/RT)$$

式中，瞬时质量分数 m_{H_2O}、m_{O_2} 和温度 T 可用下列关系式表示：

$$m_{H_2O} = (1-f) m_{H_2O,in}, \quad m_{O_2} = (1-f) m_{O_2,in} - \beta(f m_{CO,in} - m_{CO})$$

$$T = h - h_F m_{CO}/C_p$$

4. 组合 CO 生成模型

文献[47]认为在燃烧室主燃区内 CO 的生成与 NO 第一阶段的生成过程相类似，在火焰面附近存在大量 O 原子，与燃料反应生成 CO，其反应速率可定义为

$$\widetilde{w}_{CO,ff} = S_T |\Delta \widetilde{G}| y_{CO,ff} \tag{7-80}$$

$|\Delta \widetilde{G}|$ 由 G 方程小火焰模型(7-72a)求得，$y_{CO,ff}$ 可认为是混合分数 Z 及其均方差 $\widetilde{Z''^2}$ 的函数。即

$$\bar{y}_{CO,ff} = \int_0^1 y_{CO,ff}(Z) P_Z(Z) \, dZ$$

在燃烧区 CO 氧化成 CO_2，CO 的氧化速率可简化为

$$\overline{w}_{r,CO} = \int w_{r,CO}(Z) P_Z(Z) \, dZ$$

因此 CO 生成速率可为

$$w_{CO} = w_{CO,ff} + w_{r,CO}$$

7.2.3 碳粒生成模型

碳粒通常由于碳氢燃料在缺氧时燃烧产生一种黑色固体粒子。在进行气相燃烧时，近似地认为碳粒随着气相一起流动，无滑移速率，因此可把碳粒作为一种组分和其他组分一样处理，碳粒的微分方程形式与其他气相组分一样。

$$\mathrm{div}(\rho u m_s) = \mathrm{div}(\Gamma_s \mathrm{grad} m_s) + S_s \tag{7-81}$$

式中,Γ_s 为碳粒的扩散系数,m_s 为碳粒质量分数,S_s 为碳粒生成源项。源项 S_s 由碳粒产生项 S_f 与碳粒消耗项 S_d 组成,即

$$S_s = S_f - S_d \tag{7-82}$$

并认为碳粒产生项 S_f 与粒子碰撞速率成正比,服从 Arrhenius 定律

$$S_f = C_f P_{\mathrm{fu}} F^n \exp(-E/RT_g)$$

式中,C_f 和 n 为常数,P_{fu} 为燃料分压,$F = S[f/(1-f)]$,S 为化学恰当比,f 为混合分数。

在紊流燃烧中,碳粒氧化速率受控于涡团破碎速率

$$S_d = \min\left(A m_s \frac{\varepsilon}{k}, A \frac{m_{\mathrm{ox}}}{r_s} \frac{\varepsilon}{k} \frac{m_s r_s}{m_s r_s + m_{\mathrm{fu}} S} \right) \tag{7-83}$$

式中,A 为常数,取值为 4,r_s 为炭黑与氧的化学当量比,S 为燃料与氧化剂的化学当量比。

文献[55]认为在紊流燃烧中,碳粒燃烧速率受控于涡团破碎速率和化学反应速率,按该模型,碳粒生成源项为

$$S_f = C_f P_v \Phi^3 \exp(-E/RT_g) \tag{7-84}$$

式中是 Φ 当量比,P_v 是局部燃料压力,碳粒氧化速率为

$$S_d = \min[S_{bk}, S_{bt1}, S_{bt2}]$$

式中

$$S_{bk} = C_d m_s (P_{\mathrm{O}_2}/T_g^{0.5}) \exp(-E/RT_g), \quad S_{bt1} = A_s m_s \varepsilon/k$$

$$S_{bt2} = A_s m_{\mathrm{ox}}/r_v [m_s r_s/(m_s r_s + m_{\mathrm{fu}} r_v)] \varepsilon/k$$

式中,P_{O_2} 为氧的分压力,r_s 和 r_v 分别为 1kg 碳粒或 1kg 燃料蒸气的理论氧气量,$C_d = 3.6 \times 10^{10}$,$A_s = 4.0$,把求得的源项代入式(7-82),然后再求解式(7-81)可得碳粒浓度。

7.3　经验-分析法

Mongia 和 Smith[1,2] 所推荐的经验-分析法,已用于设计一些燃气轮机燃烧室,而且还用于其他低污染燃烧室的设计。该法不仅数值计算燃烧室内流场,而且还较准确地预估燃烧室的性能,包括燃烧效率、污染物排放、点火、贫熄特性及温度分布系数等,因此可用来指导燃烧室设计。

经验-分析法分为两部分。一是数值计算三维流场,即在圆柱坐标系下利用有

限差分法求解反应流的 Navier-Stokes 方程来估算紊流反应流。紊流模型采用 k-ε 模型,紊流燃烧模型使用 EBU-Arrhenius 模型,各变量的守恒方程的通用形式可表示为

$$\mathrm{div}\left(\rho u \varphi - \frac{\mu_e}{\sigma_\Phi}\mathrm{grad}\varphi\right) = S_\Phi \tag{7-85}$$

用三维计算机程序求解上述非线性偏微分方程,来预估燃烧室内气流参数如速度、温度、燃料浓度等分布及燃油雾化和蒸发情况。二是把燃烧室分成若干个子容积,求子容积内各点气流参数的平均值,再用经验公式预估每个容积燃烧性能对整个燃烧室性能的影响。子容积数目确定原则是:通过逐步增加子容积数目达到计算结果没有明显变化为止,有时也可用每个网格点作为一个子容积,这样既简便又不影响计算精度。下面对该法作简要的介绍:

Mongia Rizk 和[56,57]在预估燃烧室流场时,假设化学反应由以下四个基元反应组成,即四步化学反应系统:

$$C_x H_y \longrightarrow C_x H_{y-2} + H_2, \quad C_x H_{y-2} + \frac{x}{2}O_2 \longrightarrow xCO + \frac{y-2}{2}H_2$$

$$CO + 1/2 O_2 \longrightarrow CO_2, \quad H_2 + 1/2 O_2 \longrightarrow H_2O$$

燃气轮机燃烧室的性能基本上是由混合气体在燃烧区内的逗留时间,油雾蒸发、混合和反应速率来决定。文献[58]、[59]根据试验所得的燃烧室的流动特性和燃烧特性综合成半经验公式来预估燃烧室性能,这些由大量生产型发动机燃烧室数据归纳成的数值关系式能满意给出的燃烧室性能。下面分别从污染物浓度、燃烧室出口温度分布、贫油熄火极限和点火极限等方面介绍所采用的描述燃烧室性能参数的各个经验关系式。

1. 污染物浓度

$$CO(g/kg) = \frac{A_1}{P_3^{1.5}}\left[\frac{m_a m_b T e^{-0.0013T}}{V(1-m_{ev}/m_F)T_u^{0.5}}\right]_{ijk} \tag{7-86a}$$

$$HC(g/kg) = \frac{A_2}{P_3^{2.5}}\left[\frac{m_a m_b T e^{-0.025T}}{V(1-m_{ev}/m_F)T_u^{0.5}}\right]_{ijk} \tag{7-86b}$$

$$NO(g/kg) = A_3 P_3^{1.25}\left[\frac{V m_b e^{0.003T}}{T m_a}\right]_{ijk} \tag{7-86c}$$

在燃烧室排出的燃气中,碳粒浓度可用富油主燃区内碳的生成量 S_F 和中间区(可能还包括掺混区)内碳的氧化量 S_O 之间取平衡值。预估碳粒生成与氧化的关系式为

$$S_F(mg/kg) = A_4 P_3^2 (18-H)^{1.5}\left[\frac{FAR m_b}{T m_a T_u^{0.5}}\right]_{ijk} \tag{7-86d}$$

$$S_{\mathrm{O}}(\mathrm{mg/kg}) = A_5 \frac{P_3^2}{V_c} (18 - \mathrm{H})^{1.5} \left(\frac{FAR}{T}\right)_{\mathrm{PZ}} \left[\frac{V e^{0.0011T}}{m_a FAR}\right]_{ijk} \tag{7-86e}$$

式中,括号[ ]内的各参数表示由三维流场计算中得到的结果,并按子容积内各点取其平均值。T 为气流温度,m_a 为空气流量,V 为燃烧室总容积,V_{ijk} 为微元体的体积,m_{F} 为燃油浓度,m_{ev} 和 m_{b} 分别为各个子容积内已蒸发的燃油质量分数和已燃烧的燃油质量分数。PZ 表示主燃区中的平均值,FAR 为油气比,P_3 为燃烧室进口压力(kPa),H 为燃料含氢量(%)。T_u 表示一种通过紊流特性来描述混合速率参数,其大小与涡流扩散、混合以及气流密度成比例。每个子容积内的紊流特性可表示为:$T_u = [\rho_a k^{1.5}/(\varepsilon/k)^2]_{ijk}$,式中 k 为紊流动能,ε 为紊流动能耗散率,ρ_a 为气流密度。

2. 燃烧效率

燃烧室的燃烧效率与燃油蒸发、油气混合以及燃烧过程有关,因此燃烧效率可由化学反应速率 η_r,燃油蒸发速率 η_{ev} 和混合速率 η_{mix} 来确定,即 $\eta_c = \eta_r \cdot \eta_{\mathrm{ev}} \cdot \eta_{\mathrm{mix}}$。式中

$$\eta_r = 1 - \exp\left(-A_6 P_3^{2.5} \left[\frac{V m_{\mathrm{B}} \exp(T/300)}{m_{\mathrm{ev}}}\right]_{ijk}\right) \tag{7-87a}$$

$$\eta_{\mathrm{ev}} = 1 - \exp(-A_7 [m_{\mathrm{F}}/m_{\mathrm{ev}}]_{ijk}) \tag{7-87b}$$

$$\eta_{\mathrm{mix}} = 1 - \exp(-A_8/V[T_u^{0.5} V/m_a]_{ijk}) \tag{7-87c}$$

3. 燃烧室出口温度分布系数

燃烧室出口温度分布是否合理是设计与研制先进环形燃烧室的关键,因为出口温度分布品质直接影响涡轮叶片寿命的长短。出口温度分布系数 PF 主要与控制燃烧室内各区混合速率的紊流特性、蒸发长度 L_{ev}、燃烧室当量长度 L_L 以及火焰筒当量直径 D_L 等参数有关。为此 PF 可用下式表示:

$$\mathrm{PF} = 1 - \exp\left\{-A_9 \left[\frac{T_u^{0.5} V}{m_a}\right]_{ijk} \left(\frac{L_L - L_{\mathrm{ev}}}{D_L V}\right)\right\} \tag{7-88}$$

4. 贫油熄火与点火极限

贫油熄火极限 FAR_{LBO} 由燃烧区内燃料的蒸发时间和化学反应速率决定。为了利用三维流场计算结果来估算贫油熄火时的油气比,本文通过参数 t_r 把三维流场计算条件下的蒸发特性转变成贫油熄火条件下的相应特性,而这个参数与两个工作条件下的蒸发时间之比有关,蒸发时间可通过燃油雾化索太尔平均直径 SMD 和蒸发常数 λ_{ev} 求得。贫油熄火时的油气比可按下式求得:

$$\mathrm{FAR_{LBO}} = A_{10} \frac{P_{3des}}{LHV} \left(\frac{FW_{a3}t_r}{P_3^{1.3}\exp(T/300)} \right) \left[\frac{m_{ev}m_b}{Tm_a m_F} \right]_{ijk} \qquad (7\text{-}89\mathrm{a})$$

$$\mathrm{FAR_{LLO}} = A_{11} \frac{P_{3des}}{LHV} \left(\frac{FW_{a3}t_r}{P_3^{1.5}\exp(T/300)} \right) \left[\frac{m_{ev}m_b}{m_a m_F} \right] \qquad (7\text{-}89\mathrm{b})$$

以上各式中 $A_1 \sim A_{11}$ 为经验常数,可通过大量燃烧室试验获得的数据按统计平均方法得到。

文献[56]、[57]利用上述关系预估使用 10 种不同燃料的燃气轮机燃烧室内一氧化氮(NO)、一氧化碳(CO)、未燃碳氢燃料 HC 及冒烟(图 7-13),并把计算结果与实验加以比较,两者基本相符说明采用上述方法对燃烧室设计是十分有用的。

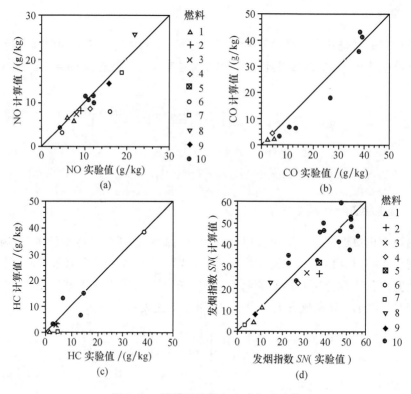

图 7-13 计算污染物与实验加以比较

文献[60]采用经验-分析法在任意曲线坐标系下对包括二级突扩扩压器及双级轴向涡流器的环形燃烧室的燃烧性能进行计算。数值分析了不同涡流器几何尺寸对燃烧室整体流场和燃烧性能的影响,数值计算结果与实验数据相当一致,表明计算方法合理,可用来估算环形燃烧室的燃烧性能。

7.4　燃烧污染物生成的大涡模拟

7.4.1　大涡模拟的基本方法[22]

大涡模拟的基本方法是对大尺度涡旋进行直接模拟,对小尺度涡旋可通过亚网格尺度模型对其进行模拟,因此大涡模拟必须引入滤波函数来修改 N-S 方程,使得高波数的波被截断,但能量传递过程仍保留,即允许能量从大涡旋传递给小涡旋。滤掉小尺度涡旋的方法如下:

如果设 $f(x)$ 是包含所有尺度的各物理量,定义 $\overline{f}(x)$ 为 $f(x)$ 中大尺度量,它可以通过滤波方法得到,而 $f(x)$ 与 $\overline{f}(x)$ 之差 $f'(x)$ 可定义为小尺度量,即

$$f(x) = \overline{f}(x) + f'(x), \quad \overline{f}(x) = \int_V G(x - x') f(x') \mathrm{d}x' \tag{7-90}$$

式中,$G(x)$ 为滤波函数,积分域 V 为全流场,对于三维空间 $G = G_1 G_2 G_3$。滤波的作用是滤掉高波数的波,保留低波数的波,截断波数的最大波长由滤波尺度 Δ 来控制,通常 Δ 与网格尺度相等。常用的滤波函数有以下两种:

（1）匣式滤波函数

$$G(x) = \begin{cases} 1/\Delta, & |x - x'| < \Delta/2 \\ 0, & |x - x'| > \Delta/2 \end{cases} \tag{7-91}$$

（2）Gauss 滤波函数

$$G(x) = \sqrt{6/\pi}(1/\Delta)\exp[-6(x-x')^2/\Delta^2] \tag{7-92}$$

匣式滤波（或称为白噪音滤波）实际上是物理量在 Δ 区间上取平均,Gauss 滤波的 Gauss 变换仍为自身,便于处理各向同性的量。对不可压缩流的连续方程和动量方程进行过滤平均后,得到

$$\partial \overline{u}_i / \partial x_i = 0 \tag{7-93}$$

$$\frac{\partial \overline{u}_i}{\partial t} + \frac{\partial}{\partial x_j}(\overline{u_i u_j}) = -\frac{1}{\rho}\frac{\partial \overline{P}}{\partial x_i} + \upsilon\frac{\partial^2 \overline{u}_i}{\partial x_i \partial x_j} \tag{7-94}$$

如果把速度分解为大尺度（或称可解尺度）和亚网格尺度分量之和,即 $u_i = \overline{u}_i + u'_i$,则输运项 $\overline{u_i u_j}$ 可写成

$$\overline{u_i u_j} = \overline{u}_i \overline{u}_j + (\overline{\overline{u}_i \overline{u}_j} - \overline{u}_i \overline{u}_j) + \overline{\overline{u}_i u'_j} + \overline{u'_i \overline{u}_j} + \overline{u'_i u'_j} \tag{7-95}$$

将式(7-95)代入方程(7-94)中,可得滤波后控制方程

$$\frac{\partial \overline{u}_i}{\partial t} + \frac{\partial}{\partial x_j}(\overline{u}_i \overline{u}_j) = -\frac{1}{\rho}\frac{\partial \overline{p}}{\partial x_i} + \frac{\partial}{\partial x_j}\left(\upsilon\frac{\partial \overline{u}_i}{\partial x_i} - \tau_{ij}\right) \tag{7-96}$$

式中,亚网格雷诺应力为

$$\tau_{ij} = (\overline{\overline{u}_i \overline{u}_j} - \overline{u}_i \overline{u}_j) + \overline{\overline{u}_i u_j'} + \overline{u_i' \overline{u}_j} + \overline{u_i' u_j'} \qquad (7\text{-}97)$$

它是一个由非线性项产生的未知量,又称为拟雷诺应力,它的大小反映了小尺度量对大尺度量的影响。由于 τ_{ij} 由亚网格尺度分量组成,不包括大尺度分量,其重要性和量级都比雷诺应力低很多。

为了求解方程(7-96),可通过不同的亚网格尺度紊流模型建立亚网格雷诺应力与大尺度量之间的关系,下面对几种常用的亚网格尺度紊流模型作一简要介绍。

7.4.2　亚网格尺度模型[22]

1. 代数亚网格尺度模型(SMG 模型)

Dearodorff 假设 $\overline{\overline{u}_i \overline{u}_j} = \overline{u}_i \overline{u}_j$,$\overline{\overline{u}_i u_j'} = \overline{u_i' \overline{u}_j} = 0$,则式(7-95)和式(7-97)可改写为

$$\overline{u_i u_j} = \overline{u}_i \overline{u}_j + \overline{u_i' u_j'}, \quad \tau_{ij} = \overline{u_i' u_j'}$$

Smagorinsky 认为对于局部各向同性紊流,则亚网格雷诺应力可定义为

$$\tau_{ij} = -2 v_T \overline{S}_{ij} + \frac{1}{3} \delta_{ij} \tau_{kk} \qquad (7\text{-}98)$$

式中,亚网格涡旋粘性

$$v_t = C_s^2 \Delta^2 |\overline{S}| \qquad (7\text{-}99)$$

式(7-99)为代数亚网格尺度(SMG)模型,是目前被广泛使用的亚网格尺度紊流模型。式中应变率张量为 $\overline{S}_{ij} = (\partial \overline{u}_i / \partial x_j + \partial \overline{u}_j / \partial x_i)/2$,而 $|\overline{S}| = (2\overline{S}_{ij}\overline{S}_{ij})^{1/2}$,$\delta_{ij}$ 为 Kronecker 记号;C_s 是 Smagorinsky 常数,$C_s = (2\pi)^{-2}(2/3C_k)^{3/4}$;$C_k$ 为 Kolmogorov 常数。实际上对于不同性质流动,C_s 是不同的。如对于不可压缩各向同性紊流 $C_s = 0.18$,对于壁面边界流 $C_s = 0.5663$。虽然 SMG 模型形式简单,使用方便,但不能较好地模拟近壁紊流及很难通过试验确定 C_s。

2. k 方程亚网格尺度紊流模型(KSGS 模型)[61]

在 k 方程亚网格尺度紊流模型中,亚网格尺度动能 $k_{sgs} = (\overline{u_i^2} - \overline{u}_i^2)/2$,其偏微分方程可写为

$$\frac{\partial k_{sgs}}{\partial t} + \overline{u}_i \frac{\partial k_{sgs}}{\partial x_i} = -\tau_{ij} \frac{\partial \overline{u}_i}{\partial x_j} - \varepsilon + \frac{\partial}{\partial x_i}\left(v_t \frac{\partial k_{sgs}}{\partial x_i}\right) \qquad (7\text{-}100)$$

式中,右边三项分别为产生项、耗散项 ε 和 k_{sgs} 的输运速率。亚网格雷诺应力 τ_{ij} 可利用 SGS 涡旋粘性 v_t 进行模化:$\tau_{ij} = -2v_t \overline{S}_{ij} + 2/3\delta_{ij}k_{sgs}$,其中

$$v_t = C_v (k_{sgs})^{1/2} \overline{\Delta} \qquad (7\text{-}101)$$

式中，υ_t 为 k 方程亚网格尺度模型。式(7-100)中 ε 可模化为

$$\varepsilon = C_\varepsilon (k_{\mathrm{sgs}})^{1/2}/\overline{\Delta} \tag{7-102}$$

式中，C_υ 可采用上述类似方法来确定，即也可作为常数处理，取 $C_\upsilon = 0.2$，$C_\varepsilon = 0.916$。

7.4.3　紊流燃烧的大涡模拟

1. 紊流燃烧大涡模拟的控制方程

文献[62]利用大涡模拟(LES)研究紊流反应流动，并通过常规的梯度-扩散模型来模化亚网格各关联项，使 LES 控制方程得到封闭。按 Favre 滤波后变量可定义为

$$\widetilde{f} = \overline{\rho f}/\bar{\rho}$$

式中，$(\,^-\,)$ 表示按空间滤波；则通用变量 $\overline{\rho f}$ 可按如下积分给出：

$$\bar{\rho}\,\overline{f}(x_i,t) = \int_D \rho f(x_i',t)G(x_i - x_i',\Delta)\mathrm{d}x_i'$$

式中，G 为滤波函数，积分域 D 为全流场，通常取

$$\int_D G(x_i - x_i',\Delta)\mathrm{d}x_i' = 1$$

与一般 Favre 平均不同，对变量 f 取 Favre 滤波，其中 $\widetilde{\widetilde{f}} \neq \widetilde{f}$ 和 $\overline{f''} \neq 0$。经过 Favre 滤波后，紊流反应流的控制方程可写为

$$\partial\bar{\rho}/\partial t + \partial\bar{\rho}\tilde{u}_i/\partial x_i = 0 \tag{7-103a}$$

$$\frac{\partial(\bar{\rho}\tilde{u}_i)}{\partial t} + \frac{\partial}{\partial x_i}(\bar{\rho}\tilde{u}_i\tilde{u}_j + \overline{P}\delta_{ij} - \bar{\tau}_{ij} + \tau_{ij}^{\mathrm{sgs}}) = 0 \tag{7-103b}$$

$$\frac{\partial(\bar{\rho}\tilde{E})}{\partial t} + \frac{\partial}{\partial x_i}\big[(\bar{\rho}\tilde{E} + \overline{P})\tilde{u}_i + \bar{q}_i - \tilde{u}_j\bar{\tau}_{ij} + H_i^{\mathrm{sgs}} + \sigma_{ij}^{\mathrm{sgs}}\big] = 0 \tag{7-103c}$$

$$\frac{\partial(\bar{\rho}\tilde{y}_m)}{\partial t} + \frac{\partial}{\partial x_i}\Big(\bar{\rho}\tilde{y}_m\tilde{u}_i - \bar{\rho}\overline{D}_m\frac{\partial\tilde{y}_m}{\partial x_i} + \phi_{i,m}^{\mathrm{sgs}} + \theta_{i,m}^{\mathrm{sgs}}\Big) = \overline{\dot{w}}_m,\quad m = 1,\cdots,N \tag{7-103d}$$

式中，粘性应力张量和热通量张量分别为

$$\bar{\tau}_{ij} = \mu\Big(\frac{\partial\tilde{u}_i}{\partial x_j} + \frac{\partial\tilde{u}_j}{\partial x_i}\Big) - \frac{2}{3}\mu\frac{\partial\tilde{u}_k}{\partial x_j}\delta_{ij},\quad \bar{q}_i = -K\frac{\partial\tilde{T}}{\partial x_i}$$

其中，μ 为层流粘性系数，K 为导热系数，D_m 为组分 m 分子扩散系数，$\overline{P}$ 为压力，滤波后单位容积总能量 $\bar{\rho}\tilde{E} = \bar{\rho}\tilde{e} + \frac{1}{2}\bar{\rho}\tilde{u}_l\tilde{u}_l + \frac{1}{2}\bar{\rho}(\widetilde{u_lu_l} - \tilde{u}_l\tilde{u}_l)$ 和内能 $\tilde{e} = \sum_{m=1}^{N}\tilde{y}_mh_m -$

$\bar{P}/\bar{\rho}$，组分 m 的反应焓 $h_m = \Delta h_{f,m}^0 + \int_0^T C_{p,m}(\widetilde{T})\,\mathrm{d}\widetilde{T}$，$\Delta h_{f,m}^0$ 为温度 T_0 时的标准生成

热，$C_{p,m}$ 为 m 组分 C_p。方程(7-103)中未封闭的亚网格各项分别为亚网格应力张

量 τ_{ij}^{sgs}，亚网格热通量 H_{ij}^{sgs}，不可解尺度粘性力变形功 $\sigma_{ij}^{\mathrm{sgs}}$，亚网格对流通量 $\phi_{i,m}^{\mathrm{sgs}}$ 和

扩散质量通量 $\theta_{i,m}^{\mathrm{sgs}}$ 及组分 m 的滤波后化学反应速率 $\overline{w_m}$。

$$\tau_{ij}^{\mathrm{sgs}} = \bar{\rho}\left[\widetilde{u_i u_j} - \tilde{u}_i\tilde{u}_j\right], \quad H_i^{\mathrm{sgs}} = \bar{\rho}\left[\widetilde{Eu_i} - \widetilde{E}\tilde{u}_i\right] + \left[\overline{Pu_i} - \bar{P}\tilde{u}_i\right]$$

$$\sigma_{ij}^{\mathrm{sgs}} = \left[\overline{u_i\tau_{ij}} - \tilde{u}_j\tilde{\tau}_{ij}\right], \quad \phi_{i,m}^{\mathrm{sgs}} = \bar{\rho}\left[\widetilde{u_i y_m} - \tilde{u}_i\tilde{y}_m\right], \quad \theta_{i,m}^{\mathrm{sgs}} = \bar{\rho}\left[\widetilde{V_{i,m}y_m} - \widetilde{V}_{i,m}\tilde{y}_m\right]$$

为了封闭方程(7-103)，利用作为特征长度尺度的局部网格尺寸 $\overline{\Delta}$ 和亚网格

动能 k^{sgs} 来确定亚网格应力张量 τ_{ij}^{sgs}。亚网格动能 $k^{\mathrm{sgs}} = \left[\widetilde{u_k^2} - \tilde{u}_k^2\right]/2$ 可从下列输运

方程求得：

$$\frac{\partial(\bar{\rho}k^{\mathrm{sgs}})}{\partial t} + \frac{\partial}{\partial x_i}(\bar{\rho}\tilde{u}_k k_{\mathrm{sgs}}) = P^{\mathrm{sgs}} - D^{\mathrm{sgs}} + \frac{\partial}{\partial x_i}\left(\bar{\rho}\frac{\upsilon_t}{Pr_t}\frac{\partial k^{\mathrm{sgs}}}{\partial x_i}\right) \quad (7\text{-}104)$$

式中，Pr_t 为紊流 Prandtl 数，可取为 0.9，亚网格紊流强度与 k^{sgs} 关系为 $u'_{\mathrm{sgs}} = \sqrt{\frac{2}{3}k^{\mathrm{sgs}}}$，$P^{\mathrm{sgs}}$ 和 D^{sgs} 分别为亚网格动能方程中产生项与耗散项，即

$$P^{\mathrm{sgs}} = -\tau_{ij}^{\mathrm{sgs}}\partial\tilde{u}_i/\partial x_j, \quad D^{\mathrm{sgs}} = C_\varepsilon\bar{\rho}(k^{\mathrm{sgs}})^{\frac{3}{2}}/\overline{\Delta} \quad (7\text{-}105)$$

亚网格紊流粘性系数 $\upsilon_t = C_v(k^{\mathrm{sgs}})^{\frac{1}{2}}\overline{\Delta}$，$C_v$ 和 C_ε 为常数，分别取为 0.2 和 0.916，亚

网格应力张量 τ_{ij}^{sgs} 模化后为 $\tau_{ij}^{\mathrm{sgs}} = -2\bar{\rho}\upsilon_t\left(\widetilde{S}_{ij} - \frac{1}{3}\widetilde{S}_{kk}\delta_{ij}\right) + \frac{2}{3}\bar{\rho}k^{\mathrm{sgs}}\delta_{ij}$。

2. 亚网格尺度燃烧模型

对滤波后的反应速率 $\overline{w_m}$ 的封闭，可利用亚网格 EBU 模型，由于化学反应速率

取决于燃料和氧的混合，因此反应速率受控于混合速率。可以假设 EBU 模型中

分子混合所需的时间与一个亚网格涡团完全被耗散所需的时间相同，认为亚网

格流体混合时间与亚网格紊流动能 k^{sgs} 和它的耗散率 $\varepsilon^{\mathrm{sgs}}$ 之比成正比，即

$$\tau_{\mathrm{mix}} \sim k^{\mathrm{sgs}}/\varepsilon^{\mathrm{sgs}} \sim C_{\mathrm{EBU}}\overline{\Delta}/\sqrt{2k^{\mathrm{sgs}}} \quad (7\text{-}106\mathrm{a})$$

式中，尺度常数 $C_{\mathrm{EBU}} = 1$，该混合时间尺度的反应率为

$$\overline{w}_{\mathrm{mix}} = \frac{1}{\tau_{\mathrm{mix}}}\min\left(\frac{1}{2}[O_2], [燃料]\right) \quad (7\text{-}106\mathrm{b})$$

有效反应速率为 $w_{\mathrm{EBU}} = \min(w_{\mathrm{mix}}, w_{\mathrm{kin}})$，其中，$w_{\mathrm{kin}}$ 为 Arrhenius 反应速率。

文献[64]、[65]利用 k 方程亚网格紊流模型和 EBU 亚网格燃烧模型，分别模

拟了加力燃烧室和环形燃烧室火焰筒热态流场，所得的燃烧室出口温度径向分布

预估值与实验数据吻合,计算还表明利用大涡模拟方法可以显示稳定器后面涡的交替脱落及逐渐消失过程[65]。

7.4.4 燃烧污染物生成的大涡模拟

1. NO 亚网格生成模型

由于实际紊流燃烧过程中 NO_x 的生成与紊流燃烧有关,其生成机理较复杂,虽然近年来国内外不少研究者对紊流燃烧 NO 生成模拟进行了研究,并发表其研究成果,但研究还不够成熟。本节只介绍常用的考虑紊流因素亚网格 EBU 模型[66]。按该模型,NO 输运方程可写为

$$\frac{\partial \widetilde{m}_{NO}}{\partial t} + \frac{\partial}{\partial x_i}(\bar{\rho}\bar{u}_i \widetilde{m}_{NO}) = \frac{\partial}{\partial x_i}\left(\frac{\mu_e}{\sigma_{NO}}\frac{\partial \widetilde{m}_{NO}}{\partial x_i}\right) + \bar{R}_{NO} \tag{7-107}$$

式中,源项 $\bar{R}_{NO}$ 可由考虑化学动力学因素的 $\bar{R}_{NO,1}$ 和紊流因素的 $\bar{R}_{NO,2}$ 两源项中取小值确定

$$\bar{R}_{NO} = \min\left(\left|\bar{R}_{NO,1}\right|, \left|\bar{R}_{NO,2}\right|\right) \tag{7-108a}$$

其中 $\bar{R}_{NO,1}$ 可由两种模型确定,模型 1 根据 Zeldovich 机理 $\bar{R}_{NO,1}$ 可表示为

$$\bar{R}_{NO,1} = 1.58 \times 10^{14} \frac{1}{\sqrt{\widetilde{T}}} \exp\left(-\frac{67535}{\widetilde{T}}\right)\sqrt{\bar{\rho}}\sqrt{\widetilde{m}_{O_2}}\widetilde{m}_{N_2} \tag{7-108b}$$

式中,$\widetilde{m}_{O_2}$ 和 $\widetilde{m}_{N_2}$ 分别为氧和氮的质量相对浓度。

模型 2 考虑紊流的影响可采用亚网格 EBU 模型

$$\bar{R}_{NO,2} = C_{NO}\bar{\rho}\widetilde{m}_{NO}\varepsilon^{sgs}/k^{sgs} \tag{7-108c}$$

式中,C_{NO} 为模型系数,$\widetilde{T}$ 为气流温度,k^{sgs} 和 ε^{sgs} 分别为亚网格尺度动能及其耗散率。

文献[66]利用上述模型和 k 方程亚网格尺度模型,对加力燃烧室污染物 NO 的生成进行了大涡模拟,并把所取得的计算值与实验数据进行比较,结果表明两者吻合较好。

2. CO 亚网格生成模型

文献[66]在两步反应基础上,先采用亚网格 EBU 模型来计算 CO 的生成速率 $\bar{R}_{CO,2}$ 和考虑化学动力因素的生成速率 $\bar{R}_{CO,1}$,并在其两者中取小值

$$\bar{R}_{CO,2} = C_{CO}\bar{\rho}\widetilde{m}_{CO}\varepsilon^{sgs}/k^{sgs}, \quad \bar{R}_{CO,1} = 10^{14.6}\exp\left(\frac{-40000}{R\widetilde{T}}\right)\widetilde{m}_{CO}\widetilde{m}_{H_2O}^{0.5}\widetilde{m}_{O_2}^{0.5}$$

$$R'_{CO} = -\min\left(\left|\bar{R}_{CO,1}\right|, \left|\bar{R}_{CO,2}\right|\right) \tag{7-109}$$

然后再求解混合分数 f,燃油成分 m_{fu},CO 的化学反应速率为

$$\bar{R}_{CO} = \frac{336}{168}\bar{R}_{fu} - \bar{R}'_{CO} \tag{7-110}$$

式中,燃油源项 $\bar{R}_{fu} = \dot{w}_{EBU} = \min(\dot{w}_{mix}, \dot{w}_{kin})$,由式(7.110)求得的 $\bar{R}_{CO}$ 代入下列 CO 输运方程并求解:

$$\frac{\partial \widetilde{m}_{CO}}{\partial t} + \frac{\partial}{\partial x_i}(\bar{\rho}\tilde{u}_i\widetilde{m}_{CO}) = \frac{\partial}{\partial x_i}\left(\frac{\mu_e}{\sigma_{CO}}\frac{\partial \widetilde{m}_{CO}}{\partial x_i}\right) + \bar{R}_{CO} \tag{7-111}$$

文献[67]利用 NO 和 CO 亚网格 EBU 模型大涡模拟单头部矩形燃烧室污染物 NO 与 CO 的分布,由图 7-14 和图 7-15 可知,在火焰筒主燃区存在高温区,因此在该区内 NO 浓度较高,而其他区域 NO 浓度相对比较低;此外,在火焰筒头部因燃油浓度高,氧气不足,燃油来不及烧完,因此那里的 CO 浓度也较高,但随着轴向距离增加,气流停留时间增加,CO 逐渐下降。

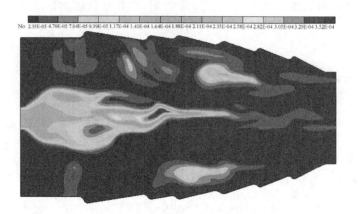

图 7-14 火焰筒 $K=25$ 截面 NO 瞬态质量分数云图

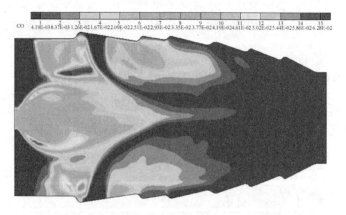

图 7-15 火焰筒 $K=25$ 截面 CO 质量分数时均云图

文献[68]在两步反应基础上,采用亚网格 EBU 模型来计算 CO 的生成速率,其中

$$\overline{w}_1 = \frac{1}{\tau_{mix}}\min\left([C_7H_{16}], \frac{1}{7.5}[O_2]\right), \quad \overline{w}_2 = \frac{1}{\tau_{mix}}\min\left([CO], \frac{1}{0.5}[O_2]\right)$$

$$(7\text{-}112)$$

式中, $\tau_{mix} \sim C_{EBU}\overline{\Delta}/\sqrt{2k^{sgs}}$, $\overline{w}_1$ 和 $\overline{w}_2$ 分别为燃料 C_7H_{16} 和 CO 的生成速率,把求得的速率接代入相应的输运方程,可得到 CO 的浓度。

文献[68]利用上述模型和 k 方程亚网格尺度模型和大涡模拟,研究了燃气轮机燃烧室超临界燃烧和污染物 CO 的生成,所得的计算结果高于实验值,表明上述 CO 亚网格 EBU 模型有待进一步改进。

参 考 文 献

[1] Mongia H C, Smith K F. An empirical/analytical design methodology for gas turbine combustor. AIAA 78-998,1978

[2] Mongia H C. Combining Lefebvre's correlations with combustor CFD. AIAA 2004-3544, 2004

[3] Moin P, Apte S. Large eddy simulation of realistic gas turbine combustors. AIAA 2004-330,2004

[4] Menon S,Stone C,multi-scale modeling for LES of engineering designs of large-scale combustors. AIAA 2004-0157,2004

[5] Noll B,Kessler R,Theisen P et al. Flow field mixing characteristics of an aero-engine,combustor. Part Ⅱ. Numerical simulation. AIAA 2002-3708,2002

[6] Mongia H C. Perspective of combustion modeling for gas turbine combustors. AIAA 2004-0156,2004

[7] Gosman A D,Lockwood F C et al. Prediction of horizontal free turbulent diffusion flame. 16th Symposium(Int.)on Combustion,1978. 1543

[8] Favre A. Statistical Equations of Turbulent Cases in Problems of Hydrodynamics and Continuum Mechanics. SIAM,Philadelphia,1969. 231

[9] Saffman P G. Model equations for turbulent shear flow. Stud. Appl. Math. ,53:1974,17

[10] Zhao J X. Predictions of turbulent properties behind a bluff-body flames stabilizer. Numerical Methods in Laminar and Turbulent Flow,V. 5. Part 2,1988. 1858

[11] Zhao J X, Andrews G E. Numerical modeling of confined swirler stabilized premixed flames. ICAS'90 Proceedings,1990. 948

[12] Yakhot V,Orzag S A. Renormalization group analysis of turbulence:basic theory. J Scientific Computing,1986,1(3):39

[13] Choudhury D. Introduction to the Renormalization Group Method and Turbulence Modeling. Fluent Inc Technical Memorandum,TM-107,1993

[14]　李井华,赵坚行. 数值分析二级涡流器环形燃烧室的燃烧性能. 航空动力学报,2007,22(8):1233~1240

[15]　Kwang Y K. Calculation of a strongly swirling turbulent round jet with recirculation by an algebraic stress model. Int Heat and Fluid Flow,1988,9(1):62

[16]　蔡文祥. 环形燃烧室两相燃烧流场与燃烧性能数值研究. 南京航空航天大学博士学位论文,2007

[17]　Magnussen B F. On mathematical modelling of turbulent combustion with special emphasis on soot formation and combustion. 16th Symposium(Int.)on Combustion,1976. 719

[18]　周峰轮,赵坚行,张家骅. 气氢亚燃冲压燃烧室三维流场计算. 南京航空航天大学学报,2000,32(4):388

[19]　Sharma N Y,Som S K. Influence of fuel volatility and spray parameters on combustion characteristics and NO_x emission in a gas turbine combustor. Applied Thermal Engineering,2004,24:885

[20]　Watanabe H,Suwa Y,Matsushita Y. Numerical investigation of spray combustion in jet mixing type combustor for low NO_x emission. Energy Conversion and Management,2008,49:1530

[21]　赵坚行,易勇. 紊流燃烧模型与实验研究. 工程热物理学报,1986,15(6):890

[22]　赵坚行. 燃烧的数值模拟. 北京:科学出版社,2002

[23]　Xia Z X,Hu J X. Combustion study of the boron particle in the secondary chamber of ducted rocket. AIAA 2006-4445,2006

[24]　Mason H B,Spalding D B. Prediction of reaction rates in turbulent premixed boundary layer flows. European Symp on Combustion,1973,601

[25]　Kameel R A,Khalil E E. Numerical investigations of time dependent turbulent swirling flame characteristics in 3-D furnaces. AIAA 2004-2383. 2004

[26]　李井华,赵坚行. 双级涡流器环形燃烧室整体流场数值模拟. 南京航空航天大学学报,2007,39(6):781

[27]　黄海明,赵坚行. 数值模拟纵向隔热屏加力室热态流场. 航空动力学报,2007. 22(11):1826

[28]　Chen X L,Zhou L X,Zhang J. Numerical simulation of methane-air turbulent flame using a new-second-order moment model. Acta Mechanica Sinica,2000,16(1):41

[29]　蔡文祥,赵坚行. 二阶矩-EBU 模型用于两相反应流场的数值模拟. 南京航空航天大学学报,2006,38(5):572

[30]　Liao C,Liu Z,Liu C. Implicit multigrid method for modeling turbulent diffusion flames with detailed chemistry. UCD/CCM Report,1994,(16)

[31]　Liao C,Liu Z,Zheng X. NO_x prediction in 3-D turbulent diffusion flames by using implicit multigrid methods. Combust Sci and Tech,1996,119:219

[32]　Kee R J,Rupley F M. CHEMKIN-Ⅱ a Fortran chemical kinetics package for the analysis of gas phase chemical kinetics. Tech Rep SAND89-8009B,Sandia National laboratories,

1992

[33]　Chae M R. Numerical analysis of reacting flow using finite rate chemistry models. AIAA 89-0459,1989

[34]　Zhou L X. Theory and Numerical Modeling of Turbulent Gas-Particle Flow and Combustion. Beijing:Science Press and CRC Press Inc. ,1993

[35]　Iverach D et al. Fourteenth Symposium(Int.)on Combustion,1973. 767

[36]　Sreedhara S,Huh K Y,Park H. Numerical investigation for combustion characteristics of vacuum residue(VR)in a test furnace. Energy,2007,32:1690

[37]　Scheefer R W,Lean premixed recirculating flow combustion for control of oxides of nitrogen. 15th Symposium on Combustion,1977. 119

[38]　Habib M A, Elshafei M. Influence of combustion parameters on NO_x production in an industrial boiler. Computers and Fluids,2008,37:12

[39]　Gupta A. Swirl combustor design effects on emission and combustion characteristics. AIAA 90-0548,1990

[40]　Jones W P. The effect of temporal fluctuations in temperature on nitric oxide formation. Combustion Science and Technology,1975,10:93

[41]　Sokolov K Y,Sudarev A V. Mathematical modeling of an annular gas turbine combustor. ASME,J of Engineering for Gas Turbine and Power,1995,117:94

[42]　Okasanen A,Maki-Mantila E. Use of PDF in modeling of nitric oxide formation in methane combustion. The 3rd International Conference on Combustion Technologies for a Clean Environment,Lisbon Portugal,1995,18. 3

[43]　Hampartsoumian E. The prediction of NO_x emissions from spray combustion. Combust Sci and Tech,1993,93:153

[44]　Díez L I,Cortés C. Numerical investigation of NO_x emissions from a tangentially-fired utility boiler under conventional and over fire air operation. Fuel,2008,87:1259

[45]　Jiang L Y,Campbell I. A critical evaluation of NO_x modeling in a model combustor. J of Engineering for Gas Turbines and Power,2005,127:483

[46]　Beretta A Mancini N,Podenzani F. The influence of the temperature fluctuations variance on NO predictions for a gas flame. The 3rd International Conference on Combustion Technologies for a Clean Environment,Portugal,18. 4,1995. 24

[47]　Held T J,Mueller M A,Mongia H C. A data-driven model for NO_x ,CO and UHC emissions for a dry low emissions gas turbine combustor. AIAA 2001-3425,2001

[48]　Held T J,Mongia H C. Emissions modeling of gas turbine combustors using a partially-premixed laminar flamelet model. AIAA 98-3950,1998

[49]　Stevens E J,Held T J,Mongia H C. Swirl cup modeling part VII. Partially-premixed laminar flamelet model validation and simulation of a single-cup combustor with gaseous N-heptane. AIAA-2003-488,2003

[50]　Syed K J,Roden K,Martin P. A novel approach to predicting NO_x emissions from dry low

emissions gas turbines. ASME J of Engineering for Gas Turbines and Power,2007,129：672

[51]　Zhao J X. An analytical design methodology for annular combustor. Comp Fluid Dyn,1994,4：13

[52]　赵坚行,刘洪,伍艳玲.加力燃烧室污染特性计算.燃烧科学与技术,1999,4：231

[53]　Knaus H,Schnell U et al,Performance comparison of the simulation programs AIOLOS and FLOUNT for the prediction of fluid flow,combustion and radiation in a small scale wood heater. 5th Int. Conference on Technologies and Combustion for A Clean Environment,Lisbon-Portugal,Vol. 1,24. 1,1999. 593

[54]　周力行.湍流气粒两相流动和燃烧的理论与数值模拟.北京：科学出版社,1994

[55]　Takagi T,Fang C Y,Kamimoto T. Numerical simulation of evaporation,ignition and combustion of transient sprays. Combust Sci and Tech,1991,75：1

[56]　Rizk N K,Mongia H C. Gas turbine combustor performance evaluation. AIAA 91-0640,1991

[57]　Rizk N K,Mongia H C. A 3-D analysis of gas turbine combustors. AIAA 89-2888,1989

[58]　Lefebvre A H. Fuel effects on gas turbine combustion-liner temperature,pattern factor and pollutant emissions. AIAA 84-1491,1984

[59]　Rizk N K,Mongia H C. Three-dimensional emission modeling for diffusion flame,rich/lean and lean gas turbine combustors. AIAA 93-2338,1993

[60]　李井华,赵坚行.数值分析二级涡流器环形燃烧室的燃烧性能.航空动力学报,2007,22(8)：1233

[61]　Kim W W. A new dynamic one-equation subgrid-scale model for large eddy simulations,AIAA 95-0356,1995

[62]　Menon S,Stone C,Sankaran V. Large-eddy simulations of combustion in gas turbine combustor. AIAA 00-0960,2000

[63]　Stone C,Menon S. Simulation of fuel-air mixing and combustion in a trapped-vortex combustor. AIAA 2000-0478,2000

[64]　赵坚行,颜应文.加力燃烧室热态流场的大涡模拟.工程热物理学报,2004,25(增刊)：237

[65]　颜应文,赵坚行.三维贴体坐标系下燃烧室火焰筒热态流场的大涡模拟.推进技术,2005,26(3)：219

[66]　颜应文,赵坚行.加力燃烧室污染特性的大涡模拟.燃烧科学与技术,2005,11(1)：68

[67]　颜应文.航空发动机燃烧室燃烧流场大涡模拟的研究.南京航空航天大学博士学位论文,2006

[68]　Tramecourt N,Menon S. LES of supercritical combustion in a gas turbine engine. AIAA 2004-3381,2004